U0570125

中华经典随笔

插图本

小窗幽记

[明] 陈继儒 撰　陈桥生 评注

图书在版编目（CIP）数据

小窗幽记/（明）陈继儒撰；陈桥生评注.—北京：中华书局，
2008.9（2018.8 重印）

（中华经典随笔）

ISBN 978－7－101－06203－8

Ⅰ.小… Ⅱ.①陈…②陈… Ⅲ.①人生哲学－中国－明
代②小窗幽记－评注 Ⅳ.B825

中国版本图书馆 CIP 数据核字（2008）第 088872 号

书 名	小窗幽记
撰 者	〔明〕陈继儒
评 注 者	陈桥生
丛 书 名	中华经典随笔
责任编辑	刘胜利
出版发行	中华书局
	（北京市丰台区太平桥西里 38 号 100073）
	http://www.zhbc.com.cn
	E-mail:zhbc@zhbc.com.cn
印 刷	北京瑞古冠中印刷厂
版 次	2008 年 9 月北京第 1 版
	2018 年 8 月北京第 10 次印刷
规 格	开本/700×1000 毫米 1/16
	印张 20 插页 2 字数 165 千字
印 数	51001－56000 册
国际书号	ISBN 978－7－101－06203－8
定 价	40.00 元

前言

　　每个人的心中都有一扇窗户，需要经常打开心灵的窗户，看一看窗外的风景。让清风吹进来，让阳光洒进来，拂去疲倦与忧伤，照亮蒙尘染垢而迷茫的心。读一读这本《小窗幽记》，或许可以带给我们失去色彩的心灵几许滋润。

　　《小窗幽记》十二卷，旧题"眉公陈先生辑"，是一部融处世哲学、生活艺术、审美情趣于一身，集晚明清言小品之大成的著作。今人更把它与明代洪应明《菜根谭》、清代王永彬《围炉夜话》并称为"中国人修身养性"的三本必读书。

　　陈继儒（1558—1639），字仲醇，号眉公、麋公，松江华亭（今上海松江）人。《明史·隐逸传》称其"年甫二十九，取儒衣冠焚弃之。隐居昆山之阳……亲亡，葬神山麓，遂筑室东佘山，杜门著述，有终焉之志。"其后五十余年间，始终不仕，却常周旋于公卿缙绅之间，享盛名于天下。他隐居的小昆山、东佘山，一时成了官绅士人的"社交俱乐部"，"四方求文者，履日满户外"，而且所到之处，吸引着大批的追星族，成了当时当之无愧的"大明星"。其地位几可与南朝梁陶弘景的"山中宰相"相比肩。他一生著述等身，据《陈眉公先生全集》其子陈梦莲小记，其一生应景之作和代笔之稿存留十无一二，但其身后遗稿尚达七千余页，包括《陈眉公先生全集》、《皇明书画史》、《太平清话》等共约一百二十卷。

　　《小窗幽记》，分醒、情、峭、灵、素、景、韵、奇、绮、豪、法、倩十二卷，计一千五百余则，是一部纂辑式的清言小品集。以"醒"为第一，在"趋名者醉于朝，趋利者醉于野，豪者醉于声色车马"之时，无异于醍醐灌顶，一声棒喝，还原出一个本真的自我来。所以"醒"后言"情"，令千载向慕；"醒"后能"峭"，卓立于千古；"醒"后获"灵"，而百世如睹。一番洗刷之后，方能悟得"素"趣，会得佳"景"，品人生之"韵"，显生命之"奇"。其"绮"也，能尽红妆翠袖之妙；其"豪"也，能为兴酣泼墨之举；其为"法"而超越于世"法"之外，其赏"倩"而不限于一般"倩"意。故罗立刚先生称，清醒之后，经此一番洗礼，真个是俗情涤尽，烦恼皆除，人生的价值，才真正显现了出来。幽窗青灯，潜移默化，灵魂得以纯净，那小窗之"幽"，正是一种惊喜，更是超越后的清闲与孤独。

《小窗幽记》博采群书，上起先秦，下迄明末，凡儒释道诸子百家，诗词歌赋以及各种体裁的文章和杂著无所不包。或原文照录，或掐头去尾，或重组改造，不一而足。就体裁形式而言，一般称之为清言小品，短翰而理文兼备，别有风致。尤其在一片庄重古板、拖泥带水的"高文大册"中，其格言谚语便显得有趣而突出。我们可以吹毛求疵地说哪里太偏激，哪里太迂腐等等，但清言小品的优势，就在于它能用极精致的语句，透露出人生片面的真理，浮泛出灵光一现的智慧。也因为是片面的真理，所以乍看之下，书中条与条之间便常常有自相矛盾之处，令人不知所从。然而，人生世事，不正处处充满着矛盾与冲突吗？让人在矛盾的人生中，找寻片断的准则，在冲突的人事里，各取所需学习几种应对进退之法，至少可以说是其书的客观功效吧。

陈本敬《小窗幽记叙》中评价道："泄天地之秘笈，撷经史之菁华，语带烟霞，韵谐金石。醒世持世，一字不落言筌；挥麈风生，直夺清谈之席；解颐语妙，常发斑管之花。所谓端庄杂流漓，尔雅兼温文，有美斯臻，无奇不备。"醒世，是要你看透人生生命；持世，就是要以此而穿透世事、不落腐俗。相较之下，文学是辅，说理才是主，善读此书者，当反复涵咏其为人处世之道。随着社会的快速发展，滚滚红尘中，欲求之心旺如炭火，往往不能把持，人们越来越多地感叹做事难，做人更难，《小窗幽记》可以为我们提供一个参照与思考。清风明月，倚枕西窗下，捧卷读来，人生烦恼，可以渐渐冰释。

关于此书的真实作者，一直以来在学界都有争议。清风先生《小窗幽记·前言》中对此作了概要的描述。并指出越来越多的研究表明，《小窗幽记》是假托陈眉公之名而广泛流传的伪书，其本来的面目应该是陆绍珩所编纂的《醉古堂剑扫》，其作伪者当是乾隆三十五年本的作序者陈本敬和刊刻者崔维东。入清以后，由于陆绍珩名声有限，此书已流传不广，于是二人把其参阅者——晚明头号畅销书作家兼策划家陈眉公抬了出来，并参照陈眉公《小窗四纪》《岩栖幽事》而为之命名《小窗幽记》，其原作者和书名反而无人知晓了。今天我们所知者惟有：陆绍珩字湘客，松陵（苏州吴江）人，号称唐代隐逸诗人陆龟蒙之后。

　　本书评注过程中参考了多位前贤和时贤的注本，包括罗立刚校注《小窗幽记》（上海古籍出版社）、清风注译《小窗幽记》（中州古籍出版社）、卢丰《小窗幽记解读》（黄山书社）、王恺评析《小窗幽记》（江苏古籍出版社）、李金水主编《小窗幽记》（陕西旅游出版社）等，他们的成果或直接采入本书，或启发我深入求考。此外，在网上也读到了许贵文先生的相关研究成果，亦有所采用。在此一并表示感谢。由于时间仓促，学力有限，书中舛误在所难免，希望读者诸君批评指正。

陈桥生

二〇〇八年三月

目 录

卷一　醒

食中山之酒①，一醉千日。今世之昏昏逐逐②，无一日不醉，无一人不醉，趋名者醉于朝，趋利者醉于野，豪者醉于声色车马，而天下竟为昏迷不醒之天下矣，安得一服清凉散③，人人解醒④。集醒第一⑤。

【注释】

①中山之酒：中山，春秋战国时诸侯国中山国，地处今河北定县、唐县一带。晋干宝《搜神记》卷十九："狄希，中山人也，能造千日酒，饮之千日醉。"

②昏昏：糊涂貌。《孟子·尽心下》："贤者以其昭昭使人昭昭，今以其昏昏使人昭昭。"逐逐：必须得之之貌。《周易·颐》："虎视眈眈，其欲逐逐。"

③清凉散：一种中药，服之可以使人身心清凉。

④酲（chéng）：病酒。即酒醉后神志不清有如患病的感觉。

⑤本书每卷前有一段序语，皆以人生某个问题统领全卷。特以"醒"字为全集之首，带有总纲性质。

【评】

　　中山之酒，一醉千日，犹有醒时。而使世人昏昏逐逐终生不醒者，乃是以名利为麯，以声色为水，所酿造的欲望之酒。无尽无休的欲望，像一个无法控制的魔鬼，占据着世人的灵魂。这个时代无疑是人的欲望膨胀到最大程度的一个时代，位子、房子、车子、票子，无一不让人眼馋劳心，无一不让人费神耗力。电视、广播、报刊、书籍，连空气中的飞沫传来的都是欲望的叫嚣声，每一个人的心都被挠得痒痒的。佛云："有求皆苦。"得到是一种苦，得不到也是一种苦。孔子也曾说过："吾未见刚者。"谁能做到无欲而刚、清心寡欲、四大皆空？你可以用"无欲则刚"自勉勉人，但有几人愿意自己的人生平淡如一碗白开水？重要的是把握好欲望的度，奴隶欲望而不为欲望所奴隶，才能领略人生最大的幸福和美感，这也正是《小窗幽记》提供给我们的一剂清凉散。循着这些句子，作者能够引导读者振衣高冈、清绝远俗，让心灵飘然远游。

1.1 倚才高而玩世,背后须防射影之虫①;饰厚貌以欺人,面前恐有照胆之镜②。

【注释】

①射影之虫:即蜮(yù),又名射工、射影。相传居水中,听到人声,以气为矢,因激水,或含沙以射人,被射中的人皮肤发疮,中影者亦病。唐白居易《读史诗》:"含沙射人影,虽病人不知。巧言构人罪,至死人不疑。"

②照胆之镜:传说中能照人五脏六腑的神镜。《西京杂记》卷三《咸阳宫异物》载:汉高祖入秦咸阳宫,见"有方镜,广四尺,高五尺九寸,表里有明,人直来照之,影则倒见。以手扪心而来,则见肠胃五脏,历然无碍。人有疾病在内。则掩心而照之,则知病之所在。又女子有邪心,则胆张心动。秦始皇常以照宫人,胆张心动者则杀之"。

【评】

俗话说,人品做到极处,无有他异,只是本然。招摇过市,不若身体力行。伪饰敦厚,不如本面示人。不然,当你志得意满、目空一切的时候,别人也把你当成了枪靶子、眼中钉。

1.2 花繁柳密处,拨得开,才是手段;风狂雨急时,立得定,方见脚根。

【评】

《聊斋志异》有一则故事,说一位盲人评判当时文人学子的文章。盲人看不见,他是依据燃烧稿子时发出的气味来判断的。气味芳香,便断定为妙文;臭不可闻,那便是烂文一篇。他的判断十拿九稳,屡试不爽。故事告诉我们,面对纷繁世事,光靠一双肉眼是不够的,许多时候,是要靠我们的"心眼",像孙悟空一样的金睛火眼。炼就一双火眼金睛,在纷繁复杂的世事人心面前洞明一切,并作出正确的选择,这是大智;在艰难危急中坚忍不拔不为动摇,这是大勇。大丈夫者,二者缺一不可。

1.3 淡泊之守,须从秾艳场中试来;镇定之操,还向纷纭境上勘过。

【评】

天下之大,总有人升官,总有人发财,也总有人既不升官也不发财。淡泊的人不盲目迷恋,他还有自己的目标,自己的追求,自己的乐趣。走向淡泊,并非超凡出世,不食人间烟火,其背后更多的是冷峻的思考,默默

的耕耘,不倦的追求。守住淡泊,则是守住一份清醒,一种心态的平衡,一种空灵的境界。

1.4 使人有面前之誉,不若使人无背后之毁;使人有乍交之欢,不若使人无久处之厌。

【评】

与人相处,宜当疏疏落落,即不冷不热、不远不近之间。其缺点或缺乏亲和力、号召力,但却能较长时间地维持一种固定的态势。即古人所说:不轻进人,亦不会轻退人;不妄亲人,亦不会妄疏人。

1.5 攻人之恶毋太严,要思其堪受;教人以善莫过高,当原其可从。

【评】

世界上许多事情都在变,但管理者应该明白,有一件事是不会变的,那就是被管理者永远都不想被管,都想拥有一定的自由度。太严了,动不动就用高压手段,只会激起更大的反弹。狗急也会跳墙,驴撩起蹄子也不是好玩的;太完美了,太乌托邦了,又让人感到遥不可及反而放弃。正如赶驴的人,常常要在驴子眼睛之前、唇吻之上挂上一串胡萝卜,嘴愈要咬,脚愈会赶。上司驾驭下属,全用这种技巧。但利用这种技巧也要适度,不然驴子对这胡萝卜"眼睛也看饱了,嘴忽然不馋了",就没效果了。

1.6 不近人情,举世皆畏途;不察物情,一生俱梦境。

【评】

朋友多了路好走。不通人情,不晓世故,孤芳自赏,则难与人相处,无事则已,一有事则极易陷于被动与孤立。

1.7 遇嘿嘿不语之士[①],切莫输心;见悻悻自好之徒[②],应须防口。

【注释】

①嘿嘿(mò):闭口不说话。嘿,同"默"。

②悻悻:生气时怨恨不平的样子。比喻人的傲慢、固执己见。

【评】

五祖弘忍大师曰:"路逢达道之人,不用语言互相对话,只是默然地相对。请问你如何对应?"若没有什么因缘来,圣人是不会应缘的,圣人不会碰到你,就问你吃饱了没有? 吃了几碗? 他的心坦荡荡,没有什么挂碍。

所以,有一位外道人向一位僧人问道,外道人说了两小时,僧人则一言不发,外道人说:"我简直像与深山里的大树相对。"同样,默默不语未必是指不爱说话。有的人虽不爱说话,可一张嘴你会发现他很透明很赤诚;有的人夸夸其谈,却"终日说而未曾说",全是面上的敷衍与应对,你见不到他的真心,这样的人,你怎么和他推心置腹? 能不小心谨慎吗?

1.8 议事者身在事外,宜悉利害之情;任事者身居事中,当忘利害之虑。

【评】

古有"言官"、"谏官",专门负责在鸡蛋里挑骨头。他一般只评事不评人,由于身处事外,更能洞悉事情的来去利害,但也因此有指手划脚、站着说话不腰疼之嫌。倘若真能做到任事者果断决策,无太多顾虑,而议事者据理而争,政治就必然清明和谐。可惜一部谏官史也是一部血泪史,敢于直言的谏官大多没有好下场。至明朝废相,罢了谏官,政治便变得不堪起来。

1.9 俭,美德也,过则为悭吝,为鄙啬,反伤雅道;让,懿行也①,过则为足恭②,为曲谨③,多出机心④。

【注释】

①懿(yì):美好。

②足恭:过分恭顺。《论语·公冶长》:"巧言、令色、足恭,左丘明耻之,丘亦耻之。"

③曲谨:小处廉洁谨慎。意指不识大体,随波逐流,只知拘执小节。

④机心:智巧变诈的心计。《庄子·天地》:"有机械者必有机事,有机事者必有机心,机心存于胸中则纯白不备。"

【评】

温良恭俭让,是儒家提倡的美德,但过则太假,过犹不及,过俭则吝,过让则卑,也为孔子所耻之。当一个人在你面前极尽谄媚,以至于不顾廉耻之地步,你就不能不小心为上了。

1.10 藏巧于拙,用晦而明①;寓清于浊,以屈为伸。

【注释】

①用晦而明:行事隐晦而内心明了。

【评】

古人云:"鹰立如睡,虎行似病。"这正是它们攫鸟噬人的法术。故做人宁可笨拙一点,不可显得太聪明;宁可收敛一点,不可才华太露;宁可随波逐流一点,不可太自命清高;宁可屈抑一点,不可太舒展进取。特别当一个人郁郁不得志之时,既不能不弄机巧权变,又不能为人所窥破,所以就有了鹰立虎行如睡似病藏巧用晦的各种做人的方法:既有韩信受人胯下之辱的隐忍,也有安禄山做杨贵妃干儿子的包藏祸心,不一而足。

1.11 怨因德彰①,故使人德我,不若德怨之两忘;仇因恩立,故使人知恩,不若恩仇之俱泯。

【注释】

①怨因德彰:怨恨由于立德而更加明显。彰,明显。

【评】

想起两条鱼的故事:泉水干涸了,两条鱼为了生存,彼此用嘴里的湿气来喂对方,苟延残喘。庄子说:"相濡以沫,不如相忘于江湖。与其誉尧而非桀也,不如两忘而化其道。"与其在死亡边缘互相呵护,还不如当初大家自由自在地在大海里互不相识来得好。患难见真情,不如大家都在安定的生活中各不相助。"相濡以沫",是令人感动的,"相忘于江湖",则是另一种境界。我们最希望的是,争取和最爱的人相濡以沫,与绝大多数的人相忘于江湖。

1.12 天薄我福,吾厚吾德以迓之①;天劳我形,吾逸吾心以补之;天阨我遇②,吾亨吾道以通之③。

【注释】

①迓(yà):迎接。

②阨(ài):通"隘",狭窄。

③亨:(使)通达、顺利。

【评】

人生际遇无常,困厄在所难免,与其怨天尤人,不妨随意而安,充实自己的学问,扩充自己的心胸道德。所谓形不妨劳,心不妨逸。即使一时无法将困厄突破或解决,至少内心不会因此过分沮丧。李白诗云:"人生在世不称意,明朝散发弄扁舟。"

1.13 事穷势蹙之人①,当原其初心;功成行满之士,要观其末路。

①事穷势蹙(cù)：走投无路。蹙，紧迫。

【评】

这是一种山顶上的眼光。一览众山小，站在峰顶上却不能忘掉来时的路，才不至于被困在山顶，或者跌得粉身碎骨。真正认识一个人，不能只看他一时成败。白居易诗："周公恐惧流言日，王莽谦恭未篡时。若使当时身便死，一生真伪有谁知。"都说历史不是面团，事实上却时时都像面团一样被揉捏。

1.14 好丑心太明，则物不契；贤愚心太明，则人不亲。须是内精明，而外浑厚，使好丑两得其平，贤愚共受其益，才是生成的德量①。

【注释】

①生成：生育，上天的造化。

【评】

老子曰："天下皆知美之为美，斯恶已；皆知善之为善，斯不善已。"美丑、善恶是相对的，如果执着于自己所相信的美，而不能接受整个世界的本有现象，那便是"与物不契"。对事如此，与人交亦如此。就像阳光、空气和水，普洒人间万物，而无丝毫偏袒区别，使天下万物皆欣欣向荣，这才是大自然的好生之德。

1.15 好辩以招尤，不若切默以怡性①；广交以延誉，不若索居以自全；厚费以多营，不若省事以守俭；逞能以受妒，不若韬精以示拙。费千金而结纳贤豪，孰若倾半瓢之粟以济饥饿；构千楹而招徕宾客，孰若葺数椽之茅以庇孤寒。

【注释】

①切(rèn)默：言不易出，说话谨慎。《论语·颜渊》："子曰：'仁者，其言也切。'"

【评】

做人要老老实实。言多者必有语失，延誉者必有所非，求金者必有所蚀，逞能者必有所折。而助人呢，与其锦上添花，则不若解人于危困急难之时。其实，换个角度想，锦上添花也好，雪中送炭也罢，都不是坏事情。尝试着放下对别人的要求，也尝试着为别人考虑一些，那样即使没人雪中送炭，你也不会倍感失落。

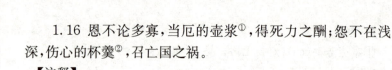
1.16 恩不论多寡,当厄的壶浆①,得死力之酬;怨不在浅深,伤心的杯羹②,召亡国之祸。

【注释】

①当厄的壶浆:当别人身处困厄之时给人的一壶浆饭。典出《左传·宣公二年》。晋人灵辄曾三日无食,饿倒于翳桑,当初在那里种田的赵盾舍饭相救。后来晋灵公因大夫赵盾屡次进谏,怀恨于心,打算除掉赵盾。一天,灵公召赵盾入宫饮酒,伏兵于宫中,想借口"臣侍君宴,过三爵,非礼也"而杀之。此时已成晋灵公甲士的灵辄倒戈相救,赵盾得以脱身。

②伤心的杯羹:典出《左传·宣公四年》。楚人献鼋(yuán,大鳖)于郑灵公。众大夫一起食鼋,郑灵公召公子宋却不给他吃。公子宋"怒,染指于鼎,尝之而出"。郑灵公也发怒,欲杀公子宋。那年夏天,公子宋先把郑灵公杀了。

【评】

也许无心的一句话一个细节,你就得罪了小人,而小人是最记仇的,小人报仇,又从来是不达目的不罢休。"君子坦荡荡,小人常戚戚"。小人很少琢磨事,大多琢磨人。自古以来,大至政治事件,小至日常生活,都少不了小人兴风作浪,或暗设绊脚石,或明打"小报告",诬陷者有之,告密者有之,暗杀者有之,花样百出,防不胜防。

1.17 仕途虽赫奕①,常思林下的风味②,则权势之念自轻;世途虽纷华,常思泉下的光景,则利欲之心自淡。

【注释】

①赫奕:光显,盛大。这里指仕途得意。

②林下的风味:与"泉下的光景"互文,指林泉之高致。古人常称隐居之所为"林泉"。

【评】

范蠡助越王灭吴之后,携美人西施荡舟五湖,做了神仙眷侣。张良助刘邦平定天下之后,全身而退于山林茅舍之中。可惜真正能激流勇退者能有几人?反而"兔死狗烹"成了历史的必然。

1.18 居盈满者,如水之将溢未溢,切忌再加一滴;处危急者,如木之将折未折,切忌再加一搦①。

【注释】

①搦(nuò):按,压。

【评】

满招损,谦受益;水满则溢,月盈则亏,这是自然之理。鲜花着锦,烈火烹油固是盛到了极点,又何尝不是充盈着危机。当然,宁可锦上添花,不可落井下石,这是做人的良心。

1.19 了心自了事①,犹根拔而草不生;逃世不逃名,似膻存而蚋还集②。

【注释】

①了心:了断心中的杂念。

②膻(shān):腥膻味。蚋(ruì):蚊虫。

【评】

万事万物皆由心生,亦由心灭。能在心中将事情了结,便一了百了。所以无法了结者,那是心中还在恋恋不舍。

1.20 情最难久,故多情人必至寡情;性自有常①,故任性人终不失性。

【注释】

①性自有常:人的本性自有其常道。

【评】

"情种"多不可靠。情到深处情转薄,因爱生腻、因爱成仇者,实在太多。人既要有爱的宽容,也要有包容仇恨的勇气。

1.21 喜传语者,不可与语;好议事者,不可图事。

【评】

如果你已经是一个成功人士,当然是不会喜欢"喜传语"、"好议事"者,但如果你正日思夜想着如何出名,那就不一样了。你可以故意制造一点谣言、绯闻,故意爆料给喜"传语""议事"的媒体,弄得谣言绯闻满天飞,你便可能一夜暴得大名。君不见,到处都是没出名的人在媒体上搏出位,成名后便开始指责媒体的千般万种伤害。

1.22 甘人之语,多不论其是非;激人之语,多不顾其利害。

【评】

人都喜欢听好话,倘若说话做事一点也不设身处地地顾虑别人的心意,当然很可能适得其反,激怒他人。言在儒家看来即是行动,所以《论语》一书反复强调慎于言、讷于言等。即使你是满腔忠诚,还是要讲究说

的策略。

1.23 真廉无廉名,立名者所以为贪;大巧无巧术,用术者所以为拙。

【评】

刻意追求廉洁之声名,其实便是贪求功利,这样的动机也就为人所不齿。太工于心计的人结果也总是适得其反,聪明反被聪明误。所谓大巧若拙,实际上是顺着自己的本性行事。

1.24 为恶而畏人知,恶中犹有善念;为善而急人知,善处即是恶根。

【评】

一个人做一件恶事并不可怕,可怕的是他丧尽天良无所畏惧;一个人做一件善事并不难,难的是做一辈子善事,如果还是默默地做一辈子善事,就更是难乎其难。

1.25 谈山林之乐者,未必真得山林之趣;厌名利之淡者,未必尽忘名利之情。

【评】

仁者乐山,智者乐水。可古代不少文人只是以此作为"终南捷径"。陈继儒不也被人讥讽为"翩然一只云中鹤,飞来飞去宰相家"?你不是高士吗,不是归隐吗,像云中的仙鹤一样吗,可为何飞来飞去都在宰相家?

1.26 从冷视热,然后知热处之奔驰无益;从冗入闲,然后觉闲中之滋味最长。

【评】

从冷落旁观者的角度看热闹的名利之场,才知奔走竞争实际上多么无益;从繁杂的尘世中解脱出来,才能品味出悠闲生活的滋味深长。当然,真正从纷繁扰攘的尘世中脱身,也有很多人无法做到"闲寻鸥鸟暂忘机",反而显得焦躁、不甘,以至郁郁而终。

1.27 贫士肯济人,才是性天中惠泽①;闹场能笃学②,方为心地上工夫③。

【注释】

①性天:天性。惠泽:恩泽。

②闹场：喧闹的地方。

③心地：佛教语。指心，即思想、意念等。《心地观经》卷八："众生之心，犹如大地，五谷五果从大地生……以此因缘，三界惟心，心名为地。"佛教认为，三界之中，以心为主。心如滋生万物的大地，能随缘生一切诸法，故称。

【评】

善良从来与贫富无关，而只关于性情。作家张爱玲说，真正喜欢一个人，会卑微到尘埃里，然后开出花来。

1.28 贪得者，身富而心贫；知足者，身贫而心富。居高者，形逸而神劳；处下者，形劳而神逸。

【评】

有人"宁其死为留骨而贵"，不惜死要面子活受罪；有人则学庄子"宁生而曳尾涂中"，享受人世间的逍遥快活，这其实都无可厚非。令人不齿的是，既想拥有面子的风光，又整日想着逍遥快活。

1.29 局量宽大，即住三家村里①，光景不拘；智识卑微，纵居五都市中②，神情亦促。

【注释】

①三家村：指人烟稀少、偏僻的小村落。陆游诗曰："偶失万户侯，遂老三家村。"

②五都市：泛指繁华的都市。

【评】

器量宽大的人，即使居于荒村野岭，眼界也不会受到局限；心胸狭窄的人，纵然居于繁华都市，也是神情局促徒增烦恼。心的境界如何，生命的境界就如何。

1.30 惜寸阴者，乃有凌铄千古之志①；怜微才者，乃有驰驱豪杰之心②。

【注释】

①凌铄(lì)：欺压，干犯。这里有驾驭的意思。

②驰驱：驱使。

【评】

珍惜寸阴的人，才会有超迈千古的壮志；尊重微才的人，天下英雄豪杰才能为你所用。

1.31 天欲祸人,必先以微福骄之,要看他会受;天欲福人,必先以微祸儆之①,要看他会救。

【注释】

①儆(jǐng):同"警",使人警醒。

【评】

人生没有永久的祸福。得微福而骄慢,骄慢便是祸根。福本不厚,又以骄慢削之,可见不堪受福,随之而来的可能就是灾祸了。受福不骄,受祸不苦,便是深明祸福之道。

1.32 书画受俗子品题,三生浩劫①;鼎彝与市人赏鉴②,千古异冤。

【注释】

①三生:佛教的说法,即前生、今生、来生。

②鼎彝:鼎,古代烹饪器。彝,古代宗庙中的礼器。比喻珍贵之器物。

【评】

在市井俗人眼中,刻有上古文字的甲骨也只是一味中药而已,传世宝藏的书页不过勉强可用作包装纸或厕纸,称之为"三生浩劫"、"千古异冤"实不为过。衡之于今日,在熙熙攘攘的拍卖会、奋勇举牌的巨商富贾面前,一件件待拍卖品会不会也有所托非人的感慨呢?

1.33 脱颖之才,处囊而后见①;绝尘之足②,历块以方知③。

【注释】

①"脱颖"二句:《史记·平原君虞卿列传》:"秦围邯郸,平原君募勇士使楚,毛遂自荐:'臣今日请处囊中耳。使遂早得处囊中,乃脱颖而出,非特其末见而已。'"

②绝尘:脚不沾尘土,形容奔驰神速。《庄子·田子方》:"颜渊问于仲尼曰:'……夫子奔逸绝尘,而回瞠若乎后矣!'"又指良马。《西京杂记》载:"(汉)文帝自代还,有良马九匹,皆天下之骏马也。一名浮云,一名赤电,一名绝群,一名逸骤,一名紫燕骝,一名绿螭骢,一名龙子,一名麟驹,一名绝尘,号为九逸。"

③历块:形容迅疾。《汉书·王褒传》:"纵驰骋骛息如影靡,过都越国,蹶如历块。"颜师古注:"如经历一块,言其疾之甚。"

【评】

古往今来,埋没之才如恒河沙数,脱颖之才寥寥无几,脱颖而出之后尚能持久展露才华而不致昙花一现者,更是屈指可数。

1.34 多情者,不可与定妍媸①;多谊者,不可与定取与。多气者,不可与定雌雄;多兴者②,不可与定去住③。

【注释】

①媸(chī):相貌丑陋。

②多兴者:兴趣广泛、兴致极高的人。

③去住:去留。

【评】

对深陷于某种情感的人,你不要同他谈所陷入事物的好坏。对某人有很深友谊的人,你不要同他谈取舍。对气盛之人,你不要同他争论雌雄。对某事兴趣很浓的人,你不要想着让他做其他什么。

1.35 世人破绽处,多从周旋处见①;指摘处,多从爱护处见;艰难处,多从贪恋处见。

【注释】

①周旋:交际应酬。

【评】

越是八面玲珑四处讨好,最终可能谁都不讨好;越是极力爱护,反而可能最容易受到指责;越想拥有,可能就越难拥有。钱锺书《围城》说:"一个人的缺点正像猴子的尾巴,猴子蹲在地面的时候,尾巴是看不见的,直到它向树上爬,就把后部供大众瞻仰。"

1.36 凡情留不尽之意,则味深;凡兴留不尽之意,则趣多。

【评】

留白是一种艺术。无论情与事,都应留有想像的空间和余地。情不可说尽、说清、说白,兴要留一点回味,一点余音。

1.37 山栖是胜事,稍一萦恋,则亦市朝;书画赏鉴是雅事,稍一贪痴,则亦商贾;诗酒是乐事,稍一徇人①,则亦地狱;好客是豁达事,稍一为俗子所挠,则亦苦海。

【注释】

①徇:顺从,曲从。

【评】

任何事都要讲究一定的度,过了"度",只会适得其反。山居悠游,诗酒风流,本是超脱,但若一味痴迷贪恋,就与闹市无甚区别;书画赏鉴本是雅事,但若过于痴迷,则与商人无异。

1.38 看中人①,在大处不走作②;看豪杰,在小处不渗漏③。

【注释】

①中人:中等的人,常人。《论语·雍也》:"中人以上,可以语上也;中人以下,不可以语上也。"

②不走作:不走样儿,不越出轨范。《朱子语类·读书法下》:"日间常读书,则此心不走作;或只去事物中羁,则此心易得汩没。知得如此,便就读书上体认义理,便可唤转来。"

③渗漏:喻不足,漏洞。

【评】

对一般的人不要过于苛求,只要在原则问题上合于规范就可以了。相反,对于大人物倒要看他在小处上有无纰漏。因此,看一个人,评价一个人,不能用统一固定的标准,否则这个标准要么过严要么过宽,大而无当。

1.39 留七分正经,以度生;留三分痴呆,以防死。

【评】

做人不可太正经,太正经则活得累,闷,没有情趣。七三开就好,人生便可以洒脱起来。然而,在当今"娱乐至死"的年代,越来越多的人却是倒七三开,往往留七分痴呆以度生,存三分正经混口饭吃。

1.40 轻财足以聚人,律己足以服人,量宽足以得人,身先足以率人。

【评】

子曰:"其身正,不令而行;其身不正,虽令不从。"有种理论说,伦理政治都是氏族首领的"领导艺术"的理论遗迹,后来就成了传统格言。这些都是生活中最简单的道理,但做起来却永远最难。

1.41 从极迷处识迷,则到处醒;将难放怀一放,则万境宽。

【评】

人的一生,如何才能摆脱烦恼,走向快乐呢? 有人说,就是要抓住核心问题,而对那些鸡毛蒜皮的事不去计较,这样人生就可以目标明确,免去许多不必要的烦恼。

1.42 大事难事,看担当;逆境顺境,看襟度;临喜临怒,看涵养;群行群止①,看识见。

【注释】

①群行群止:在与众人相处中表现出来的言行举止。

【评】

识人之事最难。刘邦只是一个无赖,却最终能战胜项羽登上皇位,就在于他极善识人。这几句说的就是识人的办法。关键时刻能挺身而出勇于承担,无论顺境逆境都有"任凭风吹浪打,胜似闲庭信步"的气度,才是真正值得信赖的人才。

1.43 安详是处事第一法,谦退是保身第一法,涵容是处人第一法,洒脱是养心第一法。

【评】

倘能以安详的心态,从容地看花开花落,云卷云舒,人聚人散,这便是人生最好的境界。难得糊涂一点,多多包容一点,更是人生的一种智慧。而无论是安详、谦退,还是涵容,都只是一种方法,最根本的是调适好自己的心态。心理平衡了,洒脱了,还会有什么不自在呢?

1.44 处事最当熟思缓处。熟思则得其情,缓处则得其当。必能忍人不能忍之触忤,斯能为人不能为之事功。

【评】

这是历代官箴中最根本的原则之一。令长之官权责在身,忍愤制怒则更为重要。孔子说:"小不忍则乱大谋。"能忍是有德的标志之一。张良容忍了黄石公的蛮横要求,帮他到桥下拾鞋,才得到了黄石公的兵书。韩信忍受胯下之辱,林则徐的"制怒"条幅,都是忍辱负重以成大事的例子。

1.45 轻与必滥取①,易信必易疑。

【注释】

①轻与:轻易地给予。

【评】

世上没有无缘无故的爱。轻易地给予,往往是为了能更多地索取。一见面就可以发誓说爱你天长地久,也最可能一转身就把你忘到九霄云外。

1.46 积丘山之善①,尚未为君子;贪丝毫之利,便陷于

小人。

【注释】

①积丘山之善：积累了像山丘那么多的善事。

【评】

君子难为，小人易做。多少人一世清名，却可能因为一时糊涂贪求蝇头小利，而前功尽弃，追悔莫及。官场"59岁现象"，就是很好的例证。史载，明初文学家宋濂告老还乡之日，即曾将此联铭于门楣。

1.47 智者不与命斗，不与法斗，不与理斗，不与势斗。

【评】

曾经，人们都陶醉在"与天斗，与地斗，与人斗，其乐无穷"的自我迷幻中。事实残酷地告诉我们，这绝非智者所为。孔子也早就告诫过，君子有三戒，要"戒之在斗"。印度大诗人泰戈尔也说过："我不能选择最好的，我只能选择最好的来选择我。"他选的是一种等待的态度。

1.48 良心在夜气清明之候，真情在箪食豆羹之间①。故以我索人，不如使人自反②；以我攻人，不如使人自露。

【注释】

①箪食豆羹：指粗疏的食物。箪，盛饭用的竹器。豆，古代盛食品的器皿。《孟子·尽心上》："好名之人，能让千乘之国，苟非其人，箪食豆羹见于色。"

②自反：自我反省。

【评】

月明星稀、夜深人静之时，自我反省，最是磨人，最容易良心发现。烦躁的心可以慢慢沉静，罪恶之念也许可以慢慢打消。与其由我去启发别人，不如使人自己慢慢去反思。

1.49 "侠"之一字，昔以之加义气，今以之加挥霍，只在气魄气骨之分。

【评】

一个"侠"字，过去往往和义气联系在一起，如今则往往和挥霍联系在一起。所谓"二世祖"现象，便可以很好地说明之。

1.50 不耕而食，不织而衣，摇唇鼓舌①，妄生是非，故知无事之人好为生事。

①摇唇鼓舌：谓卖弄口才。《庄子·盗跖》："不耕而食，不织而衣，摇唇鼓舌，擅生是非，以迷天下之主。"

【评】

所谓"心闲生驴事"，是非太多即是闲人太多。

1.51 才人经世，能人取世，晓人逢世，名人垂世，高人出世，达人玩世。

【评】

有经世之才的人选择治理社会，精明能干之人拥有社会，通达事理的人能顺应社会，名人可以流芳百世，脱俗的人则游戏社会，达观之人远离尘世。

1.52 宁为随世之庸愚，勿为欺世之豪杰。

【评】

曹操的名言："宁可我负天下人，不可使天下人负我"，其实说出了许多人心底最真实的想法。不过，终究绝大多数人是做不了"豪杰"的，那就不要去欺世盗名，就让自己平平淡淡，做一个快乐的"庸人"吧。

1.53 沾泥带水之累，病根在一"恋"字；随方逐圆之妙，便宜在一"耐"字①。

【注释】

①便宜：因利乘便，见机行事。耐：耐烦。

【评】

许多人之所以舍不得、放不下，完全在一"恋"字；许多官员所以不知进退，病根也在一"恋"字；许多情侣所以玉石俱焚，说穿了还是一个"恋"字作祟。

1.54 天下无不好谀之人，故谄之术不穷；世间尽是善毁之辈，故谗之路难塞。

【评】

"千穿万穿，马屁不穿"。即使明知是谄谀之词，明知说者未必真心，大多数人还是半推半就地笑纳了。这是人性的弱点，所以拍马之术才经久不衰。善拍马之人也总是最容易见风使舵之人，好谀与善毁，往往相连。古语说："越之西子，善毁者不能闭其美；齐之无盐，善美者不能掩其

丑"，那大概是没有遭受过谗言之害的人说出的话。

1.55 清福上帝所吝，而习忙可以销福；清名上帝所忌，而得谤可以销名。

【评】

清闲安逸的生活，是上天所吝惜给予的，如果使自己习惯于忙忙碌碌，便可以减少这种福分。就像操劳一生的老人，是从来也闲不住自己手脚的。过分美好的名声，连上天也要忌讳，如果遭受别人的毁谤，便可以减损这种盛名所累。汉朝名相萧何故意强买民田以"自污"，从而打消了刘邦的猜疑，得以善终。这也是一种以退为进的人生态度。

1.56 蒲柳之姿①，望秋而零；松柏之质，经霜弥茂。

【注释】

①蒲柳：蒲、柳落叶早，故以喻人之早衰。

【评】

《世说新语·言语》载，顾悦与简文同年而发早白，简文曰："卿何以先白？"顾悦即以此言相对。蒲柳之姿优柔婀娜，惜其骨力娇弱，见秋风而早零落；松柏岁寒而不凋，历风霜尤显骨力刚健。前者为绝世美人，后者君子英雄。世多有姿美之佳人，或慷慨之豪杰，而姿质兼美者则鲜见矣。

1.57 人之嗜名节，嗜文章，嗜游侠，如好酒然。易动客气①，当以德消之。

【注释】

①客气：宋儒以心为性的本体，因以发乎血气的生理之性为客气。朱熹、吕祖谦编选之《近思录》："明道先生（程颢）曰：'义理与客气常相胜，只看消长分数多少，为君子小人之别。义理所得渐多，则自然知得客气消散得渐少。消尽者是大贤。'"

【评】

嗜名节，嗜文章，嗜游侠者，恰如饮下一杯欲望之酒。不过，人们还是应该有所节制，不能让狂躁的戾气充盈胸膛。

1.58 好谈闺阃①，及好讥讽者，必为鬼神所忌，非有奇祸，则必有奇穷。

【注释】

①闺阃（kǔn）：闺房，内室。此借指闺阁之事。

喜欢谈论闺阁之事,喜好讥讽别人的人,连鬼神都要对其有所疑忌,即使没有不测的祸患,也必定会有出乎意料的穷困。

1.59 神人之言微,圣人之言简,贤人之言明,众人之言多,小人之言妄。

【评】

神仙的话精妙,圣人的话简约,贤人的话道理清楚,众人的话显得喋喋不休,小人的话便往往横生是非。

1.60 士君子不能陶镕人,毕竟学问中工力未透。

【评】

学问只顾口讲谁都能,但是无用。政治家的演说,文章家的议论,初闻之,未尝不惊人,到后来,说的依然是说,文章依然是文章。学问征诸实用,本非易事,但纵不能完全做到,总要做到一二分。能言能行才是真学问。

1.61 有一言而伤天地之和,一事而折终身之福者,切须检点。能受善言,如市人求利,寸积铢累①,自成富翁。

【注释】

①寸积铢(zhū)累:点点滴滴地积累。铢,古代重量单位,二十四铢等于旧制一两。

【评】

一句话一件事,有时也能为害无穷,因此要注意自我检点。多接受别人的善言,日积月累,便可以成为人生的"富翁"。

1.62 金帛多,只是博得垂死时子孙眼泪少,不知其他,知有争而已;金帛少,只是博得垂死时子孙眼泪多,亦不知其他,知有哀而已。

【评】

曾国藩提出过一个治家良方:"仕宦之家,不蓄积银钱,使子弟自觉一无可恃,一日不勤,则将有饥寒之患,则子弟渐渐勤劳,知谋所以自立矣。"其实,对父母而言,不蓄积银钱也可以减少许多劳累,至于为官宦者则更可以因此而断绝一部分贪婪之念。只是古往今来,又有多少人家、父母能这样做到呢?

1.63 景不和①,无以破昏蒙之气;地不和,无以壮光华之色。

【注释】

①景:日光。和:和顺,谐和。

【评】

《礼记·中庸》:"中也者,天下之大本也。和也者,天下之达道也。致中和,天地位焉,万物育焉。"世间万物,都要讲究和谐共处,顺和天下。

1.64 一念之善,吉神随之;一念之恶,厉鬼随之。知此可以役使鬼神。

【评】

佛曰:一念天堂,一念地狱。天堂地狱的主动权往往在我们自己的心里。当心中充满友善、爱意、宽容、理解……便会让自己置身在天堂之中;而倘若心怀恶念,结果总是害人害己,无异恶鬼缠身。

1.65 眉睫才交①,梦里便不能张主;眼光落地②,泉下又安得分明。

【注释】

①眉睫才交:指刚刚睡着。

②眼光落地:指人死去。

【评】

睡着、死去时,当然无法自我做主明辨是非,可白天、活着时,就能真正做得了主吗?身在江湖,身不由己,"像雾像雨又像风,来来去去只留下一场空"。既然所有的追逐不过是一场幻梦,那又"何妨吟啸且徐行"!

1.66 佛只是个了①,仙也是个了,圣人了了不知了②。不知了了是了了,若知了了便不了③。

【注释】

①了:彻悟,了悟。

②了了:明白,清楚。

③"不知了了"二句:不知道得太明白就是明白,若知道得太明白就是不明白。

【评】

有个很出名的禅宗故事。说一人问禅师:我在一个瓶子里养了一只鹅,这只鹅越长越大,如何才能不打破瓶子而又让这只鹅安然无恙地从瓶子里出来？禅师听后叫了一声提问者的名字，提问的人一答应，禅师就说："出来也！"老是琢磨鹅怎么出来，其实自己就是那只钻在瓶子里的鹅。所以，慧能听了神秀的偈子："身是菩提树，心如明镜台；时时勤拂拭，莫使染尘埃。"只给出了一句简单的评价："美则美矣，了则未了。"神秀为求佛法，将自己的身心都陷在了求的过程之中，也就与瓶之鹅无异。"本来无一物，何处惹尘埃"，只有连放下的念头也排除掉，生于世间而不着于世，也就是"不知了了"，才是真正的"了了"。

1.67 忧疑杯底弓蛇，双眉且展①；得失梦中蕉鹿，两脚空忙②。

【注释】

①"忧疑"二句：因为忧虑疑惑，看见酒杯中所映现的角弓影子而误以为是酒里有蛇，一旦明白真相又舒展双眉了。汉应劭《风俗通·怪神》记杜宣饮酒，见杯中似有蛇，酒后胸腹作痛，多方医治不愈；后知为壁上所悬赤弩照于杯，形似蛇，病即愈。后人因以"杯弓蛇影"形容疑神疑鬼，自相惊扰。

②"得失"二句：得失无常犹如梦中用柴薪覆盖的鹿一样，执意寻求，而两脚空忙。《列子·周穆王》记曰："郑人有薪于野者，遇骇鹿，御而击之，毙之，恐人见之也，遽而藏诸隍中，覆之以蕉，不胜之喜。俄而遗其所藏之处，遂以为梦焉。"后常以"蕉（qiáo，通"樵"）鹿"喻人世真假杂陈，得失无常。

【评】

利害得失总是放不下，徒为庸人自扰而已。

1.68 名茶美酒，自有真味。好事者投香物佐之，反以为佳，此与高人韵士误堕尘网中何异。

【评】

人之"本心"，亦如名茶美酒，自有真味，却日日为名利声色所蒙蔽丧失。失去了"真性"，所谓的高人韵士也就与俗人无异了。

1.69 善默即是能语，用晦即是处明①，混俗即是藏身，安心即是适境。

【注释】

①"用晦"句：《易·明夷》："利艰贞，晦其明也。"疏："既处明夷之世，外晦其明，恐陷于邪道，故利在艰固其贞，不失其正。"后遂

指韬晦隐迹为晦明。

【评】

言其所当言,默其所当默,方为能言之人。但向来能言者少,言多者众,能不慎哉!小隐隐于林,大隐隐于市,自古而然,能不察焉?

1.70 虽无泉石膏肓,烟霞痼疾^①,要识山中宰相^②,天际真人^③。

【注释】

①泉石膏肓,烟霞痼疾:喻指酷爱山水成癖,如病入膏肓。《新唐书·隐逸传》:田游岩隐居箕山许由祠旁,高宗往,问:"先生此佳否?"答:"臣所谓泉石膏肓,烟霞痼疾者。"

②山中宰相:《南史·陶弘景传》:"国家每有吉凶征讨大事,无不前以咨询。月中常有数信,时人谓为山中宰相。"

③天际真人:《世说新语·容止》:"或以方谢仁祖不乃重者,桓大司马曰:'诸君莫轻道,仁祖企脚北窗下,弹琵琶,故自有天际真人想。'"真人,道家谓修真得道的人。

【评】

虽没有隐士们那样爱好山水之癖,但并不妨碍对其向慕之情。所谓虽不能至,心向往之。

1.71 气收自觉怒平,神敛自觉言简,容人自觉味和,守静自觉天宁。

【评】

熟谙进退之道,可以收气;消弥虚张之势,可以敛神;不有求全之心,便可容人;能耐寂寞之苦,乃可守静。倘若处处争先恐后,哪有此等功夫!

1.72 处事不可不斩截,存心不可不宽舒,待己不可不严明,与人不可不和气。

【评】

为人处世最忌严苛待人,宽宥待己。

1.73 居不必无恶邻,会不必无损友^①,惟在自持者两得之^②。

【注释】

①损友:对自己不利的朋友。

②自持：自己克制，保持一定的操守、准则。

【评】

　　能与人融洽相处者，是快乐的，大度的，与人为善的。子曰："见贤思齐焉，见不贤而内自省也。"何况，所谓芳邻恶邻、挚友损友，也不是绝对的。

　　1.74 以理听言①，则中有主；以道窒欲，则心自清。

【注释】

①以理听言：遵从事理判断他人的言论。

【评】

　　理智与道德是人的立身之本。把握好二者，才能逐步建立健全的人格。不过，人最难战胜的便是自己。

　　1.75 先淡后浓，先疏后亲，先远后近，交友道也。

【评】

　　侯嬴对待信陵君就是这样的典型。可惜现实中我们却看到了太多反其道而行之者。为了某种目的巴结讨好你，让你高兴得一塌糊涂，以至推心置腹，孰不知却正中了人家的计策。所以，古人说，"先择而后交"，就可以减少许多后悔；"先交而后择"，则往往形成更多的仇隙。交朋友从来不是一件容易的事。

　　1.76 苦恼世上，意气须温①；嗜欲场中，肝肠欲冷②。

【注释】

①意气须温：保持心平气和。
②肝肠欲冷：保持内心冷静。

【评】

　　世情扰扰，颇多烦恼，但不可心灰意冷。熙熙攘攘，功名利禄，冷眼观之就好。

　　1.77 形骸非亲①，何况形骸外之长物②；大地亦幻，何况大地内之微尘③。

【注释】

①形骸：人的躯体，躯壳。按照佛家的说法，人的肉身也是幻而不实的东西，不值得亲爱。《庄子·天地》："汝方将忘汝神气，堕汝形骸，而庶几乎？"
②长物：多余的东西。《世说新语·德行》："王恭从会稽还，王大

(忱)看之。既其坐六尺簟,因语恭:'卿东来,故应有此物,可以一领及我。'恭无言。大去后,即举所坐者送之。既无余席,便坐荐上。后大闻之甚惊,曰:'吾本谓卿多,故求耳。'对曰:'丈人不悉恭,恭作人无长物。'"

③微尘:佛教语,指极细小的物质,这里指人。

【评】

身体、万物都是幻而不实,那又何必固执于物欲名利那些转瞬即逝的东西呢?

1.78 人当溷扰①,则心中之境界何堪;人遇清宁②,则眼前之气象自别。

【注释】

①溷(hùn)扰:烦扰,混乱搅扰。溷,混浊。

②清宁:清明宁静。《老子》:"昔之得一者,天得一以清,地得一以宁。"

【评】

心境清宁,眼中自有一段风华景象。倘若经历从溷扰到清宁,心境就更不同寻常了。守住本心,也就守住了自己的人生。

1.79 寂而常惺①,寂寂之境不扰;惺而常寂,惺惺之念不驰②。

【注释】

①惺:觉醒,清醒。

②驰:丢失,失控。

【评】

"寂寂"不是死寂,而有"惺"之生机在,万念退避,而本心觉醒。难得糊涂不是真糊涂,而是参透世情后的清醒。只是,能在清醒时保持清静,清静时保持清醒,何其不易! 能坦然抛舍俗欲牵绊,回归生命之本真,默守寂寂之境者,世间又能有几人?

1.80 童子智少,愈少而愈完;成人智多,愈多而愈散。

【评】

成年人能保持天真也不失可喜,但最灿烂的天真必然只在孩童之间。庄子说,日凿一窍,七日而混沌死。好好的一个人硬生生地被凿得变了模样,既回复不了其本真,也有违开凿者的原意。老子说:"为学日益,为道日损。"知识累积多了,便成为一种负担,损人心智。一部《儒林外史》,就是"成人智多"的荒诞史。可是,我们却一直在用成人之智改造着童子之智,有没有一丝荒诞呢?

1.81 无事便思有闲杂念头否,有事便思有粗浮意气否;得意便思有骄矜辞色否,失意便思有怨望情怀否。时时检点得到,从多入少,从有入无,才是学问的真消息①。

【注释】

①真消息:真谛,关键。

【评】

一怒冲冠,一怒为红颜,是真性情,亦是将自己置于险地。所以,英雄多扼腕,美人多叹迟暮矣。自知之人,则当时时反躬深省,去其妄躁骄怨,由多而少,从有到无,是为修身处世之根本。

1.82 笔之用以月计,墨之用以岁计,砚之用以世计。笔最锐,墨次之,砚钝者也。岂非钝者寿,而锐者夭耶?笔最动,墨次之,砚静者也。岂非静者寿而动者夭乎?于是得养生焉。以钝为体,以静为用①,唯其然是以能永年。

【注释】

①"以钝"二句:"体"、"用"是中国古代哲学中的一对范畴。"体"是根本的、内在的,指本质;"用"是"体"的外在表现,指现象。

【评】

钝与静,为传统的生命存养之方。然生命之光华又岂是以寿夭而论?一味藏拙守静以求永年,犹如空有四季轮回,而无夏花之绚烂,无秋叶之静美。笔蘸深情,墨染风云,指点江山,激扬文字,才是痛快淋漓绽放的生命的辉煌。

1.83 贫贱之人,一无所有,及临命终时,脱一厌字①;富贵之人,无所不有,及临命终时,带一恋字。脱一厌字,如释重负;带一恋字,如担枷锁。

【注释】

①厌:厌倦,失望。

【评】

一无所有,便可以走得风轻云淡;无所不有,终难免一步一回头。抛却名缰利锁,才能领略"挥一挥双手,不带走一片云彩"的美好境界。

1.84 透得名利关，方是小休歇；透得生死关，方是大休歇。

【评】

名利看破，不是人生至境；生死勘透，才是入禅坐定。只是又有几人能真勘破？即使真看破，又有几人能淡然处之无牵无挂，尽享生命之妙趣？

1.85 讳贫者，死于贫，胜心使之也；讳病者，死于病，畏心蔽之也；讳愚者，死于愚，痴心覆之也。

【评】

最忌讳最害怕的事情，往往也是最容易到来最无可奈何的。红颜暗老，英雄迟暮，其奈他何？不能以平静心态处之，一味遮掩粉饰，与掩耳盗铃何异？

1.86 士大夫损德处，多由立名心太急。

【评】

北齐颜之推《颜氏家训·名实》："上士忘名，中士立名，下士窃名。"所谓"忘名"，实流于虚妄。无立名之心，君子何以成"立德""立功""立言"之"三不朽"？而立名太急，所谓沽名钓誉，利欲熏心，则自然失之于窃取豪夺。

1.87 多躁者，必无沉潜之识；多畏者，必无卓越之见；多欲者，必无慷慨之节；多言者，必无笃实之心；多勇者，必无文学之雅。

【评】

心灵就像一座小阁楼，乱七八糟的东西堆多了，好东西就放不进去。只是上天也从不肯专美一人，谁能集沉潜之识、卓越之见、慷慨之节、笃实之心、文学之雅于一身？

1.88 剖去胸中荆棘①，以便人我往来，是天下第一快活世界。

【注释】

①胸中荆棘：心中的芥蒂，嫌隙。唐孟郊《择友》诗："虽笑未必和，虽哭未必戚。面结口头交，肚里生荆棘。"

【评】

可惜当今之世，人们胸中多堆满荆棘，筑有一道长城，有多少人能够首先开启自己的心灵？又怎样去扣开他人的心扉？多么辛苦！

1.89 挥洒以怡情，与其应酬，何如兀坐①；书礼以达情，与其工巧，何若直陈；棋局以适情，与其竞胜，何若促膝；笑谈以诒情②，与其谑浪，何若狂歌。

【注释】

①兀坐：独自端坐。

②诒(yí)情：犹传情。

【评】

人多有身不由己处。独坐静心、弈棋促膝、山林啸歌，多是古人清怀。当今之世往往只能临渊羡鱼徒叹一番。

1.90 "拙"之一字，免了无千罪过①；闲之一字，讨了无万便宜。

【注释】

①无千：与"无万"同义，指不计其数。

【评】

"拙"字可以避机锋，"闲"字可以躲忙碌。倘若人人如此，无事于心，无心于事，专在"拙"与"闲"字上下工夫，可就真成万千罪过了。

1.91 斑竹半帘①，惟我道心清似水；黄粱一梦②，任他世事冷如冰。欲住世出世③，须知机息机④。

【注释】

①斑竹：一种茎上有紫褐色斑点的竹子，传说是舜妃娥皇女英思夫泪泣竹而成，故也叫湘妃竹。晋张华《博物志》："尧之二女，舜之二妃，曰湘夫人，舜崩，二妃啼，以涕挥竹，竹尽斑。"

②黄粱一梦：唐沈既济《枕中记》载：卢生在邯郸遇道士吕翁，生自叹穷困，翁探囊中枕授之曰：枕此当令子荣适如意。时主人正蒸黄粱，生梦中享尽富贵荣华。及醒，黄粱尚未熟，怪曰："岂其梦寐耶？"翁笑曰："人世之事亦犹是矣。"后因以"黄粱梦"喻虚幻的事和不能实现的欲望。

③住世：谓身处现实世界。

④知机息机：知晓机巧功利和息灭机巧功利。机，指机心，机巧功利之心。

【评】

生离死别之深情,荣华富贵之贪恋,终究一场虚幻。歌词唱道:"某年某月的某一天,就像一张破碎的脸……让它淡淡地来,让它好好地去。"便是无机心的快乐。存一份淡泊在心头,山林市朝,任由行走。

1.92 书画为柔翰①,故开卷张册,贵于从容;文酒为欢场,故对酒论文,忌于寂寞。

【注释】

①柔翰:指毛笔。晋左思《咏史诗》:"弱冠弄柔翰,卓荦观群书。"

【评】

同是一副笔墨,"品高者,一点一画,自有清刚雅正之气;品下者,虽激昂顿挫,俨然可观,而纵横刚暴,未免流露诸外。"酒,也只有在文人的杯盏中,才能焕发自己的特有情趣,这是文人的寻觅追求,也是千年古酒的夙愿。

1.93 荣利造化,特以戏人;一毫着意,便属桎梏。

【评】

天下熙熙,皆为利来。就算荣华造化都是上天专门用以戏弄人的,犹如束缚的枷锁,人们依然要不顾一切地追求。

1.94 士人不当以世事分读书①,当以读书通世事。

【注释】

①以世事分读书:谓将世事与读书分裂开来。

【评】

世事洞明皆学问,人情练达即文章。读书即是知世,知世亦是读书。

1.95 意在笔先,向庖羲细参易画①;慧生牙后②,恍颜氏冷坐书斋③。

【注释】

①庖羲:即伏羲。古代传说中的三皇之一。相传其始画八卦,又教民渔猎,取牺牲以供庖厨,因称庖羲。细参易画:潜心参悟天地后作八卦之画。

②慧生牙后:原指言外的理趣。《世说新语·文学》:"殷中军(浩)云:'(韩)康伯未得我牙后慧。'"后引申为蹈袭别人的言论,拾取别人说过的只言片语作为自己的话来说,即拾人

牙慧。

③颜氏:指颜回,孔子高足。《论语·雍也》:"子曰:'贤哉回也!一箪食,一瓢饮,在陋巷,人不堪其忧,回也不改其乐。'"

【评】

冷坐书斋,颜回不改其乐,这样的"贤者"、学者如今则越来越罕见了。

1.96 调性之法,须当似养花天①;居才之法,切莫如妒花雨②。

【注释】

①养花天:指暮春牡丹开花时节。因天多轻云微雨,适宜养花,故称。五代郑文宝《送曹纬刘鼎二秀才》诗:"小舟闻笛夜,微雨养花天。"现代作家郁达夫《钓台的春昼》:"我去的那一天,记得是阴晴欲雨的养花天。"

②妒花雨:旧时称摧残盛开鲜花的骤雨为妒花雨。

【评】

"莫听穿林打叶声,何妨吟啸且徐行",烟雨之中,东坡居士坦荡荡一峭劲身影落落而行,何等旷达洒脱!这样的"也无风雨也无晴",才是真性情。不经风雨的冲淡,最为脆弱;不经历炼的人才,岂称得上真正的人才?

1.97 事忌脱空①,人怕落套。

【注释】

①脱空:没有着落,指脱离实际。

【评】

林语堂说:"愚可耐,俗不可耐。痛可忍,痒不可忍。"但世俗偏偏又逃避不得,不得不"落套",于是就要熬,就要脱,人生只有受得世俗煎熬,熬至滴水成珠,熬出人生之春。

1.98 山穷鸟道①,纵藏花谷少流莺;路曲羊肠②,虽覆柳荫难放马。

【注释】

①鸟道:指险峻狭窄的山路。

②路曲羊肠:道路弯曲得像羊肠。

【评】

没有流莺粉蝶翻飞,深谷里依旧花开花谢;没有人群马匹歇凉,险途上依旧柳荫浓密,万物遵循着自身的客观规律。倒是在今天,这样的世外桃源越来越少见了。

1.99 能于热地思冷,则一世不受凄凉;能于淡处求浓,则终身不落枯槁。

【评】

作家刘心武《心灵体操》中说:"与大家一样,我的内心深处同样有着大块的灰色地带。比如我在50岁以前,有嫉妒同辈作家之心,害怕他们超过自己;60岁后又羡慕青年一代作家的才情,恐慌他们盖过了我们这代作家的风头。好在我这些年及时'做操',才驱散了郁积在心里的阴影,心态变得健康明媚起来。"热地思冷、淡处求浓,时时调理好自己的身心,才能一生受用无穷。

1.100 会心之语,当以不解解之①;无稽之言,是在不听听耳②。

【注释】

①不解解之:不解释而能理解它。

②不听听耳:姑妄听之。

【评】

"眼波才动被人猜,惟有心上人儿知。"会心之语,会心之人,心有灵犀一点通。无稽之言,无心之人,便如疾风刮过山谷,呼啸而去,但山谷里什么也没留下,那还需为此而费神劳心吗?居心如月之倒映水中空寂而不留迹,也就不会再有烦扰缠身。

1.101 佳思忽来,书能下酒①;侠情一往,云可赠人②。

【注释】

①书能下酒:典出宋龚明之《中吴纪闻·苏子美饮酒》:苏舜钦读《汉书》,常大杯饮酒。其岳丈杜衍听说,笑曰:"有如此下酒物,一斗不为多也。"

②云可赠人:语本陶弘景诗《诏问山中何所有赋诗以答》:"山中何所有?岭上多白云。只可自怡悦,不堪持赠君。"

【评】

世情赠人以物,侠情赠人以意。兴酣以往,书能下酒,云可赠人。"江南无所有,聊寄一枝春",新鲜梅枝,带着湿润江南的一枝春天,可以一驿一驿风尘仆仆地送到思念的朋友手中。只要情义在,什么都可赠人,无论赠人什么,都是满怀浪漫。

1.102　蔼然可亲,乃自溢之冲和①,妆不出温柔软款;翘然难下②,乃生成之倨傲,假不得逊顺从容③。

【注释】

①自溢:自然流露。冲和:淡泊平和。《老子》:"冲气以为和。"

②翘然难下:昂首挺胸盛气凌人。

③假不得:谓借不来。

【评】

和蔼可亲、盛气凌人,都是天性的流露,装不出也借不来。虚伪再高妙,也会让人识破。

1.103　世路如冥①,青天障蚩尤之雾②;人情如梦,白日蔽巫女之云③。

【注释】

①冥:夜晚。

②蚩尤之雾:传说蚩尤是上古我国南方黎族首领,与黄帝战于涿鹿之野,造雾作障,弥漫天地,黄帝造指南车破其雾阵。

③巫女之云:典出宋玉《高唐赋·序》:楚怀王梦中与巫山神女相会,临别时神女曰:"妾在巫山之阳,高丘之阻。旦为朝云,暮为行雨。朝朝暮暮,阳台之下。"

【评】

李白说:"大道如青天,我独不得出。"固是悲愤之语。世事险恶,芸芸众生仍须勇敢以对。

1.104　密交,定有夙缘,非以鸡犬盟也①;中断,知其缘尽,宁关蓁菲间之②。

【注释】

①鸡犬盟:古时结盟举行仪式,杀鸡或犬沥血酒中,结盟者依次饮之,表示永远信守盟约。

②蓁菲:亦作"蓁斐"。花纹错杂的样子。《诗经·小雅·巷伯》:"蓁兮斐兮,成是贝锦;彼谮人者,亦已大甚!"孔颖达疏:"《论语》云:'斐然成章。'是斐为文章之貌,蓁与斐同类而云成锦,故为文章相错也。"《梁书·刘孝绰传》:"兼逢匪怨之友,遂居司隶之官;交物是非,遂成蓁斐。"后因以蓁斐喻指谗言。

【评】

人生在世,能陪你从起点走到终点的朋友,少而又少。缘来则聚,缘尽则散。一切随缘,珍惜缘分。

1.105 堤防不筑,尚难支移壑之虞①;操存不严,岂能塞横流之性。

【注释】

①移壑之虞:河流改道的忧患。

【评】

富兰克林说:"我们之所以不能自我克制,关键是欲望太强了。不能进行自我克制,就不会是真正的人。"尤其是手中握有一定权力的人,权力路上山高路险、水阔波狂,若想取得"正果",必须把握住自己的欲望,捉住心中的"鬼",降住心中的"魔"。

1.106 打诨随时之妙法,休嫌终日昏昏;精明当事之祸机,却恨一生了了。藏不得是拙,露不得是丑。

【评】

露丑卖乖、假装糊涂也是自我保护、顺应时世的方法。不要嫌终日浑浑噩噩,过分精明反而往往成了祸根。

1.107 开口辄生雌黄月旦之言①,吾恐微言将绝②,捉笔便惊。

【注释】

①雌黄:矿物名。古人以黄纸书字,有误则以雌黄涂之,因称改易文字为雌黄。月旦:即"月旦评",谓品评人物。《后汉书·许劭传》:"初,劭与(从兄)靖俱有高名,好共核论乡党人物,每月辄更其品题,故汝南俗有月旦评焉。"《梁书·任昉传》记刘孝标《广绝交论》:"近世有乐安任昉……雌黄出其唇吻,朱紫由其月旦。"

②微言:精深微秒的言辞。

【评】

世人已越来越不追求什么微言大义了,信口雌黄,言而无信,已是司空见惯。

1.108 人不得道,生死老病四字关,谁能透过;独美人名将,老病之状,尤为可怜。

【评】

于平常人，不过是生也平常，死也平常。却可怜那红颜化为白发，英雄空嗟暮年，境遇有霄壤之别。是以，西施随范蠡驾扁舟不知所终，北宋名将姚平仲一逃三千里，入青城山石穴以居，或许是最好的结局。

1.109 日月如惊丸①，可谓浮生矣②，惟静卧是小延年；人事如飞尘，可谓劳攘矣③，惟静坐是小自在。

【注释】

①惊丸：惊飞的弹丸，喻光阴逝去之快。

②浮生：语本《庄子·刻意》："其生若浮，其死若休。"以人生在世，虚浮不定，因称人生为浮生。

③劳攘：纷扰，劳碌。

【评】

潜心入静，于浮躁的时代殊非易得，却依然不失为修身养性之本。

1.110 平生不作皱眉事，天下应无切齿人。

【评】

君子坦荡荡，又何必以天下有无切齿之人而介怀？

1.111 暗室之一灯①，苦海之三老②；截疑网之宝剑③，抉盲眼之金针④。

【注释】

①暗室之一灯：语出《四教义》："譬如千年暗室，若不置一灯，其室方将永暗。若置一灯，则故暗皆明，新暗不生。"

②苦海：佛教谓尘世为苦海。三老：川江峡中称舵工为三老，这里指摆渡世人脱离苦海的舵工。杜甫《拨闷》诗："长年三老遥怜汝，棙舵开头捷有神。"宋陆游《入蜀记》："问何谓长年三老，云梢工是也。"

③截：截断。疑网：佛教语。谓众多疑虑，使人如陷罗网而不得解脱。《法苑珠林》卷九七："佛言菩萨布施，远离四恶：一破戒；二疑网；三邪见；四悭吝。"

④抉：剔开，拨开。

【评】

一灯能除千年暗，一盏知识之灯，则能照彻整个人生。人曰："故释氏之典一通，孔子之言立悟，无二理也。"

1.112 攻取之情化,鱼鸟亦来相亲;悖戾之气销①,世途不见可畏。

【注释】

①悖戾:违逆,乖张。

【评】

鱼鸟亦来相亲,世途不见可畏,就必须化攻取之情,销悖戾之气,让每个人都能感受到被尊重、有希望,从而最终达到和谐宽容。

1.113 天下无难处之事,只要两个如之何①;天下无难处之人,只要三个必自反②。

【注释】

①两个如之何:《史记·项羽本纪》载,刘邦先项羽进入咸阳。项羽大怒,发兵来攻刘邦,形势危急,刘邦问计于张良,先曰:"为之奈何?"(怎么办才好呢?)再曰:"且为之奈何?"于是有了张良的建议请项伯从中说情,而后又有了脱险鸿门宴,最终转危为安。

②三个必自反:语出《论语·学而》:"曾子曰:'吾日三省吾身:为人谋而不忠乎? 与朋友交而不信乎? 传不习乎?'"意谓从各个方面反躬自问。

【评】

多求教于他人,问几个"如之何";常反省于自我,多几番"必自反",很多难事便可迎刃而解。

1.114 能脱俗便是奇,不合污便是清。处巧若拙,处明若晦,处动若静。

【评】

人只要能不沉缅于追逐,洁身自好,自然可以脱俗;只要不与人同流合污,又哪来的不清净呢? 保持清白高雅的境界,原本是很自然而无须造作之事,所谓"清水出芙蓉,天然去雕饰"。

1.115 参玄借以见性①,谈道借以修真②。

【注释】

①参玄:佛教语。犹参禅。玄思冥想,探究真理,以求得"明心见性"。

②修真:道教谓学道修行为修真。

【评】

参玄为的是发现人的本性,谈道为的是修身养性。不落于流俗,安于孤独,禅归本色,此之谓也。

1.116 世人皆醒时作浊事,安得睡时有清身;若欲睡时得清身,须于醒时有清意。

【评】

人们都是在清醒的时候做了糊涂事,怎么能在沉睡之时反而保持自身的清白? 要想沉睡时保持清白之身,就必须在清醒时保持清白之意。善恶清浊,其实都与醒睡无关,而只关乎做人。

1.117 好读书非求身后之名,但异见异闻,心之所愿。是以孜孜搜讨,欲罢不能,岂为声名劳七尺也①。

【注释】

①七尺:七尺之躯,指身体。

【评】

读书本是一种享受,但当其负载了"学而优则仕"的文化选择后,就很难不为功名而读书了。其实,为功名而读书,也未必就是坏事,只要别走火入魔,弄得像范进中举那样就行。

1.118 一间屋,六尺地,虽没庄严,却也精致;蒲作团①,衣作被,日里可坐,夜间可睡;灯一盏,香一炷,石磬数声,木鱼几击;龛常关,门常闭,好人放来,恶人回避;发不除,荤不忌,道人心肠,儒者服制;不贪名,不图利,了清静缘,作解脱计;无挂碍,无拘系,闲便入来,忙便出去;省闲非,省闲气,也不游方②,也不避世;在家出家,在世出世,佛何人,佛何处? 此即上乘,此即三昧。日复日,岁复岁,毕我这生,任他后裔。

【注释】

①蒲作团:蒲团,用蒲草编成的圆形垫子,多为僧人参禅和跪拜时所用。

②游方:指僧人为修行问道或化缘而云游四方。

【评】

无欲,则无挂碍拘系;无求,则华屋茅舍何异? 处世为人执得起放得下,自得而自足,才有如此旷怀逸致。五柳先生陶渊明堪为典范:"闲静少言,不慕荣得。好读书,不求甚解;每有会意,便欣然忘食。性嗜酒,家贫

不能常得。亲旧知其如此,或置酒而招之。造饮辄尽,期在必醉。既醉而退,曾不吝情去留。环堵萧然,不蔽风日。"

1.119 草色花香,游人赏其真趣;桃开梅谢,达士悟其无常。

【评】

草色花香,可亲可爱! 游人赏其情趣,而旷达之士则独于花开花谢之间,领悟生命之无常。

1.120 招客留宾,为欢可喜,未断尘世之扳援①;浇花种树,嗜好虽清,亦是道人之魔障②。

【注释】

①扳援:攀附,依附。

②魔障:佛教语。指修身的障碍。

【评】

宋代诗人林逋隐居西湖,常驾小舟遍游诸寺,每逢客至,叫门童子纵鹤放飞,林逋见鹤必棹舟归来。"梅妻鹤子"的他,固是潇洒,但对宾客对梅鹤的执着仍是一种病态,反而成了修道上的障碍。修道之人,当学陶渊明"采菊东篱下,悠然见南山",对一切事物都无牵无挂,方得自然之真趣。

1.121 人常想病时,则尘心便减;人常想死时,则道念自生。

【评】

"尘心便减","道念自生",又何必非要想到死病之时方才有此悟? 常想病时死时,生命还有多少意义? 不妨学学陶渊明:"纵浪大化中,不喜亦不惧。应尽便须尽,无复独多虑。"这或许才是我们对待生老病死的积极态度。

1.122 入道场而随喜①,则修行之念勃兴;登丘墓而徘徊,则名利之心顿尽。

【注释】

①道场:和尚道士诵经或做法事的场所。

【评】

送葬归来的人,路上往往不免一番感慨,但感慨过后,再置身徘徊于滚滚尘世之中,又会作何企望呢?

1.123 铄金玷玉①，从来不乏乎谗人；洗垢索瘢②，尤好求多于佳士。止作秋风过耳③，何妨尺雾障天。

【注释】

①铄金：喻众口一词可以混淆是非。《国语·周语下》："众心成城，众口铄金。"

②洗垢索瘢：洗掉污垢后还去寻找瘢痕，喻吹毛求疵。

③秋风过耳：比喻与自己无关，毫不在意。汉赵晔《吴越春秋·吴王寿梦传》："富贵之于我，如秋风之过耳。"

【评】

郑板桥曾用一首诗拒绝了所有向他索画的人："画竹多于买竹钱，纸高六尺价三千。任渠话旧论交接，只当秋风过耳边。"可事实上，对套近乎的客气话，或是飞短流长、吹毛求疵的闲言碎语，真正能做到秋风过耳般潇洒以对的又有几人？

1.124 真放肆不在饮酒高歌，假矜持偏于大庭卖弄。看明世事透，自然不重功名；认得当下真，是以常寻乐地。

【评】

真性情既不在饮酒高歌，更不必故作姿态于广庭大众。可偏偏如今太多假矜持扮淑女、摆架子者，在忸怩作态中招摇着、虚荣着。

1.125 欲不除，似蛾扑灯，焚身乃止；贪无了，如猩嗜酒①，鞭血方休②。

【注释】

①如猩嗜酒：唐李肇《唐国史补》卷下记载：猩猩者好酒与屐，人有取之者，置二物以诱之。猩猩始见，大骂猎人不仁是在诱捕，于是绝走远去。可骂完后，终究抵挡不住酒香的诱惑，领头的便提议："少尝一点，谨慎一点，别喝多了。"众猩猩早已按捺不住，先是尝小杯，后又端大碗，边喝边骂猎人，越喝越馋，俄顷俱醉，因遂获之。明刘元卿《贤奕编·警喻》中有"猩猩嗜酒"的寓言。

②鞭血：鞭打至出血。

【评】

明星朗月，何处不可翱翔，而飞蛾独趋灯焰，自取灭亡；猩猩可谓聪明，明知诱捕而终免不了一死，都是贪心惹的祸。古代梁毗哭金，实在可贵！现代贪官流泪，罪有应得！或忏悔曰，贪渎之时亦整日胆战心惊，但见钱辄眼开，如猩猩之嗜酒；或面对上千万贪赃，居然说出"不觉得自己犯罪"这种让三岁小儿都觉得可笑之言,如飞蛾之扑火。

1.126 人生待足何时足;未老得闲始是闲。

【评】

不要学瞎眼的骡子,背上满负着糖,却仍为挂在嘴前那块糖而奔波至死。否则,若到老时才因无力追逐而住手,心中感到的只是痛苦。在未老时就能明了这点,才有可能尝到真正安闲的滋味。

1.127 谈空反被空迷,耽静多为静缚①。

【注释】

①耽静:沉迷于虚静之境。

【评】

空不是空空如也,静也不是闭目塞听,全在心境之体验。然我等凡夫俗子,欲空欲静谈何容易? 既然走不出爱恨情仇,那就尽情地品尝属于我们的酸甜苦辣,也是有滋有味的人生。

1.128 旧无陶令酒巾①,新撇张颠书草②;何妨与世昏昏,只问君心了了。

【注释】

①陶令:即陶渊明,曾为彭泽县令,世称"陶令"。酒巾:典出陶渊明用头上葛巾漉酒之事。《宋书·隐逸传·陶潜》:"郡将候潜,值其酒熟,取头上葛巾漉酒,毕,还复著之。"

②张颠:即唐代书法家张旭。史载张旭嗜酒,"每大醉,呼叫奔走,乃下笔,或以头濡墨而书,既醒自视,以为神,不可复得也。世呼张颠"。

【评】

举世皆浊我独清,与世浮沉而君心了了,岂非徒增烦恼? 事实是,狂怪之象丛生,但世间已难觅陶、张之真情之旷达。

1.129 以书史为园林,以歌咏为鼓吹,以理义为膏粱①,以著述为文绣,以诵读为菑畬②,以记问为居积③,以前言往行为师友,以忠信笃敬为修持,以作善降祥为因果④,以乐天知命为西方⑤。

【注释】

①膏粱:指精美的食物。

②菑畬(zīyú)：指垦荒、耕耘。《尔雅》："田一岁曰菑，二岁曰新田，三岁曰畬。"

③居积：囤积（粮食）。

④因果：谓因缘和果报。根据佛教轮回之说，种什么因，结什么果；善有善报，恶有恶报。

⑤西方：佛教指西方净土，即西方极乐世界。

【评】

书史是纸上的"园林"，而真正的园林，又何尝不是一部厚重的历史，大美而无言，让人无端地感动与喟叹。

1.130 云烟影里见真身①，始悟形骸为桎梏；禽鸟声中闻自性②，方知情识是戈矛③。

【注释】

①真身：佛教认为为度脱众生而化现的世间色身，如佛、菩萨、罗汉等。

②自性：天性，本性。

③情识：犹情欲。明宋濂《〈南堂禅师语录〉序》："绝技蔓，去町畦，而不堕于情识之境，不意大法凋零而能见斯人哉！"

【评】

云烟般不羁的生命，怎堪为红尘紫陌、肉身爱憎所牵缚？人生"真意"，不过就在天之涯、山之巅，在水之吟唱、花之红颜、鸟之鸣啾中。本于真心，任性而动，与自然之一花一鸟相共鸣，才能吟唱出自然生命的本色之歌。

1.131 白日欺人，难逃清夜之愧赧①；红颜失志，空遗皓首之悲伤。

【注释】

①愧赧(nǎn)：因羞惭而脸红。

【评】

暗夜犹有羞愧之心，欺人尚未自欺；失志而有悲伤之叹，迷途尚未为远。

1.132 定云止水中，有鸢飞鱼跃的景象；风狂雨骤处，有波恬浪静的风光。

【评】

人生处处充满活泼泼的生机，人生也需要一份从容与淡定。

1.133 平地坦途,车岂无蹶^①;巨浪洪涛,舟亦可渡;料无事必有事,恐有事必无事。

【注释】

①蹶(jué):跌倒,挫折。

【评】

晚唐诗人杜荀鹤《泾溪》诗曰:"泾溪石险人兢慎,终岁不闻倾覆人。却是平流无石处,时时闻说有沉沦。"未雨需绸缪,凡事预则立。恐有事才会想到解决事,就像开车要随时做好刹车的准备,危险突发时才不至于慌乱。

1.134 富贵之家,常有穷亲戚来往,便是忠厚。

【评】

"苟富贵,毋相忘",这是陈胜当年说过的话。但据《史记》记载,陈胜称王后,家乡父老去找他,因为在殿上叫了小名,他恼羞成怒,甚至杀害了共过患难的父老兄弟。忘了本,自然不是忠厚之辈。

1.135 两刃相迎俱伤,两强相敌俱败。

【评】

经济日益全球化的今天,对抗只能"两败",合作才能"双赢"。成全他人也是成就自己。一山未必不容二虎,卧榻之侧须容他人酣睡,是人类社会的进步。

1.136 我不害人,人不我害;人之害我,由我害人。

【评】

更准确的还是那句老话:害人之心不可有,防人之心不可无。

1.137 商贾不可与言义,彼溺于利;农工不可与言学,彼偏于业^①;俗儒不可与言道,彼谬于词^②。

【注释】

①偏于业:偏爱本业。

②谬于词:拘泥于言词。

【评】

中国传统,万般皆下品,唯有读书高,看不起做买卖的、搞技术的。于是有所谓泛儒主义,儒商、儒将、儒医,贴上一个标签,马上显得有了品位,有了道德。

1.138 博览广识见,寡交少是非。

现代人患抑郁症者日多,据说知识越多者患病的几率越大。没有几个知心朋友可以倾诉,压抑着就出了毛病。所以孔子说:"友直友谅友多闻",可使人受益无穷。

1.139 明霞可爱,瞬眼而辄空;流水堪听,过耳而不恋。人能以明霞视美色,则业障自轻①;人能以流水听弦歌,则性灵何害。

【注释】

①业障:佛教谓妨碍修行的罪业。此指罪孽。

【评】

人性的本真应当是一颗进取的心,而不是贪婪的心。就像天边绚丽的云霞,你欣赏到了就够了,又岂能想着占为己有?美色、弦歌当前,好好地欣赏便可以了,倘若贪念一生,祸亦至焉。

1.140 休怨我不如人,不如我者常众;休夸我能胜人,胜如我者更多。

【评】

所谓山外有山,天外有天,人外有人。冷静而知忧患,自觉而能忧患,务实而解忧患。

1.141 人言天不禁人富贵,而禁人清闲,人自不闲耳。若能随遇而安,不图将来,不追既往,不蔽目前,何不清闲之有?

【评】

谋事在人,成事在天。可以积极追求,却不可强求。不绝望,不追悔,不迷茫,保持清闲之心态,对万事万物也就可以通达乐观了。

1.142 暗室贞邪谁见,忽而万口喧传;自心善恶炯然,凛于四王考校①。

【注释】

①凛:严肃,严峻。四王:指佛教里的四大天王,执掌刑罚戒律。分别居于须弥山的四陲,各护一方,也称护世四天王:西方广目天王、东方持国天王、北方多闻天王、南方增长天王。

【评】

是贞是邪,总难逃众人之眼;再隐秘的阴谋,也总有败露之时。一言一行,皆须当心。

1.143 寒山诗云[1]:"有人来骂我,分明了了知。虽然不应对,却是得便宜。"此言宜深玩味。

【注释】

①寒山:唐代著名诗僧,姓名、籍贯、生卒年均不详。因长期隐居于台州始丰(今浙江天台)西之寒岩,故称寒山子。今存诗三百余首。

【评】

别人骂了你,可促使你反省,有则改之,无则加勉。如果是错骂了你,那便是他的错,你又何必劳神去理会伤心呢?总之,"不应对"便可免却无穷烦恼。尤其在盛行靠骂求出名的今天,一应对,说不定就正中人下怀。

1.144 恩爱,吾之仇也;富贵,身之累也。

【评】

只要处于恩爱富贵之时,能常常告诫自己要懂得"放下",少一些贪恋,便不致为外物所累,而得享生命之乐趣。

1.145 冯谖之铗[1],弹老无鱼;荆轲之筑[2],击来有泪。

【注释】

①冯谖(xuān)之铗(jiá):《战国策·齐策》:"齐人有冯谖者,贫乏不能自存,使人属孟尝君,愿寄食门下……居有顷,倚柱弹其剑,歌曰:'长铗归来乎!食无鱼。'左右以告,孟尝君曰:'食之,比门下之客。'"未几,又弹铗而歌曰:"出无车"、"无以为家"。孟尝君皆与之。后来他倾心为孟尝君出谋划策,终使孟尝君复位。

②荆轲之筑:《史记·刺客列传》载:"高渐离击筑,荆轲和而歌,为变徵之声,士皆垂泪涕泣。"筑,古代弦乐器,形似琴,有十三弦。

【评】

荆轲、高渐离的击筑悲歌,至今听来也要为之垂泪。而今纵有冯谖的长剑,弹到老怕也不会再有鱼吃了。是冯谖再无法弹铗为自己鸣不平?还是世无孟尝君能慧眼识才礼贤下士?

1.146 以患难心居安乐,以贫贱心居富贵,则无往不泰矣;以渊谷视康庄,以疾病视强健,则无往不安矣。

【评】

身居安乐怀患难之心,身处富贵怀贫贱之心,不以物喜,不以己悲,便是平常心。

1.147 有誉于前,不若无毁于后;有乐于身,不若无忧于心。

【评】

誉美当前,多少人曾想背后之毁誉?快乐之时,又何曾念肉身精神之别?

1.148 富时不俭贫时悔,潜时不学用时悔,醉后狂言醒时悔,安不将息病时悔①。

【注释】

①将息:调养,调理。

【评】

世上最不可能有卖的就是后悔药。

1.149 寒灰内,半星之活火;浊流中,一线之清泉。

【评】

半星之火可以燎原,一线清泉也能在浊流中留下一抹痕迹,这大概是一切试图特立于天下的思想者的精神支柱。

1.150 攻玉于石①,石尽而玉出;淘金于沙,沙尽而金露。

【注释】

①攻:雕琢,加工。

【评】

唐朝诗人刘禹锡:"千淘万漉虽辛苦,吹尽狂沙始到金。"最后终能显示出自己的不是无用的废沙,而是光亮的黄金。

1.151 乍交不可倾倒,倾倒则交不终;久与不可隐匿,隐匿则心必崄①。

【注释】

①崄:通"险",指居心叵测。

【评】

对乍交之人不可倾心,对久交之友不可隐瞒。只是,世上最远的便是心与心的距离。

1.152 丹之所藏者赤,墨之所藏者黑。

【评】

所谓近朱者赤,近墨者黑。然则身处于此物欲横流之滚滚红尘,我等又该何以自持?

1.153 懒可卧,不可风①;静可坐,不可思;闷可对,不可独;劳可酒,不可食;醉可睡,不可淫②。

【注释】

①风:吹风处。中医认为:"头为诸阳之总,尤不可风处卧","窗隙门隙之风,其来甚微,然逼于隙而出,另有一种冷气,分外尖利,譬之暗箭焉,中人于不及备,则所伤更甚"。可见睡觉不可卧于风处,以免脑部伤风。一说,"风"指轻狂、放荡。

②淫:淫乐。

【评】

古人重养生之道,总结出一套日常生活准则或称良好的行为习惯,至今仍有借鉴价值。

1.154 拨开世上尘氛,胸中自无火炎冰兢①;消却心中鄙吝,眼前时有月到风来。

【注释】

①冰兢:恐惧,谨慎。《诗·小雅·小宛》:"战战兢兢,如履薄冰。"

【评】

拨开世间尘俗,胸中自然清净一片;消除卑鄙庸俗,眼前便有月白风清。就看我们能不能"拨开",能不能"消却"。

1.155 尘缘割断,烦恼从何处安身;世虑潜消,清虚向此中立脚①。

【注释】

①清虚:清净虚无。

【评】

尘缘割断,世虑潜消,那是佛、道之化境。我等凡人,不可能达此境界,或亦不必达此境界。凡人自有凡人之快乐。

1.156 市争利,朝争名,盖棺日何物可殉蒿里①;春赏花,秋赏月,荷锸时此身常醉蓬莱②。

【注释】

①蒿里:指死人所葬之地。《汉书·广陵厉王刘胥传》:"蒿里召兮
　郭门阅,死不得取代庸,身自逝。"颜师古注:"蒿里,死人里。"

②荷锸(chā):扛着铁锹,随时准备埋葬死者。《晋书·刘伶传》:
　"(刘伶)常乘鹿车,携一壶酒,使人荷锸而随之,谓曰:'死便埋
　我!'其遗形骸如此。"蓬莱:古代传说中的神山。泛指仙境。

【评】

春花秋月也同样无法随人去而带走,与功名利禄又有何异? 人生只
能在两者间求一个平衡。

　1.157 驷马难追①,吾欲三缄其口②;隙驹易过③,人当寸惜
乎阴。

【注释】

①驷马难追:即所谓"大丈夫一言既出,驷马难追"。《邓析
　子·转辞》:"一言而非,驷马不能追;一言而急,驷马不能及。"

②三缄其口:形容说话谨慎。汉刘向《说苑·敬慎》:"孔子之周,
　观于太庙,右陛之侧,有金人焉,三缄其口,而铭其背曰:'古之
　慎言人也,戒之哉! 戒之哉! 无多言,多言多败。'"

③隙驹:喻光阴易逝。《庄子·知北游》:"人生天地之间,若白驹
　之过郤,忽然而已。"

【评】

驷马难追,故说话尤需谨慎;光阴易逝,故寸寸皆需珍惜。

　1.158 万分廉洁,止是小善;一点贪污,便为大恶。

【评】

晋司马炎居官三字诀:曰清,曰慎,曰勤。后人视此为为官从政之第
一箴言。三字之中,自以"清"为第一要义。官如不清,虽有他美,不得谓
之好官。然廉而不慎,必多疏略;廉而不勤,必多废弛,仍不得谓之好官。

　1.159 炫奇之疾①,医以平易;英发之疾②,医以深沉;阔大
之疾③,医以充实。

【注释】

①炫奇之疾:喜欢标新立异的毛病。

②英发:此谓才华显露。

③阔大：此谓华而不实。

【评】

《论语》中公西华问孔子，子路问你"闻斯行诸?"(听到你讲的道理就应该实践吗)，答曰"有父兄在"，不可；冉有也问你"闻斯行诸?"却答曰可矣。孔子说："求(冉有)也退，故进之；由(子路)也兼人，故退之。"对症下药，才能药到病除；因材施教，才能教有所成。

1.160　贫不足羞，可羞是贫而无志；贱不足恶，可恶是贱而无能；老不足叹，可叹是老而虚生；死不足悲，可悲是死而无补。

【评】

生死贫贱为人间之常态。令人耿耿于怀者，无非其中之种种悔恨遗憾。但努力过，拼搏过，就算出师未捷身先死，其中的经历也是值得回味足可告慰的。

1.161　身要严重①，意要闲定；色要温雅，气要和平；语要简徐，心要光明；量要阔大，志要果毅；机要缜密②，事要妥当。

【注释】

①严重：严肃庄重。

②机：计策，计谋。

【评】

性格决定命运。先做人后做事，先完善自我才能更好地开拓事业。

1.162　富贵家宜学宽，聪明人宜学厚。

【评】

富贵者应当学会宽容，聪明人应当学会忠厚。其实，不富不贵者亦当为人宽厚。

1.163　休委罪于气化①，一切责之人事；休过望于世间，一切求之我身。

【注释】

①气化：指阴阳之气的变化，喻世事变迁。清·王夫之《尚书引义·太甲二》："气化者，化生也。"这里指所谓气数、命运。

【评】

信天不如信人，求人不如求己。不给自己内心的消极怯弱寻找借口，认真做好每一天，活好每一天。

1.164 世人白昼寐语①,苟能寐中作白昼语,可谓常惺惺矣②。

【注释】

①寐语:说梦话。

②惺惺:神志清醒。

【评】

在梦中清醒,毫不颠倒是非,处在如梦的世间,也一样不会被世俗所迷,这种人便可谓"常惺惺"了。可想想已为亡国之君的李煜,犹是"梦里不知身是客,一晌贪欢",欲为"惺惺"之人,亦何其难也!

1.165 观世态之极幻,则浮云转有常情;咀世味之皆空,则流水翻多浓旨①。

【注释】

①浓旨:浓烈的美味。

【评】

白居易《太行路》:"行路难,不在水,不在山,只在人情反覆间!""不是风动,不是幡动",不是浮云无意,不是流水无情,是世道人心变幻。

1.166 大凡聪明之人,极是误事。何以故?惟聪明生意见,意见一生,便不忍舍割。往往溺于爱河欲海者,皆极聪明之人。

【评】

金庸《射雕英雄传》里,黄蓉生性聪明伶俐,不消多少工夫便学到洪七公的"逍遥游",但却无法像生性愚钝的郭靖那样学到老顽童周伯通的左右手互搏之术。小聪明工于心计,常常便要误事,生出无限爱恨情仇。

1.167 名心未化①,对妻孥亦自矜庄②;隐衷释然,即梦寐皆成清楚。

【注释】

①名心:功名之心。化:化解。

②妻孥(nú):妻子和儿女。矜庄:严肃庄重,也指矜持。

【评】

曾国藩曾谈到家庭有四种:官宦之家、商贾之家、耕读之家、孝友之家。权钱功名通常为世人所追求,但在曾氏看来,好家庭的次序排列则恰好相反。故虽处显宦,却随时做罢官家居之想,不让自己利令智昏,也不让儿女有衙内之想。

1.168 观苏季子以贫穷得志①,则负郭二顷田,误人实多;观苏季子以功名杀身,则武安六国印,害人亦不浅。

【注释】

①苏季子:苏秦,字季子。洛阳人,战国时著名纵横家。曾游说六国合纵抗秦,佩六国相印,封武安君。《史记·苏秦列传》:"苏秦喟然叹曰:'此一人之身,富贵则亲戚畏惧之,贫贱则轻易之,况众人乎?且使我有洛阳负郭田二顷,吾岂能佩六国相印乎?'"但最终苏秦仍遭杀身之祸。

【评】

千古而下,贫穷者众,发迹者寡。得功名而杀身如苏秦者,又有几人?

1.169 名利场中,难容伶俐;生死路上,正要胡涂。

【评】

伶俐之人,行事必求完美,因而战战兢兢无法从容。糊涂一下,有时正是一种轻松。用糊涂化解人生迭来的压力与烦恼,化解生命中遭遇的困顿与挫折。

1.170 一杯酒留万世名,不如生前一杯酒①,自身行乐耳,遑恤其他;百年人做千年调②,至今谁是百年人,一棺戢身③,万事都已。

【注释】

①"一杯酒"句:典出《世说新语·任诞》:"张季鹰纵任不拘,时人号为东步兵。或谓之曰:'卿乃可纵适一时,独不为身后名耶?'答曰:'使我有身后名,不如即时一杯酒!'"

②调:调用,打算。

③戢(jí):收藏。

【评】

不求万世留名,只求做好每一件事情。生前一杯酒,醉一回醒一回,无怨无悔,够了!

1.171 郊野非葬人之处,楼台是为丘墓;边塞非杀人之场,歌舞是为刀兵。试观罗绮纷纷①,何异旌旗密密;听管弦冗冗②,何异松柏萧萧③。葬王侯之骨,能消几处楼台;落壮士之头,经得几番歌舞。达者统为一观④,愚人指为两地。

【注释】

①罗绮纷纷:遍身绮罗绸缎裙袖飘舞。

②冗冗:繁多貌。

③松柏萧萧:指丘墓间风吹松柏的声音。

①统为一观:看作是一体。

【评】

销金窟,风流家,英雄难过美人关。多少人都在轻罗曼舞中落马!

1.172 节义傲青云,文章高白雪。若不以德性陶镕之,终为血气之私,技能之末。

【评】

若不能以德性加以陶冶,所谓的节义终究会成为逞一时血气之勇的私心,所谓的文章也终究会成为末流的技能。

1.173 我有功于人,不可念,而过则不可不念;人有恩于我,不可忘,而怨则不可不忘。

【评】

行善不图报,有过思改之。滴水之恩当涌泉相报,点滴之怨又岂可存于心?

1.174 径路窄处,留一步与人行;滋味浓的,减三分让人嗜。此是涉世一极安乐法。

【评】

让步的智慧。既为他人着想,更是为自己留后路。

1.175 己情不可纵,当用逆之法制之,其道在一"忍"字;人情不可拂,当用顺之法调之,其道在一"恕"字。

【评】

"君子忍人所不能忍,容人所不能容,处人所不能处。"如果说忍耐尚杂有几许无奈,宽恕则是发自内心的襟怀坦白,尤其可贵。宽容别人就是宽容自己,不苛求别人也就是不苛求自己。

1.176 昨日之非不可留,留之则根烬复萌,而尘情终累乎理趣;今日之是不可执,执之则渣滓未化,而理趣反转为欲根。

【评】

　　昨日之非终究已经过去，今日之是未必不会是明日之非，何必过分执着于一时，让自己活得那么累？拿得起放得下，可多少人拿得起，倒是放却放不下了。商代盘庚所作《盘铭》说："苟日新，日日新，又日新。"保持这样的心态，便可以不断更新自己。

　　1.177　文章不疗山水癖，身心每被野云羁。

【评】

　　南朝宋画家宗炳"老疾俱至"时，便把山水画挂在墙上，谓之"卧游"。北宋范仲淹没到过岳阳楼，却写出了《岳阳楼记》之千古美文。身心无羁于山水闲云间，是为文之化境，亦为人之臻境。

卷二　情

　　语云，当为情死，不当为情怨。明乎情者，原可死而不可怨者也。虽然，既云情矣，此身已为情有，又何忍死耶？然不死终不透彻耳。韩翃之柳[①]，崔护之花[②]，汉宫之流叶[③]，蜀女之飘梧[④]，令后世有情之人咨嗟想慕，托之语言，寄之歌咏；而奴无昆仑[⑤]，客无黄衫[⑥]，知己无押衙[⑦]，同志无虞侯[⑧]，则虽盟在海棠，终是陌路萧郎耳[⑨]。集情第二。

【注释】

① 韩翃之柳：韩翃，字君平，唐代著名诗人，"大历十才子"之一。《太平广记》卷四百八十五载唐代许尧佐《柳氏传》关于韩翃与柳氏的美丽爱情故事。韩翃爱妾柳氏于战乱中被番将沙吒利劫走，韩作词寄柳："章台柳，章台柳，昔日青青今在否？纵使长条似旧垂，也应攀折他人手。"柳则回复曰："杨柳枝，芳菲节，所恨年年赠离别。一叶随风忽报秋，纵使君来岂堪折？"后虞侯许俊从沙吒利家中将柳氏抢回，韩柳终得团聚。

② 崔护之花：唐孟棨《本事诗》记载崔护《题都城南庄》诗背后凄美故事：崔护举进士下第，于清明日独游都城南庄，口渴至一户人家要水喝，开门女子貌美情深。及来年清明，忽思之，径往寻之，但见门户紧锁，因题诗于左扉："去年今日此门中，人面桃花相映红。人面不知何处去，桃花依旧笑春风。"后数日复往寻之，该女子因归见诗而病，绝食数日而死。崔护大为感恸，女子须臾开目，半日复活矣。其父大喜，以女归之。

③ 汉宫之流叶：唐范摅《云溪友议》载唐宣宗时中书舍人卢渥的故事："卢渥舍人应举之岁，偶临御沟，见红叶上诗云：'流水何太急，深宫尽日闲。殷勤谢红叶，好去到人间。'后宣宗放宫女，卢渥得以和其中一人成亲，而此人正是'红叶题诗'者。"

④ 蜀女之飘梧：前蜀金利用《玉溪编事》记载，蜀尚书侯继图一日于成都大慈寺赏景，忽一梧桐叶飘落而下，上有题诗一首："拭翠敛蛾眉，郁郁心中事。搦管下庭除，书成相思字。此字不书石，此字不书纸。书在桐叶上，愿逐秋风起。天下有心人，尽

解相思死。天下负心人,不识相思字。有心与负心,不知落何地。"后侯继图与一位任姓小姐结婚,此诗正为该小姐所作。

⑤奴无昆仑:唐传奇《昆仑奴》记载,崔生与红绡一见钟情,他的家仆昆仑奴摩勒夜间背着崔生越过高墙与红绡见面,后背着二人越过高墙回家。

⑥客无黄衫:唐传奇《霍小玉传》记载,李益与霍小玉有盟约,后李益负约,侠士黄衫客把李益架至霍小玉家。

⑦知己无押衙:唐传奇《无双传》记王仙客热恋一位名叫无双的女子而无法得到,有一位姓古的押衙用法术成就了这桩姻缘。押衙,武官名。

⑧虞侯:即上文"韩翊之柳"中的虞侯。

⑨陌路萧郎:萧郎,《列仙传》载,萧史善吹箫,能招致百鸟。秦穆公女弄玉爱而嫁之,后吹箫引来凤凰,一起乘凤仙去。后人遂用萧郎指女子所爱的男子。唐范摅《云溪友议》载秀才崔郊与其姑母的婢女相互爱慕,但其姑母将此女卖给了一位显贵。一日两人邂逅,崔作诗《赠去婢》:"公子王孙逐后尘,绿珠垂泪滴罗巾。侯门一入深如海,从此萧郎是路人。"

【评】

"问世间情为何物?直教生死相许!"古往今来,多少人为情所激,又有多少人为情所困。知情者无以言说,不知情者也惟有默然。为情可以赴死,可一旦死去,这份情义又何存焉?君平之柳、崔护之花、汉宫之流叶,蜀女之飘梧,让后世多少痴情男女缠绵感慨,流连想慕。如果自己也能于尘世间遇上这样一位痴情的爱侣,那该是多么的幸福!可惜落花虽有意,流水总无情,就算你有这份真情义,又哪里去找这样的昆仑奴、黄衫客?山盟虽在,锦书难托,牛郎织女到了今天,也未必还能苦苦地隔河守望。"倩何人、唤取红巾翠袖,揾英雄泪?"

2.1　家胜阳台^①，为欢非梦；人惭萧史，相偶成仙。轻扇初开，忻看笑靥；长眉始画^②，愁对离妆。广摄金屏^③，莫令愁拥；恒开锦幔，速望人归。镜台新去，应余落粉；熏炉未徙，定有余烟。泪滴芳衾，锦花长湿；愁随玉轸^④，琴鹤恒惊。锦水丹鳞^⑤，素书稀远；玉山青鸟^⑥，仙使难通。彩笔试操，香笺遂满；行云可托，梦想还劳。九重千日，讵想倡家；单枕一宵，便如浪子。当令照影双来，一鸾羞镜^⑦；勿使推窗独坐，嫦娥笑人。

【注释】

①阳台：宋玉《高唐赋》传说中巫山神女的居所，后以"阳台"指男女欢会之所。见1.103条注③。

②长眉始画：指汉京兆尹张敞为妻子画眉事，乃古代夫妻和美的佳话。

③广摄金屏：《旧唐书·后妃传上》载，高祖后窦氏为女儿求贤夫，"于门屏画二孔雀，诸公子有求婚者，辄与两箭射之，潜约中目者许之"。后世遂以"金屏雀"为被选中为婿之典。

④玉轸：琴轴，指代琴。

⑤锦水丹鳞：指远方书信。

⑥玉山：传为王母娘娘所居地。青鸟：王母娘娘的信使。

⑦"当令"二句：典出南朝宋范泰《鸾鸟诗序》：有王侯爱鸾鸟，以金笼美食供养，三年不鸣，其妻建议悬一镜使其见同类而鸣。鸾鸟见镜中有我，竟哀响中宵，一奋而绝。

【评】

采自南朝陈伏知道《为王宽与妇义安主书》。中国文化规定了妇女对丈夫的依附地位，又要求妇女无条件地保持忠贞，这就决定了中国文化闺怨悲剧意识的主调：缠绵悱恻。

2.2　几条杨柳，沾来多少啼痕；三叠阳关^①，唱彻古今离恨。

【注释】

①三叠阳关：唐代王维诗《送元二使安西》："渭城朝雨浥轻尘，客舍青青柳色新；劝君更尽一杯酒，西出阳关无故人。"后为人谱入乐府，以为送别之曲，至阳关句，反复歌之，谓之"阳关三叠"。阳关在今甘肃西南，与玉门关同为古代出关必经之地。

【评】

"柳"者,"留"也,天下千树万树,取柳作别之寓意由此而来。一丝柳,一寸柔情,啼痕沾襟,点点滴滴总是离人愁绪。

2.3 世无花月美人,不愿生此世界。

【评】

有花有月,复有美人相随,成何世界!

2.4 荀令君至人家①,坐处常三日香。

【注释】

①荀令君:三国魏荀彧(yù),字文若,颍川望族。汉献帝拜为侍中、尚书令,故后世多称之为"荀令君"。据称他好熏香,衣带香气常绕留坐处三日不去,人称此香为令公香或令君香。

【评】

俗曰:"授人香草,手自留香;送人玫瑰,心自芬芳。"好名声亦如万世留香。

2.5 罄南山之竹①,写意无穷;决东海之波,流情不尽;愁如云而长聚,泪若水以难干。

【注释】

①罄(qìng):尽,写尽。

【评】

如绵绵江水滔滔不绝,离愁别恨,古往今来,谁人可以理清道尽?问尘中何物最苦?"情泪"二字而已!

2.6 弄绿绮之琴①,焉得文君之听②;濡彩毫之笔③,难描京兆之眉④;瞻云望月,无非凄怆之声;弄柳拈花,尽是销魂之处。

【注释】

①绿绮之琴:司马相如琴名。西晋傅玄《琴赋序》:"齐桓公有鸣琴曰号钟,楚庄有鸣琴曰绕梁,中世司马相如有绿绮,蔡邕有焦尾,皆名器也。"

②文君:卓文君。据说,司马相如用绿绮琴弹奏"凤求凰",挑动文君芳心,乃夜奔相如。

③濡(rú):沾湿,润泽。

④京兆之眉:典出《汉书·张敞传》:张敞为京兆尹,"又为妇画

眉,长安中传张京兆画眉妩"。他却回答说:"闺阁之中,有甚于此者!"

【评】

知音难遇,情人难求。若非知音,纵有绿绮之琴,弹来又与谁听?若非有情,纵有画眉之彩笔,也只能空自嗟叹。明月偏照孤影,花开寂寞无主,徒增伤心而已矣。

2.7 五更三四点,点点生愁;一日十二时,时时寄恨。

【评】

思念中,一遍一遍地数落往昔相聚的点点滴滴,翻寻着记忆中的音容笑语;思念中,千次万次地仰问鸿雁、春风与明月。无限相思一个字,怎能诉尽缠绵意?

2.8 花柳深藏淑女居,何殊弱水三千[①];雨云不入襄王梦[②],空忆十二巫山[③]。

【注释】

①弱水三千:传说海中有蓬莱仙山,有仙女泛海而来,一道士曰:"蓬莱弱水三千里,非飞仙不可到。"元曲李好古《张生煮海》:"小生曾闻这仙境有弱水三千丈,可怎生去的?"

②"雨云"句:用宋玉《高唐赋》"楚怀王梦神女"典。见1.103条注③。

③十二巫山:即巫山十二峰。

【评】

淑女于花柳深藏,香闺独处,对有情人而言,又何异于蓬莱仙居?或许只有梦中飞越。可偏偏"雨云不入襄王梦,神女不下巫峰来",便是梦也不得。纵有神女入梦,梦醒时分,又情何以堪?

2.9 枕边梦去心亦去,醒后梦还心不还。

【评】

那就只有空守一窗月光撩人,两行清泪湿枕了。

2.10 万里关河,鸿雁来时悲信断;满腔愁绪,子规啼处忆人归[①]。

【注释】

①子规:又名杜鹃,布谷鸟的别称。传说为周朝末年蜀地君主望帝死后魂所化,暮春啼苦,至于口中流血,其啼声似在劝人:

"不如归去"。

【评】

心已疲,情已累,不如归去,不如归去。只是心归何处? 情归何处?

2.11 千叠云山千叠愁,一天明月一天恨。

【评】

王昌龄诗:"我寄愁心与明月,随风直到夜郎西。"这是唐人的气象。

2.12 豆蔻不消心上恨^①,丁香空结雨中愁^②。

【注释】

①豆蔻(kòu):多年生草本植物,外形似芭蕉,花淡黄色。后常用以指十三四岁少女。

②丁香:丁香的花蕾称丁香结,常用来比喻愁思固结不解。李商隐诗曰:"芭蕉不展丁香结,同向春风各自愁。"

【评】

丁香为结,已是不该轻负,更何况正是"娉娉袅袅十三余,豆蔻梢头二月初"的花样年华。就让豆蔻般的年代,永远留下丁香的味道,深远的幽香……

2.13 月色悬空,皎皎明明,偏自照人孤另^①;蛩声泣露^②,啾啾唧唧,都来助我愁思。

【注释】

①孤另:孤零。

②蛩(qióng):蟋蟀。白居易诗:"西窗独暗坐,满耳新蛩声。"

【评】

最堪恨明月长向别时圆,更况有四壁虫声唧唧,如助人之叹息。

2.14 慈悲筏^①,济人出相思海^②;恩爱梯,接人下离恨天^③。

【注释】

①慈悲筏:佛家劝世人放下恶念,以慈悲为怀,并将慈悲比作可以渡人脱离苦海的筏子。

②相思海:以海喻相思之辽阔无极,佛法常以情爱作苦海。

③离恨天:佛经称须弥山正中有一天,四方各有八天,共三十三天,最高者是离恨天,喻男女分离抱恨终身。

【评】

世人能以慈悲筏出相思海者又有几多? 人人都愿有情人执恩爱梯,

弃离恨天,可叹情缘难遇。有情人若不来,痴情人便只好永远地苦恼了。

2.15 费长房①,缩不尽相思地;女娲氏②,补不完离恨天。

【注释】

①费长房:东汉方士。传说从壶公学仙,能医重病,鞭笞百鬼,驱使社公。一日之间,人见其在千里之外者数处,因称其有缩地术。后因失其符,为众鬼所杀。事见《后汉书·方术列传下》。

②女娲氏:上古神话传说,女娲氏曾炼五色石以补天。

【评】

纵有缩地之术,岂能为天下男女尽缩相思之距? 纵有补天之力,这情天恨海又到底是补得还是补不得? 胡适先生有诗云:"也想不相思,可免相思苦。几次细思量,情愿相思苦。"如此想来,不缩不补也罢。

2.16 孤灯夜雨,空把青年误,楼外青山无数,隔不断新愁来路。

【评】

黄庭坚诗曰:"桃李春风一杯酒,江湖夜雨十年灯。"桃李春风的少年情怀已然不存,只剩下江湖夜雨一灯荧荧的孤寂难熬,此情此景,怎禁得起新愁旧怨排闼而来?

2.17 黄叶无风自落,秋云不雨长阴。天若有情天亦老,摇摇幽恨难禁①。惆怅旧欢如梦,觉来无处追寻。

【注释】

①摇摇:心神不安貌。

【评】

天本无情,所以不老,人为情苦,如何不老? 风吹落叶飘摇,亦如往昔悲欢如梦,追寻无着。

2.18 蛾眉未赎,谩劳桐叶寄相思①;潮信难通②,空向桃花寻往迹③。

【注释】

①谩(màn)劳:徒劳。桐叶寄相思:用"蜀女之飘梧"典,注见 P52注④。

②潮信:潮水涨落有时,这里指定期的消息。唐李益《江南曲》:"嫁得瞿塘贾,朝朝误妾期。早知潮有信,嫁与弄潮儿。"

③空向桃花寻往迹:用陶渊明《桃花源记》典。

【评】

美人未得赎出,情寄相思又如何?桃花源里"不知有汉,无论魏晋",终究只是一场幽梦一场空。

2.19 阮籍邻家少妇有美色①,当垆沽酒,籍尝诣饮,醉便卧其侧。隔帘闻堕钗声,而不动念者,此人不痴则慧,我幸在不痴不慧中。

【注释】

①阮籍:字嗣宗,世称阮步兵,"竹林七贤"之一。

【评】

不痴不慧,因而难免千般万种情念,难以抵挡美色当前诱惑。

2.20 桃叶题情,柳丝牵恨。胡天胡帝①,登徒于焉怡目②;为云为雨③,宋玉因而荡心④。

【注释】

①胡天胡帝:形容女子的貌若天仙。胡,何。《诗经·鄘风·君子偕老》:"胡然而天也!胡然而帝也!"

②登徒:登徒子。后世称好色而不辨美丑者为"登徒子"。宋玉《登徒子好色赋》:"其妻蓬头挛耳,龊唇历齿,旁行踽偻,又疥且痔。登徒子悦之,使有五子。"

③为云为雨:典出宋玉《高唐赋》。见1.103条注③。

④宋玉:战国楚辞赋家。因写爱情故事多而被视为好淫之人。《楚辞》中有一篇《宋玉对楚王问》写道:楚襄王问宋玉说:"先生也许有不检点的行为吧?为什么士人百姓都那么不称赞你呢?"宋玉回答说"其曲弥高,其和弥寡"。

【评】

"好色"与"好淫"是有区别的。古诗云:"一顾倾人城,再顾倾人国。宁不知倾城与倾国,佳人难再得。"是为"好色"。但若如俗语云:"石灰布袋,到处留迹",不择美丑,以多为胜,那便是"好淫"。

2.21 轻泉刀若土壤①,居然翠袖之朱家②,重然诺如丘山③,不忝红妆之季布④。

【注释】

①泉刀:泛指钱财名利。泉与刀都是古代钱币的名称。

②朱家：秦末汉初鲁人，好任侠，济人危急，自己却生活俭朴，"衣不完采，食不重味"。项羽败后，刘邦追捕羽部将季布时，朱家用计解布之厄。后季布尊贵，朱家终身不与其相见。

③丘山：这里指重然诺如丘山不可移。《韩诗外传》卷三曰："圜居则若丘山之不可移也，方居则若盘石之不可拔也。"

④忝：辱，有愧于，常用作谦辞。季布：以任侠著称，重然诺，楚人有"得黄金百斤，不如得季布一诺"之谚。

【评】

"秦淮八艳"之马湘兰，以轻财重诺而被誉为"红妆之季布，翠袖之朱家"。乱世之中，而风骨多在女性，此足令天下须眉羞，亦令今日之美眉羞。"愿作诗人婢，不做俗人妻。四海无阿瞒，何人赎文姬"。读此怎不让人痛心、神往？

2.22 蝴蝶长悬孤枕梦，凤凰不上断弦鸣。

【评】

蝴蝶双飞，凤求凰兮，谁人心中无此梦？怎奈人世常是孤枕眠，一弦一柱空诉愿。

2.23 吴妖小玉飞作烟①，越艳西施化为土。

【注释】

①吴妖小玉：晋干宝《搜神记》卷十六载：春秋时吴王夫差的小女名为紫玉，与韩重相恋，吴王不许，小玉气结而死。韩重前往凭吊，小玉现出形来，其母想去抱她，她却化作一缕轻烟而逝。

【评】

语出白居易《霓裳羽衣歌》。韩重得到的是美人的心，却终究无法得人；吴王占得西施的身，却又不能俘获其心。得人得心，于今看来，都不过是尘土飞烟。情爱原是烟尘中事！

2.24 孤鸿翱翔以不去，浮云黯霴而荏苒①。

【注释】

①霴(duì)：云急飞貌。

【评】

"时见幽人独往来，缥缈孤鸿影。惊起却回头，有恨无人省。"渺渺孤鸿，终掠不过生命的长空，更也许，一世的相思，只换来一生的无奈。

2.25 楚王宫里①,无不推其细腰;魏国佳人②,俱言讶其纤手。

【注释】

①楚王:指楚灵王。《韩非子·二柄》:"楚灵王好细腰,而国中多饿人。"

②魏国:西周诸侯国,在今山西芮城一带。《诗经·魏风·葛屦》:"掺掺女手,可以缝裳。"毛传曰:"掺掺,犹纤纤也。"此借以赞美美人之手。

【评】

采自南朝陈徐陵《玉台新咏序》。细腰纤手,描写"丽人"之美。

2.26 传鼓瑟于杨家①,得吹箫于秦女②。

【注释】

①杨家:指西汉杨恽家。杨恽《报孙会宗书》言其妻子"赵女也,雅善鼓瑟"。

②秦女:指秦穆公女弄玉。见本卷序语注。

【评】

采自徐陵《玉台新咏序》。如此丽人,婉约风流,能不慕之!

2.27 春草碧色,春水渌波,送君南浦①,伤如之何。

【注释】

①南浦:南面的水边,泛指送别之地。屈原《九歌·河伯》:"子交手兮东行,送美人兮南浦。"

【评】

采自江淹《别赋》。黯然销魂者,唯别而已矣!

2.28 玉树以珊瑚作枝,珠帘以玳瑁为柙①。

【注释】

①玳瑁:与"珊瑚"都被古代视为珍贵的装饰品。柙(xiá):帘额,置于帘的上端以镇帘。《汉武故事》载,汉武帝造神屋,庭前立玉树,以珊瑚为枝,又穿白珠为帘,玳瑁做帘柙。

【评】

采自徐陵《玉台新咏序》。才子配佳人,花好又月圆,这是人间的梦想。可惜良辰美景赏心乐事,往往四美难并。

2.29 东邻巧笑①，来侍寝于更衣②；西子微颦③，将横陈于甲帐④。骋纤腰于结风⑤，奏新声于度曲。妆鸣蝉之薄鬓⑥，照堕马之垂鬟⑦。金星与婺女争华⑧，麝月共嫦娥竞爽⑨。惊鸾冶袖⑩，时飘韩掾之香⑪；飞燕长裾，宜结陈王之佩⑫。轻身无力，怯南阳之捣衣⑬；生长深宫，笑扶风之织锦⑭。青牛帐里⑮，余曲既终，朱鸟窗前⑯，新妆已竟。

【注释】

①东邻：司马相如《美人赋》："臣之东邻有一女子，云发丰艳，娥眉皓齿……恒翘翘而西顾，欲留臣而共止。"此用其典。

②侍寝于更衣：《汉书·外戚传》载，卫子夫因侍汉武帝更衣于轩中而得幸。

③西子微颦：《庄子·天运》云，西施有心病，常捧心而颦，人皆以为美。

④横陈：横卧。甲帐：最华贵的帷帐。《汉武故事》载，武帝杂错珠玉珍宝以为甲帐，其次一等为乙帐。

⑤结风：前秦王嘉《拾遗记》载，赵飞燕身轻，风至则欲随风飘去，汉武帝"以翠缨结飞燕之裙"。结风又为舞曲名，见傅毅《舞赋序》，此处语含双关。

⑥鸣蝉之薄鬓：指蝉鬓，一种女子发式。《中华古今注》载，始制于魏文帝宫人莫琼树，望之缥缈如蝉翼。

⑦堕马之垂鬟(huán)：指堕马髻，一种发式，始于东汉梁冀妻孙寿，事见《后汉书·梁冀传》。鬟，环形的发髻。

⑧金星：匮妆的一种。婺(wù)女：星名，即二十八宿之女星。

⑨麝月：匮妆名。嫦娥：神话传说中羿的妻子，因偷吃不死之药，飞升入月宫。这里用以指代药。

⑩惊鸾：形容体态轻盈美妙。

⑪韩掾：即晋代韩寿，为贾充属官。貌甚俊美，贾充女爱而与之私通。充女用皇帝给其父的西域奇香，一著人衣，经月不息，韩寿沾此香气，被贾充发觉，遂嫁女与寿。欧阳修《望江南》："身似何郎全傅粉，心如韩寿爱偷香。"

⑫陈王：指曹植，曾被封为陈思王。其《洛神赋》云："愿诚素之先达兮，解玉佩以要之。"

⑬南阳之捣衣：庾信，南阳新野人，有《夜听捣衣诗》叙乡关之思。其中有句云："秋夜捣衣声，飞度长门城。今夜长门月，应如昼

日明。"

⑭扶风之织锦：前秦窦滔，陕西扶风人，曾任秦州刺史，与陈留县令第三女苏蕙结为夫妻，后窦被流放西去，另寻新欢，其妻知悉后织锦为回文诗以寄情思，终得重归于好。

⑮青牛帐：以青牛为图案之帷帐，用青牛典，老子曾骑青牛出关，汉方士封君达好道，常乘青牛，号青牛道士。

⑯朱鸟窗：《博物志》载西王母降临九华殿，东方朔从朱雀牖中偷窥西王母。

【评】

采自徐陵《玉台新咏序》。人评此序曰："绣口锦心，又香又艳，文士浪称才情，顾此应愧。"于此可见一斑。

2.30 山河绵邈，粉黛若新。椒华承彩①，竟虚待月之帘；夸骨埋香②，谁作双鸾之雾③。

【注释】

①椒华：犹椒房。汉皇后所居官殿，以椒和泥涂壁，取温、香、多子之义。《拾遗记》卷三载，西施、郑旦送到吴国，"吴处以椒华之房，贯细珠为帘幌，朝下以蔽景，夕卷以待月。二人当轩并坐，理镜靓妆于珠幌之内，窃窥者莫不动心惊魄，谓之神人。吴王妖惑忘政"。

②夸骨埋香：谓夸赞埋葬美女。香骨：代指美女尸骨。

③双鸾：即灵岩之双鸾峰。亦暗指西施、郑旦二人，语含双关。

【评】

采自明袁宏道《灵岩记》。为袁宏道游历灵岩山春秋吴国遗址而发思古之幽情。美女娇娃，江山霸业，都已化为灰尘白杨青草，惟有眼前缭绕的烟雾日日如斯。呜呼！色之于人，甚矣哉！

2.31 静中楼阁深春雨，远处帘栊半夜灯。

【评】

采自韩偓《倚醉》诗。韩偓是晚唐写色情诗的好手，不少诗词专写男女恋情、闺情直至床笫交欢。宋代严羽《沧浪诗话》说："香奁体，韩偓之诗，皆裾裙脂粉之语，有《香奁集》。"春雨之夜乘着醉意去约会心爱的女子而未果："倚醉无端寻旧约，却怜惆怅转难胜。静中楼阁深春雨，远处帘栊半夜灯。抱柱立时风细细，绕廊行处思腾腾。分明窗下闻裁剪，敲遍栏干唤不应。"

2.32 但觉夜深花有露,不知人静月当楼。何郎烛暗谁能咏①,韩寿香熏亦任偷②。

【注释】

①何郎:南朝梁何逊《临行与故游夜别》诗曰:"夜雨滴空阶,晓灯暗离室。"夜深雨落,老友默对,不觉天已破晓,灯光转暗,彼此却终不肯言离。后因把"何郎烛暗"用作伤离别之典故。

②韩寿:见2.29注⑪。

【评】

采自韩偓《闺情》诗。夜深露重,何事独凭栏?原是心爱的情郎已离去。

2.33 阆苑有书多附鹤①,女床无树不栖鸾②。星沉海底当窗见,雨过河源隔座看③。

【注释】

①阆苑:传说中仙人所居之地。书:此实指情书。

②女床:《山海经·西山经》:"女床之山,有鸟焉,其状如翟(即野鸡),五彩文,名曰鸾鸟。"

③河源:即黄河之源,此处指天河(银河)。传说,汉代张骞为寻河源,曾乘槎直至天河,遇织女、牵牛。此句亦暗用巫山云雨典,写佳期幽会事。

【评】

仙女住在天上,所以星沉雨过,当窗可见,隔座能看,如在目前。于是想,如果昏夜不晓,不是可以长夜幽会欢娱无已?

2.34 风阶拾叶,山人茶灶劳薪;月径聚花,素士吟坛绮席。

【评】

拾叶为薪,聚花为席,山中高人都是神龙见首不见尾。所谓"落叶满空山,何处寻行迹"。

2.35 当场笑语,尽如形骸外之好人;背地风波,谁是意气中之烈士①。

【注释】

①烈士:指坚贞不屈的刚强之士。

【评】

好好先生并不难求,难求的是,在你遭受无端诽谤之时,谁能为你仗义执言?

2.36　山翠扑帘,卷不起青葱一片;树阴流径,扫不开芳影几重。

【评】

"玉户帘中卷不去,捣衣砧上拂还来"。月色依人,春色依人,是赶不走的恼人,还是驱不开的欢喜?

2.37　多恨赋花,风瓣乱侵笔墨;含情问柳,雨丝牵惹衣裾。

【评】

花无情,柳无意,只是多情人。

2.38　亭前杨柳,送尽到处游人;山下蘼芜①,知是何时归路。

【注释】

①蘼(mí)芜:一种香草,叶子风干可做香料。古人相信蘼芜可使妇人多子。诗云:"上山采蘼芜,下山逢故夫。"

【评】

世间最有柳堪恨,送尽行人更送春。

2.39　天涯浩渺,风飘四海之魂;尘土流离,灰染半生之劫。

【评】

半世奔波,如同那随风飘荡的游魂。夕阳西下,断肠人在天涯。

2.40　蝶憩香风,尚多芳梦;鸟沾红雨,不任娇啼。

【评】

庄生梦蝶,杜鹃泣血,香风易逝,飞红如雨,怎堪那万千情愁!"此情可待成追忆,只是当时已惘然。"

2.41　幽情化而石立①,怨风结而冢青②。千古空闺之感,顿令薄幸惊魂。

【注释】

①幽情化而石立:南朝宋刘义庆《幽明录》:"相传昔有贞妇,其夫从役,远赴国难,其妇携弱子饯送此,立望夫而化石,因以名焉。"

②怨风结而冢青：汉王昭君出塞和亲，琵琶诉哀怨，死后"葬黑河岸，朝暮有愁云怨雾覆冢上"，称为"青冢"。

【评】

男儿漂泊四方，女人空守闺房。自古闺怨愁结，或恐难怨轻薄情郎。

2.42 一片秋山，能疗病容；半声春鸟①，偏唤愁人。

【注释】

①半声春鸟：不连贯的鸟声。

【评】

秋天宜人的山色，能治旅途之病容愁心；半声春鸟的鸣叫，偏偏唤醒旅人心底的愁怨。亦不知哪只鸟儿，知道你的消息？

2.43 缘之所寄，一往而深。故人恩重，来燕子于雕梁；逸士情深，托凫雏于春水。好梦难通，吹散巫山云气；仙缘未合，空探游女珠光①。

【注释】

①游女：传说中汉水的一位女神。东汉张衡《南都赋》："游女弄珠于汉皋之曲。"李善注引汉刘向《列仙传》："江妃二女出游于江汉之湄，逢郑交甫，见而悦之，不知其神人也。交甫下请其佩，遂手解佩与交甫。交甫悦，受而怀之。去数十步视佩，空怀无佩。顾二女，忽然不见。"

【评】

爱恨情仇，皆因一个"缘"字。汤显祖《牡丹亭》题词云："如丽娘者，乃可谓之有情人耳。情不知所起，一往而深。生者可以死，死可以生。"

2.44 对妆则色殊，比兰则香越。泛明彩于宵波，飞澄华于晓月。

【评】

采自南朝宋鲍照《芙蓉赋》。水中之芙蓉，色美有甚于美人之妆，香浓有甚于兰花之幽。其光彩鉴照水波，与晓月相互辉映，可谓倾国倾城。

2.45 手巾还欲燥，愁眉即使开。逆想行人至，迎前含笑来。

【评】

采自北周庾信《荡子赋》。忆归期，数归期，至于她切切盼夫归家的心声,究竟能否传达到,也只能留给读者去想象了。

2.46 逶迤洞房,半入宵梦。窈窕闲馆,方增客愁。

【评】

采自魏晋时魏瓘《捣衣赋》。如泣如诉的捣衣声,牵扯着游子思妇心中无限的愁念。

2.47 悬媚子于搔头①,拭钗梁于粉絮②。

【注释】

①媚子:一种首饰。搔头:簪的别称。

②粉絮:倪璠注:"粉絮,即俗粉扑,用绵为之也。言钗梁用粉扑拭之,其色光明也。"

【评】

采自庾信《镜赋》。在中国古代社会,容貌对于女性具有头等重要的意义。描红画黛、佩饰傅粉是女性尤其是贵族女性的日常功课,而南朝文人似乎对此有着特殊的癖好。

2.48 临风弄笛,栏杆上桂影一轮;扫雪烹茶,篱落边梅花数点。

【评】

月夜桂影,风中弄笛,烹茶扫雪,篱落边数点梅花,交相辉映,倒是极有韵致。

2.49 银烛轻弹,红妆笑倚,人堪惜情更堪惜;困雨花心,垂阴柳耳①,客堪怜春亦堪怜。

【注释】

①柳耳:生于柳树上的木耳。韩愈《独钓》诗之二:"雨多添柳耳,水长减蒲芽。"这里形容困雨时间之长。

【评】

斜风细雨,夜望窗外,是轻愁更是离愁。

2.50 肝胆谁怜,形影自为管、鲍①;唇齿相济,天涯孰是穷交。兴言及此,辄欲再广绝交之论②,重作署门之句③。

【注释】

①管、鲍:管仲和鲍叔牙。常用"管鲍之交"指知己朋友。杜甫

《贫交行》："君不见管鲍贫时交,此道今人弃如土。"

②绝交之论:《后汉书·朱乐何列传》："(朱)穆又著《绝交论》,亦矫时之作。"

③署门之句:《史记·汲郑列传》："太史公曰:始翟公为廷尉,宾客阗门;及废,门外可设雀罗。翟公复为廷尉,宾客欲往,翟公乃大署其门曰:'一死一生,乃知交情。一贫一富,乃知交态。一贵一贱,交情乃见。'"

【评】

在位有势之际,宾客盈门,车如流水马如龙。一旦罢官失权,宾客尽散,门前冷落车马稀。从来如此,又何必耿耿于怀?

2.51 燕市之醉泣①,楚帐之悲歌②,歧路之涕零③,穷途之恸哭④。每一退念及此,虽在千载以后,亦感慨而兴嗟。

【注释】

①燕市之醉泣:《史记·刺客列传》："荆轲嗜酒,日与狗屠及高渐离饮于燕市,酒酣以往,高渐离击筑,荆轲和而歌于市中,相乐也,已而相泣,旁若无人。"

②楚帐之悲歌:项羽兵败垓下,四面楚歌。事见《史记·项羽本纪》。

③歧路之涕零:杨朱外出,遇上一条岔路,或许是一时不能决定走哪条路,或许是联想起人生的歧路,竟哭了起来。事见《荀子·王霸》。

④穷途之恸哭:《晋书·阮籍传》："时率意独驾,不由径路,车迹所穷,辄痛哭而返。"

【评】

人生有多少事多少人都是让人一想起就要哭的,可我们终不能"朝为杨朱泣,暮作阮籍哭",总是哭哭涕涕、歧路徘徊,无论如何都不是明智之举。

2.52 陌上繁华,两岸春风轻柳絮;闺中寂寞,一窗夜雨瘦梨花。芳草归迟,青骢别易,多情成恋,薄命何嗟;要亦人各有心,非关女德善怨。

【评】

柳絮随风,梨花带雨,是命运的自况。无心如情郎,则芳草归迟青骢易别,多情若己,亦只能哀叹薄命如斯。多情总被无情恼,实在不能归因于女子之善怨。

2.53 深花枝,浅花枝,深浅花枝相间时。花枝难似伊。巫山高,巫山低,暮雨潇潇郎不归。空房独守时。

【评】

据明杨慎《升庵诗话补遗》载,此为杭州名妓吴二娘所作《长相思》词。虽属娼妓之词,读来清新可口。

2.54 青娥皓齿别吴倡,梅粉妆成半额黄①。罗屏绣幔围寒玉,帐里吹笙学凤凰。

【注释】

①额黄:古时妇女施于额上的涂饰。

【评】

妙龄女子哪个不善怀春?

2.55 初弹如珠后如缕,一声两声落花雨。诉尽平生云水心,尽是春花秋月语。

【评】

要能听春花秋月语,必先识得如云似水心,只是又有几人能解此中味?

2.56 春娇满眼睡红绡①,掠削云鬟旋妆束。飞上九天歌一声,二十五郎吹管逐②。

【注释】

①红绡(xiāo):红色的轻纱帷幔。

②二十五郎:邠王李承宁,善吹笛,排行二十五,故称。

【评】

采自唐元稹《连昌宫词》。念奴唱歌,邠郎吹管,笙歌响彻九霄,一幅明皇回驾万人夹道歌舞图。

2.57 琵琶新曲,无待石崇①;箜篌杂引②,非因曹植。

【注释】

①石崇:西晋巨富,曾任散骑常侍、荆州刺史等职。其《王明君辞序》中说到造琵琶"新曲",多哀怨之声。

②箜篌(kōnghóu):亦弦乐器名。曹植曾作乐府《箜篌引》。

【评】

采自徐陵《玉台新咏序》。极写丽人之歌舞创作才能。

2.58 醉把杯酒，可以吞江南吴越之清风；拂剑长啸，可以吸燕赵秦陇之劲气。

【评】

采自宋马存《赠盖邦式序》。为文必须直面现实，不可沉溺寻章摘句。宋王十朋《游东坡十一绝》："文章均得江山助，但觉前贤畏后贤。"现代诗人余光中《寻李白》："酒入豪肠，七分酿成了月光/剩下的三分啸成剑气/绣口一吐就半个盛唐。"

2.59 林花翻洒，乍飘飏于兰皋；山禽啭响，时弄声于乔木。

【评】

采自南朝陈顾野王《虎丘山序》。远离尘世的喧嚣，步入山林的恬静，一"翻"一"弄"，则境界全出。

2.60 那忍重看娃鬓绿①，终期一遇客衫黄②。

【注释】

①娃：即李娃。唐传奇《李娃传》载，长安名妓李娃与鸨母合伙欺骗并遗弃了荥阳生，但悔悟之后，却真诚地爱上了他。鬓绿：乌亮的鬓发，借指青春年华。

②客衫黄：用唐传奇《霍小玉传》典。

【评】

有缘无情，相遇又能如何？也只能叹一声"我为女子，薄命如斯；君是丈夫，负心若此！"

2.61 薄雾几层推月出，好山无数渡江来；轮将秋动虫先觉，换得更深鸟越催。

【评】

大象无形，大美无言。自然万物总是以其恒有的宁静，默默地对峙着浮嚣的世道人心。深夜静思之际，人心归于平静，在夜色的平静中找寻在白昼迷失的自我。

2.62 花飞帘外凭笺讯，雨到窗前滴梦寒。

【评】

花飞帘外，权作是寄托情意的花笺；雨落窗前，带着寒凉之意滴入梦境。华丽中淡淡的心情，让人不忍看却又一看再看，不忍想却又一想再想。

2.63 樯标远汉，昔时鲁氏之戈[1]；帆影寒沙，此夜姜家之被[2]。

【注释】

①鲁氏之戈：《淮南子·冥览训》说鲁阳公与韩酣战，时已黄昏，鲁援戈一挥，太阳退三舍（一舍三十里）。喻时光倒流。

②姜家之被：《后汉书·姜肱传》载，肱与二弟俱以孝行著闻。"其友爱天至，常共卧起，及各娶妻，兄弟相恋，不能别寝，以系嗣当立，乃递往就室"。

【评】

李白《日出入行》："鲁阳何德？驻景挥戈？逆道违天，矫诬实多。"时光终不可暂停，而姜家之被却可共同取暖御寒。

2.64 填愁不满吴娃井[1]，剪纸空题蜀女祠[2]。

【注释】

①吴娃井：即吴王井。袁宏道《灵岩记》曰："灵岩一名砚石，《越绝书》云：'吴人于砚石山作馆娃宫'，即其处也。山腰有吴王井。"这里有西施等美女娇娃当年所遗踪迹。

②"剪纸"句：用"蜀女之飘梧"典，见 P54 注④。

【评】

无尽的愁怨填不满吴娃井，剪纸题诗也只是空题于蜀女祠。

2.65 良缘易合，红叶亦可为媒；知己难投，白璧未能获主[1]。

【注释】

①白璧：春秋时楚人卞和发现了一块藏有美玉的璞石，献给楚厉王，厉王说他是骗子，砍掉了他的左脚。后又献给继位的武王，又不信并砍去了他的右脚。等到文王继位，卞和抱璞石而哭，文王找人打开璞石，果然得到绝世无双的美玉，是为"和氏璧"。

【评】

不刖足而刖心者，古来甚多。情之如美玉，又有几人认得？

2.66 填平湘岸都栽竹[1]，截住巫山不放云。

【注释】

①湘岸栽竹：古代神话谓舜南巡不返，葬于苍梧，舜妃娥皇、女英

思帝不已,泪下沾竹,竹悉成斑,故称斑竹、湘妃竹。借喻忠贞
之爱情。

【评】

栽竹湘岸,截云留梦,不过空留下万千悲愁。"不放"何求?

2.67 鸭为怜香死,鸳因泥睡痴。

【评】

鸭死、鸳痴,到头来都只为一个"情"字。

2.68 红印山痕春色微,珊瑚枕上见花飞。烟鬟潦乱香云湿,疑向襄王梦里归。

【评】

一句"疑向襄王梦里归",写尽男欢女爱之缠绵。今天的文字,哪里去寻找这样的优雅?

2.69 有魂落红叶,无骨锁青鬟。

【评】

万物若有魂,那么落叶的魂呢?践踏成泥,便是归根了吗?不得而知。残酷至极的美丽,总是更为动人。

2.70 书题蜀纸愁难浣,雨歇巴山话亦陈①。

【注释】

①"雨歇"句:唐李商隐《夜雨寄北》诗:"君问归期未有期,巴山夜雨涨秋池。何当共剪西窗烛,却话巴山夜雨时。"

【评】

蜀纸空题,无法洗去心中的愁绪;夜雨初歇,犹在西窗共话。人心就在这半是哀怨半是热望中温暖着。

2.71 盈盈相隔愁追随①,谁为解语来香帷②。

【注释】

①盈盈:美好貌,多指美人的风仪。《古诗十九首》:"盈盈楼上女,皎皎当窗牖。"

②解语:解语花,古人常用以喻指美人。《开元天宝遗事》:"明皇秋八月,太液池有千叶白莲数枝盛开,帝与贵戚宴赏焉。左右皆叹羡久之,帝指贵妃于左右曰:'争如我解语花!'"

【评】

谁是我的解语花,能来到我的身边陪伴我呢? 欲为解语,殊非易得。贵妃果真能为明皇之"解语"?

2.72 欲与梅花斗宝妆,先开娇艳逼寒香。只愁冰骨藏珠屋,不似红衣待玉郎。

【评】

如着红衣待玉郎,梅于高洁之外亦自有一段妩媚。

2.73 听风声以兴思①,闻鹤唳以动怀②。企庄生之逍遥,慕尚子之清旷③。

【注释】

①听风声以兴思:《世说新语·识鉴》载,张季鹰在洛阳见秋风起,因思家乡吴中菰菜羹、鲈鱼脍,遂弃官东归。

②闻鹤唳以动怀:《世说新语·尤悔》载,陆机临刑前叹曰:"欲闻华亭鹤唳,可复得乎?"

③尚子:尚长,东汉人,隐居不仕。

【评】

现实不得意时,便难免兴发隐逸之思,人的心灵便如秋千般,在理想与现实间荡来荡去。

2.74 灯结细花成穗落,泪题愁字带痕红。

【评】

杜牧有诗云:"蜡烛有心还惜别,替人垂泪到天明。"闺怨之愁无法排遣,生命的光华在泪流中慢慢枯萎。

2.75 无端饮却相思水,不信相思想杀人。

【评】

世上没有忘情水。"不信"之时,正为相思所苦。

2.76 渔舟唱晚,响穷彭蠡之滨①;雁阵惊寒,声断衡阳之浦②。

【注释】

①彭蠡:鄱阳湖的古称。

②断:止。湖南衡阳有回雁峰,据称雁至此不再南飞,遇春而回。

【评】

采自唐王勃《滕王阁序》。身临高耸入云的滕王阁，眼前是秋水共长天一色，逸兴遄飞，仿佛竟可以听到鄱阳湖岸的渔舟唱晚、回雁峰前的雁阵惊寒。

2.77 爽籁发而清风生^①，纤歌凝而白云遏。

【注释】

①爽：参差不齐。

【评】

采自王勃《滕王阁序》。诗酒歌管，鼓乐齐奏。抑扬顿挫的箫管声，仿佛使得清风起而听曲；纤细柔情的歌声回荡，流动的白云也要驻足倾听。

2.78 杏子轻纱初脱暖，梨花深院自多风。

【评】

"寂寞空庭春欲晚，梨花满地不开门。"（刘方平《春怨》）梨花满地，告诉人们季节的变换，心境的凄迷。莎士比亚有句名言：诗人的眼睛"能从天上看到地下，从地下看到天上"。其实从来都不曾离开一个"情"字。

卷三 峭

今天下皆妇人矣！封疆缩其地[1]，而中庭之歌舞犹喧；战血枯其人，而满座之貂蝉自若[2]。我辈书生，既无诛贼讨乱之柄，而一片报国之忱，惟于寸楮尺字间见之[3]；使天下之须眉而妇人者，亦耸然有起色。集峭第三。

【注释】

①封疆缩其地：国家的疆域缩小。

②貂蝉：古代王公显官冠上之饰物。此借指达官显贵。

③楮(chǔ)：纸的代称。

【评】

　　"今天下皆妇人矣！"还有比这更沉痛的激愤吗？边疆外敌入侵，战血枯人，朝廷则依然歌舞喧然，"商女不知亡国恨，隔江犹唱后庭花"，这是典型的亡国之音，亡国之兆。又岂是骂一声妇人不如能轻饶得了！历史的殷鉴总是血泪斑斑，警钟声鸣犹在耳，后来的人们又开始走在前人的覆辙上。后人哀之而不鉴之，不仅可耻，更是可悲！想那花木兰、梁红玉、穆桂英，替父替夫驰骋疆场，那是何等的气概！一个弱女子花蕊夫人，竟愤而写下"十四万人齐解甲，更无一个是男儿"的诗句，这是怎样的一个女性！这胆气足为天下男儿羞！作者收集在这里的片言只语，是否也能令天下之须眉耸然而起？

3.1　忠孝,吾家之宝;经史,吾家之田。

【评】

宋代杜孟官至尚书,为官清廉,且家教甚严,常训子孙以此诫,故时号宝田杜氏。清代曾国藩也称,孝友之家是造福后代子孙的最好家庭。

3.2　兴之所到,不妨呕出惊人;心故不然,也须随场作戏。

【评】

有时兴之所至,不妨大放厥词,令举座皆惊。即使心中不以为然,有时也不能不逢场作戏一番。处世之法因人因时而异。

3.3　放得俗人心下,方可为丈夫。放得丈夫心下,方名为仙佛。放得仙佛心下,方名为得道。

【评】

“放下”两字说来容易,做来却难。有了功名、爱情,有了怨恨、妒忌,你能说放下就放下吗?然而,不能“放下”,你又怎么去求得快乐与幸福?

3.4　吟诗劣于讲学,骂座恶于足恭①。两而揆之,宁为薄行狂夫,不作厚颜君子。

【注释】

①足恭:过度谦敬,以取媚于人。

【评】

吟诗作赋似乎不如讲经解史,却直抒胸臆;谩骂同座似乎比过分谦恭恶劣,但心口如一。两相比较,宁可做薄情豪放的狂夫,也不做口是心非的伪君子。佛家说,每个人都有一个自家宝藏,也就是天生具备的“真性真情”,本来人人都可以凭此摆脱人生的忧怨烦恼,但事实却非如此,原因就在没有打开自家宝藏,使真性情为各种尘俗杂念所蒙蔽,戴上了假面具。

3.5　宁为真士夫,不为假道学。宁为兰摧玉折,不作萧敷艾荣①。

【注释】

①“宁为”二句:语出刘义庆《世说新语·言语》。为毛伯成负其才气之语。萧敷艾荣:指蒿草长得很茂盛。萧、艾,两种恶草名。敷、荣,开花。

【评】

玉碎了毕竟还是玉,瓦全却终归只是瓦,本质上的差距无法用表象来掩盖。

3.6 随口利牙,不顾天荒地老①;翻肠倒肚,那管鬼哭神愁②。

【注释】

①"随口"二句:吴从先《小窗自纪》中以此冠于李贽。李贽,明末思想家,著有《初潭集》和《焚书》,尖锐揭露道学家的虚伪和自私,因而受人攻击迫害。终以"敢倡乱道,惑世诬民"的罪名被下狱而死。

②"翻肠"二句:《小窗自纪》以此冠于屠隆。屠隆,明代文学家,为官清正,关心民瘼。作《荒政考》,极写百姓灾伤困厄之苦。

【评】

为文追求独抒性灵,为人则追求率性而为,明初进步知识分子的文学主张,给沉醉于八股文的复古拟古的正统文坛以最有力的打击。

3.7 身世浮名,余以梦蝶视之,断不受肉眼相看。

【评】

人生一梦,而生命中之浮名浮利,不啻梦中之梦。为梦中之富贵而欢喜,岂非可笑?

3.8 销骨口中①,生出莲花九品;铄金舌上,容他鹦鹉千言。

【注释】

①销骨口中、铄金舌上:即:"众口铄金,积毁销骨。"众口毁谤可以销人骨骼,喻谗言毁人。

【评】

用自己的语言表达自己的东西,至于舌灿莲花,鹦鹉学舌,就由它去吧。

3.9 少言语以当贵,多著述以当富,载清名以当车,咀英华以当肉。

【评】

既富且贵,又有香车又有佳味,还有什么职业比这更好? 可为什么人们还是不愿意去当一个这样的人呢?

3.10 竹外窥莺,树外窥水,峰外窥云,难道我有意无意;鸟来窥人,月来窥酒,雪来窥书,却看他有情无情。

【评】

游心于有意无意之间,处事以若即若离之法,不着一字,尽得风流。

3.11 体裁如何,出月隐山;情景如何,落日映屿;气魄如何,收露敛色;议论如何,回飙拂渚。

【评】

语本谢灵运《江妃赋》:"姿非定容,服无常度……于时升(一作"出")月隐山,落日映屿。收霞敛色,回飙拂渚。"以自然景物形容人之气骨风格,正是魏晋清谈品评人物之遗风。

3.12 有大通必有大塞,无奇遇必无奇穷。

【评】

如果事情极为顺利,那就必定会遇到大的障碍;如果一生未曾经历奇特的际遇,也就不可能遇到极端的困厄。有大起才有大落,是谓阴阳相生。

3.13 西山霁雪①,东岳含烟;驾凤桥以高飞,登雁塔而远眺②。

【注释】

①霁(jì):雨雪停止,天放晴。

②雁塔:即陕西大雁塔。唐高宗为追荐其母而建。唐代新进士常于此题名,后有"雁塔题名"之说。

【评】

沿着凤凰飞天的通道高飞空中,登上雁塔以便眺望远方,有凌云志才能有容纳天下之心胸。

3.14 一失脚为千古恨,再回头是百年人。

【评】

一失足便可能遗恨终生,等到幡然悔悟之时,往往已事过境迁,年老体衰,无可挽回了。人生未必都有"补牢"的机会,当回头亦不再可能,此恨何堪! 能不慎哉?

3.15 居轩冕之中,不可无山林的气味;处林泉之下,须常怀廊庙的经纶。

【评】

人需要扮好自己的本来角色,却又不能自我局促于某一个角色。心灵没有界限,没有禁区。

3.16 平民种德施惠,是无位之公卿;仕夫贪财好货,乃有爵的乞丐。

【评】

平民百姓而能广施恩惠,就是没有爵位的公卿;人心如果贪婪不得满足,纵使富贵如帝王也贫如乞丐。人的价值不是由地位决定的,而是由行为决定的。

3.17 烦恼场空,身住清凉世界;营求念绝,心归自在乾坤。

【评】

心中放下烦恼的事,清凉的心境就自然产生;断绝营求追逐之心,心灵便可于自在乾坤作逍遥之游。能否摆脱尘世的水深火热,关键在于人心。

3.18 觑破兴衰究竟①,人我得失冰消;阅尽寂寞繁华,豪杰心肠灰冷。

【注释】

①觑(qù):看,偷窥。

【评】

功名富贵毕竟是大多数人所憧憬的,如何能轻易说"觑破"?大概也只有在阅尽寂寞繁华之后,方可言"觑破"。

3.19 穷通之境未遭,主持之局已定;老病之势未催,生死之关先破。求之今人,谁堪语此?

【评】

诸葛亮卧居茅庐,而天下三分之势了然于心。思人所未曾思,谋人所未曾谋,全在己心之掌握,即为先知先觉之人。

3.20 枝头秋叶,将落犹然恋树;檐前野鸟,除死方得离笼。人之处世,可怜如此。

【评】

枯叶贪恋枝头,野鸟贪恋巢窝,至死仍恋恋不舍。人之贪恋尘世名利,又何尝不是如此?秋叶野鸟毕竟身不由己,而人能自我主张,却不愿自作主张。

3.21 士人有百折不回之真心,才有万变不穷之妙用。
【评】

不抛弃,不放弃。有此愚公移山之精神,何患无成?

3.22 立业建功,事事要从实地着脚,若少慕声闻,便成伪果;讲道修德,念念要从虚处立基,若稍计功效,便落尘情。
【评】

为自身名利而求功业,则必随声名而改其心志;为顾及他人而作圣贤貌,则不但辛苦更是可笑。为人处世,当脚踏实地,亦当超凡脱俗。

3.23 执拗者福轻,而圆融之人其禄必厚;操切者寿夭①,而宽厚之士其年必长;故君子不言命,养性即所以立命;亦不言天,尽人自可以回天②。
【注释】

①操切:指做事过于急躁严厉。

②尽人:尽人事。

【评】

天命,就是做正确的事,并且竭尽全力去做好。

3.24 苍蝇附骥①,捷则捷矣,难辞处后之羞;茑萝依松,高则高矣,未免仰攀之耻。所以君子宁以风霜自挟,毋为鱼鸟亲人。
【注释】

①附骥:即"附骥尾"。喻依附于先辈或名人之后。《史记·伯夷传》:"颜渊虽笃学,附骥尾而行益显。"《索隐》:"苍蝇附骥尾而致千里,以譬颜回因孔子而彰也。"

【评】

苍蝇飞不了那么快、那么久,但是它抓住了马尾,便可以日行千里。既不失进取心,又善假于物,应该算是识时务者,但为君子不齿。

3.25 伺察以为明者①,常因明而生暗,故君子以恬养智;奋迅以求速者,多因速而致迟,故君子以重持轻。
【注释】

①伺察:暗中观察。

【评】

　　"大聪明的人,小事必朦胧;大懵懂的人,小事必伺察。盖伺察乃懵懂之根,而朦胧正聪明之窟也。"真正的明白人很难做的,智者难于当愚时而不能愚,愚者难在当智时而不能智。故君子以恬养智,以重持轻。

　　3.26　有面前之誉易,无背后之毁难;有乍交之欢易,无久处之厌难。
【评】

　　当面的奉承也许就是一转身的毁谤。

　　3.27　宇宙内事,要力担当,又要善摆脱。不担当,则无经世之事业,不摆脱,则无出世之襟期①。
【注释】

　　①襟期:襟怀。
【评】

　　要拿得起,敢担当,又能放得下,能摆脱。

　　3.28　无事如有事时提防,可以弭意外之变①;有事如无事时镇定,可以销局中之危。
【注释】

　　①弭(mǐ):平息,停止。
【评】

　　防患于未然,临事能镇定,自能化解逆境之困厄。

　　3.29　爱是万缘之根,当知割舍;识是众欲之本,要力扫除。
【评】

　　说易行难。爱,又岂是说割舍就能割舍的?

　　3.30　荣宠傍边辱等待,不必扬扬;困穷背后福跟随,何须戚戚。看破有尽身躯,万境之尘缘自息;悟入无怀境界,一轮之心月独明。
【评】

　　不必扬扬却总扬扬,何须戚戚又常戚戚,亦人之常情。不以物喜,不以己悲,宁静淡泊,则"一轮心月独明"!

3.31 霜天闻鹤唳,雪夜听鸡鸣,得乾坤清绝之气;晴空看鸟飞,活水观鱼戏,识宇宙活泼之机。

【评】

不仅是活泼泼的生机,更有那高扬的意气。所谓"晴空一鹤排云上,便引诗情到碧霄"。

3.32 斜阳树下,闲随老衲清谈;深雪堂中,戏与骚人白战①。

【注释】

①白战:空手作战。指作"禁体诗"时禁用某些较常用的字。如欧阳修曾与客会饮,作咏雪诗,禁用玉、梨、梅、絮、鹤、鹅、银、舞、白诸字。

【评】

夕阳草树,没有了留恋与执着,便不悟而悟了。雪舞飘飘,诗兴纷飞,只剩下了清雅和闲淡,能不让人倾心?

3.33 山月江烟,铁笛数声,便成清赏;天风海涛,扁舟一叶,大是奇观。

【评】

一叶扁舟,坐看天风海涛,固是潇洒人生。

3.34 秋风闭户,夜雨挑灯,卧读《离骚》泪下;霁日寻芳①,春宵载酒,闲歌《乐府》神怡。

【注释】

①霁日:晴日。

【评】

卧读《离骚》,不禁潸然泪下;悠闲地唱着乐府古调,又不禁心旷神怡。书中滋味亦是人生滋味。

3.35 云水中载酒,松篁里煎茶,岂必銮坡侍宴①;山林下著书,花鸟间得句,何须凤沼挥毫②。

【注释】

①銮坡:唐德宗时,曾移学士院于金銮殿旁的金銮坡上,后世遂以"銮坡"为翰林院的别称。

②凤沼:即凤凰池。禁苑中池沼。魏晋南北朝时设中书省于禁

苑，故称中书省为"凤凰池"、"凤沼"。

【评】

只为著书得句，山林或更胜于禁苑，但有几人会甘于湖中载酒竹下品茗？

3.36 人生不好古，象鼎牺樽①，变为瓦缶；世道不怜才，凤毛麟角，化作灰尘。

【注释】

①象鼎：以象纹饰鼎。牺樽：牺牛形酒樽。都是珍贵之器。

【评】

有不知而无意毁之者，有明知而故意毁之者。

3.37 风尘善病，伏枕处一片青山；岁月长吟，操觚时千篇白雪①。

【注释】

①操觚(gū)：执简。谓写作。白雪：典出宋玉《对楚王问》"阳春白雪"，后泛指高雅之艺术。

【评】

伏枕休养就会满目青山复元如初，终日长吟便可信手拈来写就高雅名篇。可为什么人们只有在累倒病倒之时才想起"伏枕看青山"，只有书到用时才后悔读得太少？

3.38 心为形役，尘世马牛；身被名牵，樊笼鸡鹜①。

【注释】

①鹜(wù)：鸭。

【评】

在物欲横流的现实生活中，"心为形役"的烦恼更是屡见不鲜。即使许多衣食无忧者，依然心甘情愿地做着声名利禄之"牛马"。

3.39 人不通古今，襟裾马牛；士不晓廉耻，衣冠狗彘。

【评】

凡丑陋之事，便比之于牛马动物，事实上，某些人的很多行为，怕是连猪狗都耻于为不敢为的。

3.40 道院吹笙，松风袅袅；空门洗钵①，花雨纷纷②。

【注释】

①空门：佛门。洗钵：僧人用膳后清洗钵盂，此指传经授法。

②花雨纷纷：形容说法之动听感人。佛教传说，佛祖说法，感动天神，诸天雨各色香花，于空中缤纷乱舞。

【评】

有坚定的信仰，一心向佛向道，往往可以产生人间的奇迹。

3.41 囊无阿堵①，岂便求人；盘有水晶②，犹堪留客。

【注释】

①阿堵：六朝口语，犹言这个，阿堵物即钱。《世说新语·规箴》："王夷甫雅尚玄远，常嫉其妇贪浊，口未尝言钱字。妇欲试之，令婢以钱绕床不得行。夷甫晨起，见钱阂行，呼婢曰：'举却阿堵物！'"

②水晶：水晶人，虾的别称。北宋陶谷《清异录·水晶人》："二三友来访，买得蟹虾具馔，语及唐士人逆风至长须国娶虾女事，座客谢兼仲曰：'虾女婿岂不好？白角衫里个水晶人。'满座无不大笑。"

【评】

口袋里没有钱，怎么开口求人？盘中尚有虾，或可留以待客。金钱不是万能，但没钱却万万不能。

3.42 种两顷负郭田①，量晴校雨；寻几个知心友，弄月嘲风。

【注释】

①两顷负郭田：典出《史记·苏秦列传》，见 1.168 条注①。

【评】

量晴校雨，弄月嘲风，是一种游戏的态度。能以如此轻松游戏的心情种田交友，该是一件多么快意的事。心随物变，是一种豁达一种智慧。

3.43 荷钱榆荚①，飞来都作青蚨②；柔玉温香，观想可成白骨。

【注释】

①荷钱榆荚：代指钱。荷钱，初生的小荷叶，圆小如钱。榆荚，榆树的果实联缀成串，形似铜钱，俗称榆钱。

②青蚨(fú)：传说中南方的一种虫，古代用作铜钱的别名。《淮南子·万毕术》"青蚨还钱"注曰：只要用它的血来涂钱，便能让使用出去的钱自动回来。

【评】

金钱犹如枯叶,得之不惊,散之能舍。温柔色相亦是如此,再美丽的容颜也要在岁月中消蚀,岂可一味贪恋?

3.44 今古文章,只在苏东坡鼻端定优劣;一时人品,却从阮嗣宗眼内别雌黄①。

【注释】

①阮嗣宗:阮籍。

【评】

知人论文,又何需深文罗织?但凭直觉性情可矣。

3.45 诗思在灞陵桥上,微吟处,林岫便已浩然;野趣在镜湖曲边,独往时,山川自相映发。

【评】

很多场景,只要文人们一站立一凭眺,无限的遐思就要奔涌而来。灞陵桥、镜湖就是这样地方。

3.46 看文字,须如猛将用兵,直是鏖战一阵;亦如酷吏治狱,直是推勘到底,决不恕他。

【评】

朱熹读书之法,宜为吾人深思。

3.47 秋露如珠,秋月如珪①;明月白露,光阴往来②;与子之别,思心徘徊。

【注释】

①珪:同"圭",为帝王诸侯所执的长形玉版,上圆或尖,下方,表示信符。故以"珪月"代指未圆的秋月。

②光阴往来:此写月光与露珠交相辉映、乍明乍暗之情景。光,亮。阴,暗。

【评】

采自江淹《别赋》。与子之别,思心徘徊,空对良辰美景,唯有深憾长恨。

3.48 声应气求之夫①,决不在于寻行数墨之士②;风行水上之文,决不在于一字一句之奇。

【注释】

①声应气求:指志趣相投。《易·乾》:"同声相应,同气相求。"

②寻行:一行行地读。数墨:一字字地读。宋释道原《景德传灯录》:"口内诵经千卷,体上问经不识。不解佛法圆通,徒劳寻行数墨。"

【评】

出自李贽《焚书》。李贽极力提倡"非有意于为文",却能成"天下之至文"的"化工"之作。晚明笔记小品多是随兴漫记,更不必讲章法套路,散、漫、琐、杂,最能代表小品自然成文、不拘格套的特质。

3.49 借他人之酒杯,浇自己之块垒。

【评】

借他人的酒杯,来冲浇自己郁结的愤激不平之气。文人们最喜欢干这活。

3.50 春至不知湘水深,日暮忘却巴陵道①。

【注释】

①巴陵:古有巴陵郡、巴陵县,在今湖南岳阳。

【评】

《苏轼集》"补遗"曰:"'湘中老人读黄老,手援紫藟坐碧草。春至不知湘水深,日暮忘却巴陵道。'唐末有见人作此诗者,词气殆是李谪仙。"静坐而读,日暮忘倦,我心安处是故乡。

3.51 静若清夜之列宿①,动若流彗之互奔。

【注释】

①列宿:众星宿。

【评】

采自晋曹摅《围棋赋》。围棋是中华民族高度智慧的结晶。动与静,攻与守,先与后,奇与正,虚与实,等等,莫不最充分地体现中华文化的精髓与神韵。有人说,如果中国没有四大发明,世界其他国家早晚也会把它们发明出来,但是如果中国不发明围棋,那世界上就永远不会有围棋。

3.52 云气荫于丛著①,金精养于秋菊②;落叶半床,狂花满屋。

【注释】

①蓍(shī)：卜筮用的草。

②金精：九月上寅日所采的甘菊。

【评】

采自庾信《小园赋》。写隐居生活，传达的是哀怨苦涩之情。

3.53 雨送添砚之水，竹供扫榻之风①。

【注释】

①扫榻：打扫床榻，表示欢迎客人。

【评】

濛濛细雨送来添砚之水，苍翠竹林吹来打扫床榻之风，山林隐居之生活，倒也过得逍遥。中国文人对竹情有独钟，苏东坡有句："宁可食无肉，无肉使人瘦；不可居无竹，无竹使人俗。"

3.54 血三年而藏碧①，魂一变而成红②。

【注释】

①血三年而藏碧：《庄子·外物》："故伍员流于江，苌弘死于蜀，藏其血，三年化而为碧。"

②魂一变而成红：常璩《华阳国志·蜀志》载，战国时蜀王杜宇称帝，号望帝，后禅位，退隐西山，死后魂化杜鹃，暮春时悲鸣至嘴角流血犹不止。

【评】

忠臣义士的鲜血珍藏三年而化为碧玉，英魂一变而成为杜鹃啼血悲鸣，古人为情若此。

3.55 举黄花而乘月艳，笼黛叶而卷云娇①。

【注释】

①黛叶：墨绿之叶。

【评】

采自王勃《七夕赋》。七夕，民间传说为天上牛郎织女二星相会之日，故又称"星期"。花娇月艳，柔情似水，佳期如梦，一年中最凄楚动人的夜晚。

3.56 任他极有见识，看得假认不得真；随你极有聪明，卖得巧藏不得拙。

【评】

就算你有再多的学识,也未必能认清生命中有多少的虚假真实。纵是自以为聪明,也许可以卖一份乖巧,又何能藏己身之拙?能认识到自身的愚拙,才是真聪明。

3.57 伤心之事,即懦夫亦动怒发;快心之举,虽愁人亦开笑颜。

【评】

喜怒哀乐,人之常情。男儿有泪不轻弹,只缘未到动情处。

3.58 论官府不如论帝王,以佐史臣之不逮;谈闺阃不如谈艳丽,以补风人之见遗。

【评】

讨论官府之事不如讨论帝王之事,以补充修史之人的不足;谈论闺阁之事不如谈论才子佳人的艳事,以补充采风的诗人的遗漏。抽象的描述,远不如具体的研究有意义,见物更要见人。

3.59 是技皆可成名天下,唯无技之人最苦;片技即足自立天下,唯多技之人最劳。

【评】

人无一技傍身,色身难养,性命亦忧。可多技之人又常叹劳累不堪。人需有"技"养身,更需以"心"养"技",养身重要,养心尤为重要。

3.60 傲骨、侠骨、媚骨,即枯骨可致千金①;冷语、隽语、韵语,即片语亦重九鼎②。

【注释】

①枯骨可致千金:即"千金市骨"。典出《战国策·燕策一》,说古代君王悬赏千金买千里马,三年后得一死马,用五百金买下马骨,于是不到一年,得到三匹千里马。比喻若能真心求贤,贤士将闻风而至。

②片语亦重九鼎:《史记·平原君虞卿列传》载平原君赞扬毛遂:"毛先生一至楚而使赵重于九鼎大吕。"

【评】

如《小窗幽记》者,庶可当此语。片言只语,是随时片断的心灵感悟与人生省察的记录,小中见大,微中见著,便胜却巨论无数。

3.61 圣贤不白之衷①,托之日月;天地不平之气,托之风雷。

【注释】

①不白之衷:无法表白的心迹。

【评】

日月亘古不变,总予人间光明,也正如圣贤的心境。不平则鸣,疾雷暴雨过后,天地间又是一片清新祥和。天地宇宙如此,生活亦如此。

3.62 风流易荡,佯狂近颠。

【评】

风流不羁容易变为放荡,佯装狂放亦难免弄假成真导致疯癫。郁达夫《钓台题壁》:"不是尊前爱惜身,佯狂难免假成真。曾因酒醉鞭名马,生怕情多累美人。"

3.63 有作用者,器宇定是不凡;有受用者,才情决然不露。

【评】

有所作为的人,言行举止自是非同寻常;获得名利受用的人,必定心有城府、不露声色、不显才情。凡事不可能无缘无故。

3.64 且与少年饮美酒,往来射猎西山头。

【评】

采自高适《邯郸少年行》。诗写游侠子之报国宏图无从实现,遂表现出睥睨尘世、刚直耿介的性情节操。

3.65 瑶草与芳兰而并茂①,苍松齐古柏以增龄。

【注释】

①瑶草:传说中的香草,泛指珍美的草。

【评】

瑶草芳兰尽一时之茂,苍松古柏齐万年之寿,各臻其美。

3.66 群鸿戏海,野鹤游天。

【评】

南朝梁武帝萧衍《古今书人优劣评》喻钟繇书"如云鹄游天,群鸿戏海",状其书有鸿鹄飞张之姿。群鸿嬉戏,云鹤翱翔,这是一种驰骋的感觉,不禁也让人想到"燕雀焉知鸿鹄之志"这一名言。

卷四　灵

天下有一言之微，而千古如新，一字之义，而百世如见者，安可泯灭之？故风雷雨露，天之灵；山川名物，地之灵；语言文字，人之灵。毕三才之用，无非一灵以神其间[①]，而又何可泯灭之？集灵第四。

【注释】

①神其间:在其间发挥了神奇的作用。

【评】

　　天地因为有了灵气才变得生机勃发,四季因为有了灵气才显得异彩纷呈,而这一切,终归都是因为人之存在,人之心领神会。春华秋实,夏雨冬雷,在文人骚客的眼里,便如那平平仄仄、起起伏伏的音韵旋律,诗行里的情节蕴藉而风流。文字是人类心灵感悟的纪录,是"不朽之盛事"。古人曰:登高能赋,方为大夫。不过,写文字的人也都明白,极度的幸福、痛苦都赋予不了文字的灵性,文字的灵性存在于失去幸福又拼命寻找幸福的过程中。也可以说,文字的灵性是一种希望的昭示吧。

4.1 投刺空劳①,原非生计;曳裾自屈,岂是交游。

【注释】

①投刺:投递名帖。

【评】

东汉祢衡因为耻于干谒,揣在怀里的名帖被磨得看不清字,但他终以一篇优美的《鹦鹉赋》和敢犯曹操名扬千古。与之相比,多少"曳裾自屈"者,亦只是自取其辱自没声名。

4.2 事遇快意处当转,言遇快意处当住。

【评】

人逢得意,能不忘形者几少! 能及时而止者庶几无忧矣。

4.3 志要高华,趣要淡泊。

【评】

心志当存高远,意趣则要淡泊恬静,不可急功躁进。

4.4 眼里无点灰尘,方可读书千卷;胸中没些渣滓,才能处世一番。

【评】

读书不可先入为主,否则永远只看到自己所赞同的,不赞同的则视若无睹。处世更不可先入为主,否则又如何去容忍那些不如己意之人和事?

4.5 眉上几分愁,且去观棋酌酒;心中多少乐,只来种竹浇花。

【评】

世事如棋,何必为些许烦恼忧愁? 观棋酌酒、种竹浇花,常有如此情致,快乐自在心中。

4.6 茅屋竹窗,贫中之趣,何须脚到李侯门①;草帖画谱,闲里所需,直凭心游扬子宅②。

【注释】

①李侯:指东汉李膺。《后汉书》本传曰:"膺独持风裁,以声名自高。士有被其容接者,名为登龙门。"

②扬子:指西汉扬雄。《汉书》本传曰:"家素贫,嗜酒,人希至其门。"

【评】

贫中自有贫中之乐，闲中自有闲中之趣，刻意去追求富贵功利，往往只会徒增烦恼。

4.7 好香用以熏德，好纸用以垂世，好笔用以生花，好墨用以焕彩，好茶用以涤烦，好酒用以消忧。

【评】

六福齐聚，人生岂不快意哉！一切都在一个"缘"字，也在一个"巧"字上。

4.8 声色娱情，何若净几明窗一坐息顷①；利荣驰念，何若名山胜景一登临时。

【注释】

①息顷：顷刻，一会儿。

【评】

何妨让自己在净几明窗前坐下来静一静，在登山临水中放下来想一想，也许你会发现，生命中有许多追求并非真的必要，只是一味地去追求，却忘了当初的梦想与真实的心。

4.9 竹篱茅舍，石屋花轩，松柏群吟，藤萝翳景①；流水绕户，飞泉挂檐，烟霞欲栖，林壑将暝。中处野叟山翁四五，予以闲身，作此中主人。坐沉红日，看遍青山，消我情肠，任他冷眼。

【注释】

①翳(yì)：遮蔽，掩盖。

【评】

夕阳落后闲云好，坐到千山入梦时，如此洒脱不羁、闲雅舒适的性情，令人憧憬并神迷几许。

4.10 问妇索酿，瓮有新刍①；呼童煮茶，门临好客。

【注释】

①新刍：新酿出的酒。

【评】

有茶有酒，共话窗下，在农耕时代已是令人心满意足。而如今之世，人们的欲求越来越多，失望与不满也越来越多。

4.11 花前解佩，湖上停桡①，弄月放歌，采莲高醉；晴云微枭,渔笛沧浪,华句一垂②,江山共峙。

【注释】

①桡:桨。

②华句(gōu):华美的鱼钩。句,通"钩"。

【评】

鱼钩暂放,喧嚣绚丽之尘世,一瞬间都烟消云散,惟有"江上数峰青"。如此清雅心境,令人思之悠悠。

4.12 胸中有灵丹一粒,方能点化俗情,摆脱世故。

【评】

灵丹者,天真之心也。只是我们于浑然不觉中使灵丹蒙尘,云遮日月罢了。复归于赤子之心,复归于混沌之态,方可使灵丹重焕光华。

4.13 独坐丹房,萧然无事,烹茶一壶,烧香一炷,看达摩面壁图①。垂帘少顷,不觉心净神清,气柔息定,蒙蒙然如混沌境界,意者揖达摩与之乘槎而见麻姑也②。

【注释】

①达摩:禅宗初祖。南朝梁武帝时自印度航海入中国,曾在嵩山
　少林寺面壁而坐习禅达九年,后传法于慧可。

②麻姑:神话传说中的神仙,有"麻姑献寿"之说。

【评】

好一炷心香愿! 意念随烟飘散,似有若无,不禁让人想起神秀的偈子"身似菩提树,心如明镜台"。

4.14 无端妖冶,终成泉下骷髅;有分功名,自是梦中蝴蝶。

【评】

纵然是分内的功名,也无非庄周梦中的蝴蝶,终成梦幻。也许正因为如此,所以"妖冶"和"功名"都自然而然地涌向歌舞升平的场所,醉生梦死,及时行乐。

4.15 累月独处,一室萧条;取云霞为伴侣,引青松为心知。或稚子老翁,闲中来过,浊酒一壶,蹲鸱一盂①,相共开笑口,所谈浮生闲话,绝不及市朝。客去关门,了无报谢,如是毕余生足矣。

【注释】

①蹲鸱(chī):大芋。一种食物,状如蹲伏的鸱。

【评】

云霞青松做我伴,浊酒一壶言语欢,这样的意境不是也很宁静悠然,像清澈的溪流一样富于诗意吗? 人生最大的烦恼,不在自己拥有的太少,而在自己向往的太多。量力而行,轻松平淡,随处而得,随遇而安,便可以一无所有而逍遥自在。

4.16 茅檐外,忽闻犬吠鸡鸣,恍似云中世界;竹窗下,唯有蝉吟鹊噪,方知静里乾坤。

【评】

普通人看花,将自己的精力都集中在花上。真正会看花的人,只是半觑着眼,似乎并不在意,反而把花的神韵,都吸收到自己身上来了。看花如此,看天看地看任何一件细小之物亦如此。关键不在看什么,而在怎么看。只要用心去感知,任何一件细微之物,都是一个完整的世界,所谓"一花一菩提"。

4.17 如今休去便休去,若觅了时无了时。若能行乐,即今便好快活。身上无病,心上无事,春鸟是笙歌,春花是粉黛。闲得一刻,即为一刻之乐,何必情欲乃为乐耶?

【评】

身上无病,谁都希望;心上无事,以闲为乐,却未必人人能忍受。更多的人则在追逐欲望中享乐,在享乐中追逐更大的欲望。

4.18 开眼便觉天地阔,挝鼓非狂①;林卧不知寒暑更,上床空算②。

【注释】

①挝(zhuā)鼓非狂:取东汉祢衡裸身击鼓辱曹操故事。事见《后汉书·文苑列传》。

②上床空算:功名利禄均为空算。《三国志·陈登传》载,许汜拜访陈登,陈登很冷淡,而且自己睡上床,让许睡下床。许汜有微词,刘备责之曰:你只想着求田问舍,言无可采,难怪陈登不与你说话。并且说,如果换作我,将"欲卧百尺楼上,卧君于地,何但上下床之间邪?"

【评】

其实无论善恶,人性中都存在着孤独的一面,享受它是坦然面对,可是更多的人无法或不愿享受它。"开眼便觉天地阔",这样的人就会享受孤独。会不会不孤独的人才是最会享受孤独的呢?

4.19 惟俭可以助廉,惟恕可以成德。

【评】

采自《宋史·范纯仁列传》。如今则未必然。有人表面节俭,背地里却大行贪渎;有人假装仁慈,却干着挑拨离间的勾当。

4.20 山泽未必有异士,异士未必在山泽。

【评】

当栖居山泽成为"终南捷径",真正的隐士就要不屑与之为伍了。

4.21 业净六根成慧眼①,身无一物到茅庵。

【注释】

①业净六根:六根不染。六根,佛教将眼、耳、鼻、舌、身、意视为罪业的根源。

【评】

六根罪业一旦清净,人即具有了观照世间万物的慧眼,身无一物拖累,看破红尘便如同住在茅草庵里修行一样。洞悉一切皆是幻心幻相,方可做到六根清净,身无一物。

4.22 人生莫如闲①,太闲反生恶业;人生莫如清,太清反类俗情。

【注释】

①莫如:没有比得上的。

【评】

过度的清闲,容易迷失自我,让人走进梦魇;过分的清高,反给人以虚伪之嫌。万事总要有个度。

4.23 "不是一番寒彻骨,怎得梅花扑鼻香①。"念头稍缓时,便宜庄诵一遍②。

【注释】

①"不是"二句:为唐黄檗希运禅师诗。

②庄诵:严肃地吟诵。

【评】

没有攀爬时的艰辛,哪里有登顶后的快意?人生不可有稍许懈怠。

4.24 梦以昨日为前身,可以今夕为来世。

【评】

梦是无界的,可以在三世间自由畅游。梦,使三个世界相通,如果我们在一个世界不存在了,可能只是到另一个世界存在去了,这样死还可怕吗?

4.25 读史要耐讹字,正如登山耐仄路,踏雪耐危桥,闲居耐俗汉,看花耐恶酒,此方得力。

【评】

说是忍耐,其实也正是生活的趣味之所在。即以史书而论,若不能硬着头皮去钻研考究一番,要把史书读下去都几乎是不可能的,还谈什么享受书中乐趣?

4.26 世外交情,惟山而已。须有大观眼①,济胜具②,久住缘③,方许与之莫逆。

【注释】

①大观眼:即宇宙之眼,《金刚经》里所谓"天眼"、"佛眼"、"慧眼"。具体地说,是站在超越人间的宇宙极境来观看人间的种种生态世相。

②济胜具:指能攀越胜境、登山临水的好身体。《世说新语·栖逸》:"许掾好游山水,而体便登陟,时人云:'许非徒有胜情,实有济胜之具。'"

③久住缘:亦佛家语,即久住之缘。

【评】

与山水成莫逆之交,较之于人,当更需一份慧根与慧识。

4.27 九山散樵,浪迹俗间,徜徉自肆。遇佳山水处,盘礴箕踞①,四顾无人,则划然长啸,声振林木;有客造榻与语,对曰:"余方游华胥②,接羲皇③,未暇理君语。"客之去留,萧然不以为意。

【注释】

①盘礴:箕踞而坐。箕踞:两脚张开,两膝微曲地坐着,形状像箕。这是一种轻慢傲视对方的姿态。

②华胥:远古传说中伏羲氏的母亲。

③羲皇:即伏羲氏。

采自明陆树声《九山散樵传》。九山散樵在原文中,是陆树声的自号。阮籍箕踞啸歌曾写《大人先生传》,可与此文比照而观。

4.28 择池纳凉,不若先除热恼;执鞭求富①,何如急遣穷愁。

【注释】

①执鞭求富:《论语·述而》:"富而可求也,虽执鞭之士,吾亦为之。如不可求,从吾所好。"如果发财可以追求到的话,就是做个市场的看门人都可以。

【评】

据说,发财并非努力就能得到,不像读书、做人,只要努力,总可以有所成就。既如此,那就不如从根本上赶紧排遣心中的穷愁来得彻底。再好的纳凉地,也不如心静自然凉有效吧。

4.29 万壑疏风清两耳,闻世语,急须敲玉磬三声①;九天凉月净初心,诵其经,胜似撞金钟百下。

【注释】

①玉磬(qìng):佛寺中召集僧众所用的法器的美称。

【评】

采自明李鼎《偶谭》。佛既在尘世之外,亦在尘世之中;既可求世外之佛,亦不可不求世中之佛。

4.30 无事而忧,对景不乐,即自家亦不知是何缘故,这便是一座活地狱,更说甚么铜床铁柱,剑树刀山也①。

【注释】

①铜床铁柱,剑树刀山:佛教描绘的地狱中的残酷的刑具。

【评】

采自明袁宏道《致李子髯》。世上本无所谓地狱,但人心中却自设有地狱。无寄之人,终日忙忙,若有所失,无事而忧,对景不乐,活着便是熬日子。

4.31 烦恼之场,何种不有,以法眼照之①,奚啻蝎蹈空花②。

【注释】

①法眼:佛家认为的"五眼"之一。五眼即肉眼、天眼、慧眼、法眼、佛眼。

②奚啻(chì)：何只。

【评】

倘若花是虚幻的，蝎子再毒，又如何谈得上什么伤害呢？正如佛祖参悟到人有心才有烦恼，无心何来烦恼呢？一切烦恼正如蝎子趴在虚幻的花上，庸人自扰而已。

4.32 上高山，入深林，穷回溪，幽泉怪石，无远不到；到则披草而坐，倾壶而醉；醉则更相枕以卧，卧而梦。意有所极①，梦亦同趣②。

【注释】

①极：至。

②趣：同"趋"，去。

【评】

采自柳宗元《始得西山宴游记》。置身于自然山水之间，以幽泉怪石为伴，作者却根本无意于留恋山水景色，他寻访山水的目的，是为了远离现实世界，暂时忘却自己所处的险恶处境。

4.33 闭门阅佛书，开门接佳客，出门寻山水，此人生三乐。

【评】

纷嚣扰攘中，欲念佛书已是不易，开门所迎也未必尽是知心人，名山胜水也已很难寻觅了，人生的乐趣日见其少。我们能做的，也许只能是先守住自己心中的那一方净土，那一片精神家园。

4.34 不作风波于世上，自无冰炭到胸中。

【评】

采自宋邵雍《安乐窝中自贻》诗。欲望太大，利欲熏心，就好像胸中燃烧着熊熊烈火一样。而一旦遭受挫折，却又好像陡然掉入冰窖。其实，热烈如火或寒冷如冰，都是自我作孽自寻烦恼。

4.35 遗子黄金满籯①，不如教子一经。

【注释】

①籯(yíng)：箱笼一类的竹器。

【评】

出自《汉书·韦贤传》。宋张景修亦云："黄金满籯富有余，一经教子金不如。"此乃至论也。

4.36 凡醉各有所宜。醉花宜昼,袭其光也;醉雪宜夜,清其思也;醉得意宜唱,宣其和也;醉将离宜击钵,壮其神也;醉文人宜谨节奏,畏其侮也;醉俊人宜益觥盂加旗帜,助其怒也;醉楼宜暑,资其清也;醉水宜秋,泛其爽也。此皆审其宜,考其景,反此则失饮矣。

【评】

林语堂说:“好饮之人所重者不过情趣而已。”真乃一语中的。文人之钟情于酒,实是陶醉于酒中之趣。如果只会猛灌,体验不到美的境界,只不过一具酒囊而已。中国古诗中酒味如此浓郁,看来不仅因为有陶渊明、李白、杜甫这样的“海量”撑起“市面”,还因为有无数不善饮而爱酒之士在“凑热闹”。

4.37 竹风一阵,飘扬茶灶,疏烟梅月,半湾掩映,书窗残雪。

【评】

采自明屠隆《娑罗馆清言》。描绘品茗中无限意境。

4.38 闲疏滞叶通邻水,拟典荒居作小山①。

【注释】

①典:抵押。

【评】

采自袁宏道《柳浪馆》诗。柳浪馆是辞官归家的袁宏道所居之别墅。后来为了让毕生的诗文著作刊行于世,袁宏道几乎变卖了别墅柳浪馆的全部田地房产。一语成谶乎?

4.39 聪明而修洁,上帝固录清虚;文墨而贪残,冥官不受词赋。

【评】

采自屠隆《娑罗馆清言》。聪明修洁登天府,文墨贪残则连阴曹判官都无法买通。

4.40 破除烦恼,二更山寺木鱼声①;见澈性灵,一点云堂优钵影②。

【注释】

①木鱼:寺庙中和尚敲击的法器,相传鱼的眼睛昼夜睁着,所以用木头刻成鱼的形状借以警醒人们。

②云堂:禅房。优钵:梵语,意译为莲花。莲花相传由火焰化来,

传说佛教中的地藏王菩萨,由于他的心底无限光明与无量的慈悲,经常在地狱中挽救众生。当他走过地狱燃烧的烈火时,每一朵火焰都化成最美丽的红莲花来承受他的双足。

【评】

夜深人静的木鱼声可以警醒人们放弃心灵的纠葛,放弃迷失的自我,充实宽广慈悲的胸怀。欲彻悟生命之真相,须常让心灵之湖宁静,默看莲花绽放。

4.41 兴来醉倒落花前,天地即为衾枕;机息坐忘盘石上①,古今尽属蜉蝣②。

【注释】

①机息:机心止息。

②蜉蝣(fúyóu):一种昆虫。寿命很短,只有几小时。常借以形容人生之短暂。

【评】

抛开了尘心杂念,什么也不想,什么也不做,只感受着大自然的花开花落。"寄蜉蝣于天地,渺沧海之一粟。"所有的得失喜忧又有什么不能遗忘的呢?

4.42 完得心上之本来,方可言了心;尽得世间之常道,才堪论出世。

【评】

执着于物而不得超脱,这便是不解世间常道的缘故。

4.43 雪后寻梅,霜前访菊,雨际护兰,风外听竹;固野客之闲情,实文人之深趣。

【评】

古人将自然万物引为同类,因此与万物的交往便是一件很慎重的事情,必须既得其时,也得其地,这是对自己的尊重,也是对万物的尊重。

4.44 结一草堂,南洞庭月,北峨眉雪,东泰岱松,西潇湘竹;中具晋高僧支法八尺沉香床①。浴罢温泉,投床鼾睡,以此避暑,讵不乐也?

【注释】

①支法:即支提,佛家语,即塔。《法苑珠林》卷十:"有舍利者名

塔，无舍利者名支提。"八尺沉香床:《太上感应篇》有故事称，时江西有个厉辅国，有个八尺长的沉香床，夏季睡卧，清凉无汗气，蝇、蚊子皆不近。

【评】

古人纳凉避暑，尽享天地自然之趣。今日家家空调大开，而门窗紧闭，还能有什么乐趣? 反而新生了所谓空调病。

4.45 人有一字不识，而多诗意;一偈不参，而多禅意;一勺不濡，而多酒意;一石不晓，而多画意。淡宕故也。

【评】

诗意并不在字，禅意并不在偈，酒趣并不在酒，画意并不在石，在于每个人的心中。作家冯骥才说"人为了看见自己的内心才画画"。太多的理性，太多的用心，束缚了人性真情的流露，恬淡闲适，无为而为，本身却是满怀意趣!

4.46 以看世人青白眼转而看书，则圣贤之真见识;以议论人雌黄口转而论史，则左、狐之真是非[1]。

【注释】

①左、狐:即指左丘明、董狐，皆为春秋时著名史官。

【评】

倘能以阮籍之青白眼，见书之妙处便为青眼，见其恶处便为白眼，岂不妙哉! 那是真真有见识了。

4.47 必出世者，方能入世，不则世缘易堕;必入世者，方能出世，不则空趣难持。

【评】

佛曰:出世、入世，都是修行的必须。出世法不是脱离世间之法，入世法亦不是俗人所为。修行之人，不应放弃任何一件小事，任何一颗心，要让世间万物同存于怀。

4.48 调性之法，急则佩韦，缓则佩弦[1];谐情之法，水则从舟，陆则从车。

【注释】

①韦:柔软的熟牛皮。弦:弓弦，有刚急之意。《韩非子·观行》篇:"西门豹之性急，故佩韦以自缓;董安於之性缓，故佩弦以自急。"

【评】

调性当以平衡之法,谐情则应顺其自然。行到水穷处,坐看云起时,便可以有美妙之情趣。

4.49 才人之行多放,当以正敛之;正人之行多板,当以趣通之。

【评】

今日选拔人才,求德才兼备,其实中国传统式的理解及之人性人心,也许更为透辟。"以正敛放,以趣通板",或可更好地发挥人才之潜能,也可使天才、怪才、平常之才,都能熔于一炉。

4.50 人有不及,可以情恕;非义相干,可以理遣。佩此两言,足以游世。

【评】

人有做不到或不足之处,可以从情理上原谅他;如果是不义地加以冒犯,理智地处理就可以了。铭记此两言,可以使我与世人相处很好,也使世人与我相处很好。

4.51 郊居,诛茅结屋①,云霞栖梁栋之间,竹树在汀洲之外;与二三之同调,望衡对宇②,联接巷陌;风天雪夜,买酒相呼;此时觉曲生气味③,十倍市饮。

【注释】

①诛茅:芟除茅草。

②衡:用横木做门,引申为门。宇:屋檐下,引申为屋。形容门庭相对,住处接近。北魏郦道元《水经注·沔水》:"司马德操宅洲之阳,望衡对宇,欢情自接。"

③曲生:酒的别称。唐郑棨《开天传信记》:"坐客醉而揖其瓶曰:'曲生风味,不可忘也。'"

【评】

风天雪夜,呼邻唤友,款款对酌,驱寒解闷,难忘曲生风味,更难忘温暖之友情真醇如酒。此中风味,自非市饮所能比。

4.52 万事皆易满足,惟读书终身无尽;人何不以不知足一念加之书。又云:读书如服药,药多力自行。

人生当知足常乐,读书则当知不足然后常乐。书犹药也,善读之可以医愚。不过,药有假药,书有恶书,又当慎而又慎。

4.53 从江干溪畔,箕踞石上,听水声浩浩潺潺,粼粼泠泠,恰似一部天然之乐韵,疑有湘灵在水中鼓瑟也①。

【注释】

①湘灵:传说中的湘水之神。《楚辞·远游》:"使湘灵鼓瑟兮,令海若舞冯夷。"

【评】

谁才懂得聆听湘水神灵的鼓瑟之声? 大概只有那些驻足溪岸的有心之人吧。人心若耽于尘事杂务,自然无法听出大自然之天然神韵。惟有将心归于自然,内心宁静到极致的人,才能充分享受到天地自然间的无穷快乐。

4.54 鸿中叠石,未论高下,但有木阴水气,便自超绝。

【评】

未论高下,便自超绝,皆因树阴水气赋予之灵气。

4.55 段由夫携瑟就松风涧响之间①,曰三者皆自然之声,正合类聚。

【注释】

①段由夫:魏晋著名琴人。

【评】

出自唐冯贽《云仙杂记》。琴瑟、松风和涧水,三者都是自然之声,合奏一曲天地交响曲,正符合物以类聚的原理。

4.56 高卧闲窗,绿阴清昼,天地何其寥廓也。

【评】

鸟声啼足忽飞去,门掩绿阴清昼闲,心也寥廓,天地亦寥廓。

4.57 少学琴书,偶爱清净,开卷有得,便欣然忘食;见树木交映,时鸟变声,亦复欢然有喜。常言:五六月,卧北窗下,遇凉风暂至,自谓羲皇上人①。

【注释】

①羲皇上人:伏羲氏以前之人,指远古真淳之人。

【评】

采自陶渊明《与子俨等疏》。自叙平生之文,此段令人向往。方宗诚《陶诗真诠》曰:"'开卷有得'二句,与古为徒也。'见树木交映,时鸟变声,亦复欢然有喜',与天为徒也。'自谓羲皇上人',渊明平生自期待者如此。"

4.58 空山听雨,是人生如意事。听雨必于空山破寺中,寒雨围炉,可以烧败叶,烹鲜笋。

【评】

几多往事,深埋记忆中,偶然触动,即如抽丝剥茧,一段细而且长的旧事便慢慢清晰。空山听雨,最是难耐时,虽然不一定要和这氛围相谐调,跟人生如意事更不着边。

4.59 鸟啼花落,欣然有会于心。遣小奴,挈罂樽①,酤白酒,釂一梨花瓷盏②;急取诗卷,快读一过以咽之,萧然不知其在尘埃间也。

【注释】

①罂(yīng)樽:罂木制的杯子。

②釂(jiào):喝尽。

【评】

所谓美酒一饮题花落,清爽快意在天堂。虽然天堂并非人人可求,但是,把自己的心权且寄存于天堂之中,何尝不是一件乐事?

4.60 闭门即是深山,读书随处净土。

【评】

陶渊明诗曰:"问君何能尔?心远地自偏。"

4.61 千岩竞秀,万壑争流,草木蒙笼其上,若云兴霞蔚。

【评】

采自《世说新语·言语》顾恺之语。形容会稽山川之美如此。

4.62 从山阴道上行,山川自相映发,使人应接不暇;若秋冬之际,犹难为怀。

采自《世说新语·言语》王献之语。亦写会稽一带风光。虽是只言片语，却很美，很自然，境界也高，这是魏晋名士在秀美山川前的观赏感悟。

4.63 欲见圣人气象，须于自己胸中洁净时观之。

【评】

孟子说："人皆可以为尧舜。"释迦牟尼则说每一个人都有佛性，都可以成佛。可见所谓圣人气象，其实即存在于你我胸中。

4.64 箕踞于斑竹林中，徙倚于青矶石上；所有道笈梵书，或校雠四五字，或参讽一两章。茶不甚精，壶亦不燥，香不甚良，灰亦不死；短琴无曲而有弦，长讴无腔而有音。激气发于林樾①，好风逆之水涯，若非羲皇以上，定亦嵇、阮之间②。

【注释】

①林樾(yuè)：林木，林间隙地。

②嵇、阮之间：嵇康、阮籍生活的年代。

【评】

仅求四五字，只需一两章，率性随意，便是名士的雅致，名士的品味，名士的情调。

4.65 闻人善则疑之，闻人恶则信之，此满腔杀机也。

【评】

清代郑板桥说："以人为可爱，而我亦可爱矣；以人为可恶，而我亦可恶矣。东坡一生觉得世上没有不好的人，最是他的好处。"

4.66 士君子尽心利济①，使海内少他不得，则天亦自然少他不得，即此便是立命。

【注释】

①利济：利物济人。

【评】

《中庸》说："成己仁也，成物智也。"己之仁不可以徒成，必须成全他人，利济众物而后己之仁可成。虽伊尹匹夫之贱，犹曰匹夫匹妇有不被尧舜之泽，若己推而纳诸沟中。

4.67 读书不独变气质，且能养精神，盖理义收缉故也。

【评】

读书之过程，即是精神生长之过程。

4.68 园亭若无一段山林景况，只以壮丽相炫，便觉俗气扑人。

【评】

穿池种树，少寄清赏，招集文士，尽游玩之适，是为园林之趣。

4.69 清之品有五：睹标致，发厌俗之心，见精洁，动出尘之想，名曰清兴；知蓄书史，能亲笔砚，布景物有趣，种花木有方，名曰清致；纸裹中窥钱，瓦瓶中藏粟，困顿于荒野，摈弃乎血属①，名曰清苦；指幽僻之耽，夸以为高，好言动之异，标以为放，名曰清狂；博极今古，适情泉石，文韵带烟霞，行事绝尘俗，名曰清奇。

【注释】

①血属：有血缘关系的亲属。

【评】

兴、致、苦、狂、奇，着一"清"字，便觉味隽神清。清，无秾艳之色，无馥郁之香，却宜于静心涤俗。

4.70 对棋不若观棋，观棋不若弹瑟，弹瑟不若听琴。古云："但识琴中趣，何劳弦上音①。"斯言信然。

【注释】

①"但识"二句：《晋书·陶潜传》："性不解音，而蓄无弦琴一张，弦徽不具，每朋酒之会，则抚而和之，曰：'但识琴中趣，何劳弦上声。'"

【评】

举步维艰皆是棋盘人生。汲汲于功名，何若山间明月奏一曲流水高山？

4.71 弈秋往矣①，伯牙往矣，千百世之下，止存遗谱，似不能尽有益于人。唯诗文字画，足为传世之珍，垂名不朽。总之身后名，不若生前酒耳②。

①弈秋：《孟子·告子上》："弈秋，通国之善弈者也。"

②"总之"二句：《晋书·张翰传》载，张翰常纵酒豪饮、以醉态傲世，曾曰："使我有身后名，不如即时一杯酒。"

【评】

琴棋诗画，本不求有益于人，更无关乎功名。不然，或许还真不如即时一杯酒来得任性率真。

4.72 君子虽不过信人，君子断不过疑人。

【评】

君子不会过分听信别人，但也决不会过分怀疑别人。信古、疑古，都不为智者所取。

4.73 人只把不如我者较量，则自知足。

【评】

"比下有余"未必就是消极的不思进取，或许正是在人处于失意之时，对自身的一次重新定位吧。

4.74 折胶铄石①，虽累变于岁时；热恼清凉，原只在于心境。所以佛国都无寒暑，仙都长似三春。

【注释】

①折胶：极言天气寒冷。铄石：天气酷热。苏轼《磨衲赞》："折胶堕指，此衲不寒；铄石流金，此衲不热。"

【评】

佛国仙都只在心间，心在佛国仙都则自然无寒暑烦恼。

4.75 鸟栖高枝，弹射难加；鱼潜深渊，网钓不及；士隐岩穴，祸患焉至。

【评】

就算归隐，也有"大隐隐于市"，并非只有深山岩穴才能修成正果。不为外部环境所主宰，才是心之根本。

4.76 于射而得揖让①，于棋而得征诛②；于忙而得伊、周③，于闲而得巢、许④；于醉而得瞿昙⑤，于病而得老庄，于饮食衣服、出作入息，而得孔子。

【注释】

①射:射礼,古代的一种礼仪。

②征诛:讨伐。《荀子·乐论》:"故乐者,出所以征诛也,入所以揖让也。"

③伊、周:伊尹、周公。分别辅佐商汤、周成王。

④巢、许:巢父、许由。上古隐士,尧禅位而不受。

⑤瞿昙:释迦牟尼的姓。一译乔答摩。亦作佛的代称。

【评】

宋王安石《上仁宗皇帝言事书》:"先王岂以射为可以习揖让之仪而已乎?固以为射者武事之尤大,而威天下、守国家之具也。居则以是习礼乐,出则以是从战伐。"射礼不是只为揖让,棋艺又何止限于游戏?

4.77 前人云:"昼短苦夜长,何不秉烛游^①?"不当草草看过。

【注释】

①"昼短"二句:诗见《古诗十九首》。

【评】

两句诗,草草看,人人都能想到的极平常的话,细细品却是人生最深切的经验感觉,有动魄惊心、力透纸背之效。

4.78 优人代古人语^①,代古人笑,代古人愤,今文人为文似之。优人登台肖古人,下台还优人,今文人为文又似之。假令古人见今文人,当何如愤,何如笑,何如语?

【注释】

①优人:以乐舞、戏谑、曲艺为业的人。

【评】

登台之优人,书中之文人,都是借他人之遭际泻胸中之郁愤。假令古人见今文人,也要同病相怜掬一把同情泪。而今人亦会成为古人,对后人又该是笑还是愤?

4.79 简傲不可谓高,谄谀不可谓谦,刻薄不可谓严明,阘茸不可谓宽大^①。

【注释】

①阘(tà)茸:庸碌低劣。

【评】

待人傲慢不是高雅,阿谀奉承不是谦虚,待人苛刻不是严明,人格卑贱不是心胸宽大。万事往往就在一念之别,稍稍偏倚,境界便大不一样。

4.80 作诗能把眼前光景,胸中情趣,一笔写出,便是作手,不必说唐说宋。

【评】

一笔写出,便是连身边事、眼前景也似懒得拣择,只是信手拈来。

4.81 少年休笑老年颠,及到老时颠一般。只怕不到颠时老,老年何暇笑少年。

【评】

少年贵有老成识,老年须有少年怀。

4.82 打透生死关,生来也罢,死来也罢;参破名利场,得了也好,失了也好。

【评】

人类如何正确对待生与死? 庄子认为,死和生不可避免,就像昼夜交替永恒如此,完全出于自然。他说,大自然用了一个肉躯装载我,用生存让我劳苦倦怠,用衰老让我得到安逸,用死亡让我得到静静的休息。所以,把我的生命看作乐事,正是把死亡看作乐事的原因所在。这大概就是大彻大悟吧。

4.83 混迹尘中,高视物外;陶情杯酒,寄兴篇咏;藏名一时,尚友千古。

【评】

高妙的精神风景,并非不可企及,只是它装在了你内心的瓶子里,谁又能代庖呢? 无论一时或千古,总以此心无碍,不受束缚为要。

4.84 痴矣狂客,酷好宾朋;贤哉细君①,无违夫子。醉人盈座,簪裾半尽;酒家食客满堂,瓶瓮不离米肆。灯烛荧荧,且耽夜酌;爨烟寂寂②,安问晨炊。生来不解攒眉③,老去弥堪鼓腹④。

【注释】

①细君:古代称诸侯之妻,后泛指妻子。

②爨(cuàn):烧火做饭。

③不解攒眉:不懂得愁之滋味。

④鼓腹:鼓起肚子,谓饱食。

【评】

说是狂客,其实并非真狂徒。真真假假,从来如此。

4.85 皮囊速坏①,神识常存,杀万命以养皮囊,罪卒归于神识。佛性无边,经书有限,穷万卷以求佛性,得不属于经书。

【注释】

①皮囊:佛家指人的身体。

【评】

研读佛经,乃是要通过文字,去证取清净的佛性。可文字只是指引我们认证实相的所指,而非实相的本体。换言之,善于透过表象获取事物的实质最为重要。

4.86 人胜我无害,彼无蓄怨之心;我胜人非福,恐有不测之祸。

【评】

要消除这份担忧,就要保持低调做人。如此,即使被别人战胜也不会灰心气馁,可以更多地获得一份人生的体验。

4.87 书屋前,列曲槛栽花,凿方池浸月,引活水养鱼;小窗下,焚清香读书,设净几鼓琴,卷疏帘看鹤,登高楼饮酒。

【评】

古人读书是清雅事,也是奢侈事。

4.88 人人爱睡,知其味者甚鲜;睡则双眼一合,百事俱忘,肢体皆适,尘劳尽消,即黄粱南柯,特余事已耳。静修诗云①:"书外论交睡最贤。"旨哉言也②。

【注释】

①静修:元代思想家刘因,字梦吉,号静修。

②旨哉:妙哉。

【评】

宋陈希夷有《励睡诗》祝福好人好梦:"常人无所重,惟睡乃为重。举世皆为息,魂离神不动。觉来无所知,贪求心愈浓。堪笑尘中人,不知梦是梦。至人本无梦,其梦本游仙。真人本无睡,睡则浮云烟。炉里近为药,壶中别有天。欲知睡梦里,人间第一玄。"现代人睡觉却成了一个大问题,所以还要所谓的"睡眠日"。

4.89 倚势而凌人者,势败而人凌;恃财而侮人者,财散而人侮。此循环之道。

【评】

所以"势不可用尽",因果总有报应。

4.90 我争者,人必争,虽极力争之,未必得;我让者,人必让,虽极力让之,未必失。

【评】

古人强调"温良恭俭让",今天信奉的是"赢者通吃",连公共汽车上的一个座位都未必愿意让,遑论其他?

4.91 贫不能享客,而好结客;老不能徇世①,而好维世;穷不能买书,而好读奇书。

【注释】

①徇世:随顺世俗。

【评】

坐拥家园一片静,懂得以大观眼看待人生拂逆种种,恁他世情乍寒乍晴,无非松风水月,这是尝遍人情冷暖后的感悟吧。

4.92 沧海日,赤城霞,峨眉雪,巫峡云,洞庭月,潇湘雨,彭蠡烟,广陵涛,庐山瀑布,合宇宙奇观,绘吾斋壁;少陵诗,摩诘画,左传文,马迁史,薛涛笺,右军帖,南华经①,相如赋,屈子离骚,收古今绝艺,置我山窗。

【注释】

①南华经:即《庄子》。

【评】

若万物灵秀绘我墙壁,风生水起,可以伫想可以卧游;纸墨绝品堆我窗下,有古人为友,可以赋归去来兮。

4.93 偶饭淮阴①,定万古英雄之眼;醉题便殿②,生千秋风雅之光。

【注释】

①偶饭淮阴：韩信受食于漂母的故事。事见《史记·淮阴侯列传》。

②醉题便殿：《开元天宝遗事》载，李白于便殿为明皇撰诏书，时十月大寒，笔冻不能书。帝敕宫嫔十人侍于李白左右，令各为之呵笔。

【评】

一饭之恩，诚为佳话；然而得享李白之隆恩厚遇者，文人可有第二？

4.94 清闲无事，坐卧随心，虽粗衣淡食，自有一段真趣；纷扰不宁，忧患缠身，虽锦衣厚味，只觉万状愁苦。

【评】

两种生活两般心境。穷也能穷开心，关键在于心境。人拥有的东西太多，反而时时为物所牵绊。不求拥有但求享有，才是生活最高的境界。

4.95 我如为善，虽一介寒士，有人服其德；我如为恶，虽位极人臣，有人议其过。

【评】

公道自在人心。

4.96 读理义书，学法帖字；澄心静坐，益友清谈；小酌半醺，浇花种竹；听琴玩鹤，焚香煮茶；泛舟观山，寓意弈棋。虽有他乐，吾不易矣。

【评】

采自宋倪思《齐斋十乐》。倘若今天做一个测试调查，"读理义书"还会被列为养生之首吗？

4.97 成名每在穷苦日，败事多因得志时。

【评】

不在穷苦中倒下，便在穷苦中爆发，矢志一心，往往便能发挥无穷的潜能，成功也便理所当然。可人一旦成功，拥有金钱地位名利后，便往往要无谓地消耗精力与时间，才华慢慢在俗务中消蚀，可不就种下了失败之祸根？

4.98 宠辱不惊，肝木自宁；动静以敬，心火自定；饮食有节,脾土不泄;调息寡言,肺金自全;怡神寡欲,肾水自足。①

【注释】

①古人以五行金、木、水、火、土分别对应人体五脏之肺、肝、肾、心、脾。

【评】

调养五脏,根本在调养性情。

4.99 让利精于取利,逃名巧于邀名。

【评】

人不可能不求名利。能做到君子爱财取之有道、不为名利所役困就好。

4.100 彩笔描空,笔不落色,而空亦不受染;利刀割水,刀不损锷,而水亦不留痕。

【评】

得此意以操身涉世,感与应俱适,心与境两忘。悟此道,亦足以了生死、出轮回。

4.101 唾面自干①,娄师德不失为雅量;睚眦必报,郭象玄未免为祸胎②。

【注释】

①唾面自干:形容遇到侮辱,极度忍耐。《新唐书·娄师德传》:"其弟守代州,辞之官,教之耐事。弟曰:'有人唾面,洁之乃已。'师德曰:'未也,洁之,是违其怒,正使自干耳。'"

②郭象玄:即郭汜,汉末董卓部将,字象玄。《后汉书·赵典传》:"今与郭汜争睚眦之隙,以成千钧之雠。"

【评】

最可怕的是刻薄,可生活偏偏不缺少苛求与苛刻。俄国作家托尔斯泰曾经说过:"幸福不表现为造成别人的哪怕是极小的一点痛苦,而表现为促成别人的快乐和幸福。"说的就是做人要厚道,厚道是福。

4.102 事业文章,随身销毁,而精神万古如新;功名富贵,逐世转移,而气节千载一日。

【评】

然精神常向事业文章中求,气节总在功名富贵中显。

4.103 读书到快目处,起一切沉沦之色;说话到洞心处,破一切暧昧之私。

【评】

读书读到兴味盎然处,就能一扫满脸消沉之色;说话到了无话不谈的地步,也就能打破一切内心深处的暧昧私念。可人人自危之世,要让人相信一句真话,往往比说真话还难。

4.104 谐臣媚子①,极天下聪颖之人;秉正嫉邪,作世间忠直之气。

【注释】

①谐臣媚子:指曲意献谀献媚之人。

【评】

小人极尽天下聪颖乖巧之能事,故人常言,小人万不可得罪。然而不能嫉恶如仇,坚持正义,又如何养成人世间忠正耿直的风气?

4.105 隐逸林中无荣辱,道义路上无炎凉。

【评】

隐居山林,无有荣辱;固守道义,岂有炎凉?

4.106 闻谤而怒者,谗之囮①;见誉而喜者,佞之媒。

【注释】

①囮(é):媒鸟,捕鸟时用于引诱鸟的鸟。

【评】

王安石说:"人言不足恤。"对待谗佞之言,无言是最好的轻蔑。

4.107 摊烛作画,正如隔帘看月,隔水看花,意在远近之间,亦文章法也。

【评】

采自明董其昌《画禅室随笔》。北宋画家郭熙也曾说:"山欲高。尽出之,则不高;烟霞锁其腰,则高矣。水欲远。尽出之,则不远;掩映断其脉,则远矣。"景物当前,薄障间之,若即而离,似近而远,每增佳趣。

4.108 读一篇轩快之书,宛见山青水白;听几句伶俐之语,如看岳立川行。

【评】

古有头悬梁、锥刺股、囊萤映雪、凿壁偷光,惟见读书之苦。今之人缺啥读啥,读啥用啥,囫囵吞枣,亦常觉无所适从。如何才能走过读的艰苦,体味到山青水白的书中之趣?

4.109 读书如竹外溪流,洒然而往;咏诗如苹末风起,勃焉而扬。

【评】

想想那竹外之溪流,凉风生苹末,便不禁两颊生香。

4.110 取凉于箑①,不若清风之徐来;激水于槔②,不若甘雨之时降。

【注释】

①箑(shà):扇子。

②槔(gāo):古代井上汲水的一种工具。

【评】

用扇子扇凉,何如清风徐徐而吹。而东坡形容花蕊夫人,则直言"冰肌玉骨,自清凉无汗",竟是连清风也已不济了。

4.111 有快捷之才,而无所建用,势必乘愤激之处,一逞雄风;有纵横之论,而无所发明,势必乘簧鼓之场①,一恣余力。

【注释】

①簧鼓:指以动听的言语惑人。

【评】

才不能用,则有火山喷发、洪水决堤之虞,恐不择地而出,不择地而流。

4.112 月榭凭栏,飞凌缥缈;云房启户,坐看氤氲①。

【注释】

①氤氲(yīnyūn):烟气、烟云弥漫的样子。

【评】

月光下倚栏而眺,心早已飞升于缥缈虚空之境。在高入云霄的居室中推开门户,坐看云聚云散,荡胸生层云。求的便是这样一份心境。

4.113 李纳性辨急①,酷尚弈棋,每下子,安详极于宽缓。

有时躁怒,家人辈密以棋具陈于前,纳睹便欣然改容,取子布算,都忘其恚^②。

【注释】

①李纳:唐人,以性急而称。事见《新唐书·兵志》等。

②恚(huì):怒。

【评】

古人制怒,有"佩韦以缓气"者,如春秋时西门豹;有写字以息怒者,如唐代张说;而李纳,则以下棋而忘其恚。

4.114 竹里登楼,远窥韵士,聆其谈名理于坐上,而人我之相可忘;花间扫石,时候棋师,观其应危劫于枰间^①,而胜负之机早决。

【注释】

①枰(píng):棋盘。

【评】

高人韵士,云深不知处,而天下事皆了然于心,这是一种超逸的风度。古人下围棋,也完全是一种优雅、从容、淡定的风范,是一种很高层次的修养。据研究,后来演变为竞技,主要是几百年前,在日本幕府时代有四大家族相互竞争。

4.115 六经为庖厨,百家为异馔;三坟为瑚琏^①,诸子为鼓吹;自奉得无大奢,请客未必能享。

【注释】

①三坟:传说中的上古书籍,三皇之书。瑚琏:皆宗庙礼器。

【评】

自己享用未免太过奢侈,而以此待客,客人也未必能享受得了。革命不是请客吃饭,读书也不是请客吃饭。

4.116 说得一句好言,此怀庶几才好;揽了一分闲事,此身永不得闲。

【评】

一句玩笑一句好言,常常可以化解一场误会。一句闲言一件小事,有时却惹来终生的遗憾。

4.117 古人特爱松风,庭院皆植松,每闻其响,欣然往其下,曰:"此可浣尽十年尘胃。"

【评】

竹、松都是古代士人喜爱之物,往往植于庭院,把园林的一角捏塑出禅的风格。其实,今人也未必不爱。

4.118 凡名易居,只有清名难居;凡福易享,只有清福难享。

【评】

洪福易得,清福难享。有格言说:"发上等愿,结中等缘,享下等福;择高处立,就平处坐,向宽处行。"

4.119 贺兰山外虚兮怨,无定河边破镜愁①。

【注释】

①无定河:一说在陕西北部,此喻指边疆沙场。唐陈陶《陇西行》:"可怜无定河边骨,犹是春闺梦里人。"

【评】

征人思妇之怨,绵延无尽于千年文学之中,只要战争不灭,此怨便难消。从心理上说,一个人在想念对方时,总会认为对方也在想念自己,可是征人之思,恐怕连这一点心愿都是奢望。

4.120 有书癖而无剪裁,徒号书厨;惟名饮而少蕴藉,终非名饮。

【评】

《红楼梦》里妙玉论品茶:"一杯为品,二杯即是解渴的蠢物,三杯便是饮牛饮骡了。"读书亦是如此,一味贪多便堕于"饮牛饮骡"。

4.121 飞泉数点雨非雨,空翠几重山又山。

【评】

飞瀑之下看雨雾氤氲,日照西山望翠色绵延,不妨放下尘念,闲云野鹤般,也过几天神仙的日子。

4.122 夜者日之余,雨者月之余,冬者岁之余。当此三余①,人事稍疏,正可一意问学。

【注释】

①三余:泛指空闲时间。《三国志·魏书·王肃传》中裴松之注

引三国魏鱼豢《魏略》:"遇言:'(读书)当以三余。'或问三余之意。遇言'冬者岁之余,夜者日之余,阴雨者时之余也'。"

【评】

鲁迅先生说:"世上哪有什么天才,我是把别人喝奶的时间挤出来工作的。"看似闲暇的时光,好好利用起来,便可以做成有意义的事情。

4.123 树影横床,诗思平凌枕上;云华满纸,字意隐跃行间。

【评】

树影横床,令人诗兴大发,满纸都是精妙的奇文,诗情画意充溢于字里行间。诗心、人心,兴味盎然如此。

4.124 耳目宽则天地窄①,争务短则日月长②。

【注释】

①耳目宽:耳目之欲太多。

②争务短:少一点争名夺利。

【评】

眼不见为净。斤斤计较于纷纭世事,无异于自己把自己逼到狭窄的小天地里。看看那些盲者和聋者,摒弃了杂念,反而更容易接近那无声之声,无色之色。

4.125 秋老洞庭,霜清彭泽。

【评】

采自明蒋一葵《尧山堂偶隽》。有客赋"黄"曰:"灵均(屈原)之叹木叶,秋老洞庭;渊明之啜落英,霜清彭泽。"萧瑟秋天之景象。

4.126 听静夜之钟声,唤醒梦中之梦;观澄潭之月影,窥见身外之身。

【评】

李白说:"光阴者,百代之过客,而浮生若梦为欢几何?"静夜悟道,月潭观影,悠扬的钟声会让人豁然了悟。一切悲欢离合,恰如梦中之梦,又何必苦苦执着?

4.127 事有急之不白者①,宽之或自明,毋躁急以速其忿;人有操之不从者,纵之或自化,毋操切以益其顽。

【注释】

①急之不白：因为急躁而一时不明白。

【评】

　　一时化解不了的误会，时间便是最好的消解方式。时过境迁，很多心结就自然解开了。就像春天来了，再坚硬的冰也会融化。

　　4.128 士君子贫不能济物者①，遇人痴迷处，出一言提醒之；遇人急难处，出一言解救之，亦是无量功德。

【注释】

①济物：给别人物质上的接济。

【评】

　　荀子说，君子一定要善于言谈。一句话，可退三军；一句话，可抵九鼎；一句话，可救人命。只要心存济人之善心，一个眼神一个微笑也可给人以力量。

　　4.129 处父兄骨肉之变，宜从容，不宜激烈；遇朋友交游之失，宜剀切①，不宜优游②。

【注释】

①剀(kǎi)切：切实，恳切。

②优游：犹豫不决。

【评】

　　人，贵有情感，然情感亦常常误人。处家族之变，若因情感之痛而感情用事，只会把事情变得更坏。见朋友之失，若因情感之亲而模棱两可，只会令其迷途而不知返。所以，要善于用理智以节制之。

　　4.130 问祖宗之德泽，吾身所享者，是当念其积累之难；问子孙之福祉，吾身所贻者，是要思其倾覆之易。

【评】

　　自己的路终是要自己走，自己的福终是要自己去争得。

　　4.131 韶光去矣，叹眼前岁月无多，可惜年华如疾马；长啸归与①，知身外功名是假，好将姓字任呼牛②。

【注释】

①归与：归去。与，助词。《史记·孔子世家》："是日，孔子有归与之叹。"

与之叹。"

②

②呼牛：喻指毁誉由人，顺任自然。《庄子·天道》："昔者子呼我
　　牛也而谓之牛；呼我马也而谓之马。"

【评】

　　光阴易逝，年华无多，该继续为功名而努力，还是趁早归去来兮，那就
要看各人的选择了。

　　4.132　苦恼世上，度不尽许多痴迷汉，人对之肠热，我对之
心冷；嗜欲场中，唤不醒许多伶俐人，人对之心冷，我对之肠热。

【评】

　　对人们痴迷的尘世功名，我冷眼观之；对千千万万唤不醒的欲望中
人，我则深深地怜惜——菩萨心肠也。

　　4.133　自古及今，山之胜多妙于天成，每坏于人造。

【评】

　　古迹按其历史可靠性可以分为三种：一种是真古迹，一种是翻修或重
建的古迹，一种是纯粹的假古迹。所谓假古迹，就是现在动手"为将来制
造古董"。这种现象，古已如此，于今为烈。眼下各地争相造"神像"、扩
"宗祠"、搞公祭，后人透过这些"复古产品"所能体验到的，想必不过是一
种浮躁的时代精神。

　　4.134　画家之妙，皆在运笔之先，运思之际；一经点染便减
机神。

【评】

　　画家画的是"意"，色彩和形相乃是他达"意"的工具。倘若不能在运
笔之先将感觉和心灵提升、纯化至某一境界，守神专一，又怎么能得其神
韵呢？

　　4.135　长于笔者，文章即如言语；长于舌者，言语即成文
章。昔人谓"丹青乃无言之诗，诗句乃有言之画"；余则欲丹青
似诗，诗句无言，方许各臻妙境。

【评】

　　古人说：绘画是无言之诗，诗句乃有言之画，我则主张绘画要像有言
的诗句，可以尽情倾诉，而诗句要像无言的绘画，所谓意境无言。总之，艺
术有通感，诗画本无分别，独辟蹊径，各臻妙境。

4.136 舞蝶游蜂,忙中之闲,闲中之忙;落花飞絮,景中之情,情中之景。

【评】

蜂蝶是在翩翩起舞?还是在劳飞忙碌?花落絮飞,是景中情还是情中景?谁能说得清,又何必去说清。人又何尝不是需要在忙、闲之间游刃有余?忙中偷闲,闲而亦忙。

4.137 五夜鸡鸣①,唤起窗前明月;一觉睡起,看破梦里当年。

【注释】

①五夜:即五更。《汉旧仪》有甲、乙、丙、丁、戊五夜的说法。

【评】

一夜梦中,多少欢乐多少伤忧,都被一声鸡鸣啼破。一生爱恨情仇,到头来,不也恍然如梦?只是红尘能否看破,一如睡梦惊觉般大彻大悟呢?

4.138 想到非非想①,茫然天际白云;明至无无明②,浑矣台中明月。

【注释】

①非非想:佛教语。即三界中无色界第四天"非想非非想处天"的略语。此天没有欲望与物质,仅有微妙的思想。

②无无明:佛教语。指无有生死之妄识,无起无尽。

【评】

心无欲望,无生死,无起止,浑茫如明月白云,几可悟佛得道。

4.139 逃暑深林,南风逗树;脱帽露顶,沉李浮瓜①;火宅炎宫②,莲花忽迸③;较之陶潜卧北窗下,自称羲皇上人,此乐过半矣。

【注释】

①沉李浮瓜:用冷水冰凉瓜果,食以消暑。曹丕《与吴质书》:"浮甘瓜于清泉,沉朱李于寒水。"

②火宅炎宫:佛教指人为情爱等烦恼事所纠缠。

③莲花:喻佛境。

【评】

有沉李浮瓜之朵颐,有莲花忽迸之欢欣,逃暑深林,体凉心清,逍遥不

可名状。今人于何处得此之乐?

4.140 霜飞空而浸雾,雁照月而猜弦①。

【注释】

①猜弦:见弯月而疑似弓弦,喻惊起貌。

【评】

采自隋江总《山水纳袍赋》。霜雾迷蒙,月照雁惊,写皇储赐袍裁缝图案之生动绚丽。

4.141 既绵华而稠彩,亦密照而疏明。若春隰之扬花①,似秋汉之含星②。

【注释】

①隰(xí):低湿的地方。

②汉:天上的银河。

【评】

采自南朝梁张率《绣赋》。极力赞美刺绣艺术的高超和所表现的丰富内容。

4.142 景澄则岩岫开镜①,风生则芳树流芬。

【注释】

①景澄:风景清明。岩岫:山洞,峰峦。

【评】

采自南朝宋支昙谛《庐山赋》。景色澄明,树木流香,写庐山景色之秀美。

4.143 类君子之有道,入暗室而不欺;同至人之无迹,怀明义以应时。

【评】

采自唐骆宾王《萤火赋》。为骆宾王狱中所作。秋夜透寒,流萤点点,借比兴以抒怀,婉转附物,惆怅切情。

4.144 一翻一覆兮如掌,一死一生兮如轮。

【评】

一死一生兮如轮,容易接受。一翻一覆兮如掌,却无论如何也让人难以容忍释怀。"一沉一浮会有时,弃我翻然如脱履。"世态炎凉从来如此。

卷五　素

　　袁石公云[①]:"长安风雪夜,古庙冷铺中,乞儿丐僧,齁齁如雷吼[②];而白髭老贵人,拥锦下帷,求一合眼不得。"呜呼!松间明月,槛外青山,未尝拒人,而人自拒者何哉?集素第五。

【注释】

①袁石公:袁宏道,字中郎,号石公,湖北公安人,晚明文学家、思想家,倡"性灵说"。

②齁齁(hōu):打鼾声。

【评】

　　风雪夜,古庙铺,讨饭的乞丐与僧侣,依然可以呼呼大睡。而一个达官贵人,盖着华丽的锦被,却常常长夜难眠。穷人和富人,卑贱者和高贵者,谁拥有真正的幸福呢? 营营役役,功名富贵,为的是什么? 明月青山长在,又有多少人愿意为之而驻足停留? 能不能在简单纯朴的生活中求得精神的安宁与幸福呢? 这正是编此卷的意旨所在。

5.1 田园有真乐,不潇洒终为忙人;诵读有真趣,不玩味终为鄙夫;山水有真赏,不领会终为漫游;吟咏有真得,不解脱终为套语。

【评】

不能摆脱尘世杂念,认真地去领会玩味自然,就不可能得田园山水之真意,不可能获得独特的心灵体悟。活得轻松,才能悟得透彻,对"人在职场,身不由己"的现代人,也是一种善意的提示。

5.2 居处寄吾生,但得其地,不在高广;衣服被吾体,但顺其时,不在纨绮①;饮食充吾腹,但适其可,不在膏粱;宴乐修吾好,但致其诚,不在浮靡。

【注释】

①纨绮(qǐ):精美的丝织品。

【评】

生活拮据、寒酸绝非吾之所愿,但过于追求物质的享受,却往往成为罪恶之根源。

5.3 琴觞自对,鹿豕为群;任彼世态之炎凉,从他人情之反复。

【评】

可以委形于天地,与麋鹿猪狗在一起,但人之有壮志,胸中须存超然物外之趣致,又岂能与草木而同朽?"人生则有四方之志,岂鹿豕也哉常聚乎!"

5.4 家居苦事物之扰,惟田舍园亭,别是一番活计;焚香煮茗,把酒吟诗,不许胸中生冰炭。客寓多风雨之怀,独禅林道院,转添几种生机;染翰挥毫,翻经问偈,肯教眼底逐风尘。

【评】

事物之扰,风雨之怀,令人心生烦乱,迷了本性。若能偶尔于田舍园亭中煮茗高坐,禅林道院中翻经问偈,超然于风尘之外,自是别有一番情致。

5.5 茅斋独坐茶频煮,七碗后①,气爽神清;竹榻斜眠书漫抛,一枕余,心闲梦稳。

【注释】

①七碗:唐卢仝《走笔谢孟谏议寄新茶》:"一碗喉吻润,两碗破孤

闷。三碗搜枯肠，唯有文字五千卷。四碗发轻汗，平生不平事。尽向毛孔散，五碗肌骨清，六碗通仙灵，七碗吃不得也。唯觉两腋习习清风生。"

【评】

茶喝足了，书读倦了，不妨随手将书卷漫抛一旁，于竹榻之上悠闲地进入梦乡，心也悠然，梦也悠然。

5.6 带雨有时种竹，关门无事锄花；拈笔闲删旧句，汲泉几试新茶。

【评】

种种竹，浇浇花，闲来删两句旧日的诗行，烹试几回新制的香茶，不为人拘，不为事系，便是闲中滋味长。

5.7 余尝净一室，置一几，陈几种快意书，放一本旧法帖；古鼎焚香，素麈挥尘①，意思小倦，暂休竹榻。饷时而起，则啜苦茗，信手写汉书几行②，随意观古画数幅。心目间，觉洒洒灵空，面上俗尘，当亦扑去三寸。

【注释】

①麈(zhǔ)：指鹿一类的动物，其尾可做拂尘，这里即指麈尾做成的拂尘。

②汉书：汉代书法，汉隶。

【评】

地不必广，一室而已；物不必奢，一几足矣。随意摆几种快意可心之书，设几件心爱古玩之器，却足以安顿下我们浮躁的心灵。外面的世界越加精彩，精彩得和你没有关系。一室一几的清静与高雅，很像是一座孤岛，一座精神的孤岛。

5.8 但看花开落，不言人是非。

【评】

有人说，天底下总共只有三件事：自己的事、别人的事、老天爷的事。人的烦恼就来自于：忘了自己的事，爱管别人的事，担心老天爷的事。如果人的一辈子只是去打理好"自己的事"，那是否可以活得更加轻松、自在？下次如果你心情不佳，赶紧问自己，那件事到底是"谁"的事？

5.9 白云在天，明月在地；焚香煮茗，阅偈翻经；俗念都捐，尘心顿洗。

【评】

在白云明月中捐弃俗念，于煮茗翻经中洗却尘心。简单的生活，更易于灵魂诗意地栖居。

5.10 暑中尝嘿坐，澄心闭目，作水观久之①，觉肌发洒洒，几阁间似有爽气。

【注释】

①水观：佛家语，指坐禅时观水而得正定。

【评】

心定自然凉。推而广之，也总会有那么一些地方，那么一些人，那么一种情怀，会无缘无故地让你的内心沉静下来。

5.11 胸中只摆脱一恋字，便十分爽净，十分自在；人生最苦处，只是此心，沾泥带水，明是知得，不能割断耳。

【评】

明知不可能，却偏偏无力战胜情感，才是最痛处。人总有其脆弱，又岂是勇气可以胜之？

5.12 无事以当贵，早寝以当富，安步以当车，晚食以当肉；此巧于处贫矣。

【评】

前四句语出《战国策·齐策四》。苏轼《东坡志林》曰："晚食以当肉，安步以当车，是犹有意于肉于车也。晚食自美，安步自适，取其美与适足矣，何以当肉与车为哉！虽然，蠋可谓巧于居贫者也。未饥而食，虽八珍犹草木也；使草木如八珍，惟晚食为然。蠋固巧矣，然非我之久于贫，不能知蠋之巧也。"可谓的评。

5.13 三月茶笋初肥，梅风未困；九月莼鲈正美，秫酒新香；胜友晴窗，出古人法书名画，焚香评赏，无过此时。

【评】

古人特别重视良辰、美景、赏心、乐事之俱美。赏字画便要和胜友、焚香、茶酒之类相配合，共同营造一种逸脱于世俗世界的感觉，也就是一种"意境"。刻意追求这个脱俗的意境，来作为感官的延伸、个人情感的寄托，甚至生命的归属，正是文人生活经营的要点，也是文人文化的重要基础。

5.14 高枕丘中,逃名世外,耕稼以输王税,采樵以奉亲颜;新谷既升,田家大洽,肥羜烹以享神①,枯鱼燔而召友②;蓑笠在户,桔槔空悬③,浊酒相命,击缶长歌,野人之乐足矣。

【注释】

①羜(zhù):幼羊。

②燔(fán):焚烧、烤肉。

③桔槔(gāo):古代的一种井上汲水工具。

【评】

野人者,世外高人也;野人之乐,亦高人之乐也。

5.15 为市井草莽之臣,早输国课①;作泉石烟霞之主,日远俗情。

【注释】

①国课:国家的赋税。

【评】

既为人臣,便要及时缴纳课税;放迹泉石烟霞之间,便要日益远离世俗的情感。每个人都要守好自己的角色。

5.16 春初玉树参差①,冰花错落,琼台奇望,恍坐玄圃罗浮②;若非黄昏月下,携琴吟赏,杯酒留连,则暗香浮动,疏影横斜之趣③,何能真实际?

【注释】

①玉树:冰雪覆盖之树。

②玄圃:传说中昆仑山顶的神仙居处,中有奇花异石。玄,通"悬"。
　　罗浮:即道教名山广东罗浮山。传说东晋葛洪曾在此炼丹。

③"则暗香"二句:宋林逋《山园小梅》诗云:"疏影横斜水清浅,暗
　　香浮动月黄昏。"

【评】

琴酒留连于银装素裹之世界,月色朦胧,阵阵梅香飘浮而来,令人有不知今夕何夕之感。

5.17 性不堪虚,天渊亦受鸢鱼之扰;心能会境,风尘还结烟霞之娱。

【评】

境由心造。本性若不适合静虚空灵的境界,那么即使身如鱼鸟之在

天渊,也会为世俗尘务所扰。只要内心能够契于自然,则即使身处风尘滚滚的俗世,也能得到满目烟霞的愉悦。

5.18 身外有身,捉麈尾矢口闲谈,真如画饼;窍中有窍,向蒲团问心究竟①,方是力田②。

【注释】

①蒲团:僧人坐禅及跪拜时所用,借指佛。

②力田:努力耕田。此喻指心田。

【评】

捉麈尾、向蒲团,不过都是外在的形式,画饼充饥而已。只有真正沉潜内心,回心静虑,才能探究到禅法之究竟与心之本源。真正的佛性,岂是徒具外表形式所能达到?

5.19 山中有三乐。薜荔可衣,不羡绣裳;蕨薇可食,不贪梁肉;箕踞散发,可以逍遥。

【评】

箕踞散发,坐卧随心,精神自在逍遥,则又何为外物所拘?正可谓衣不必有薜荔、绣裳之别,食不必有蕨薇、梁肉之分。

5.20 世上有一种痴人,所食闲茶冷饭,何名高致。

【评】

麈尾鹤氅、独钓寒江雪的隐士,成为很多文人的心灵向往。其实,那种被文人诗化的生活又会有多好过呢?栉风沐雨受冻挨饿恐怕是免不掉的,再超脱也不可能餐风饮露充饥吧。

5.21 桑林麦陇,高下竞秀;风摇碧浪层层,雨过绿云绕绕。雉雊春阳①,鸠呼朝雨,竹篱茅舍,间以红桃白李,燕紫莺黄,寓目色相②,自多村家闲逸之想,令人便忘艳俗。

【注释】

①雉雊(gòu):雉鸡叫。

②色相:佛教语。指万物的形相。

【评】

艺术理想中的田园生活。被称为"古今隐逸诗人之宗"的陶渊明,初归田园时,深感"久在樊笼里,复得返自然"的快乐;"晨兴理荒秽,带月荷锄归"的生活在他看来是充满诗意的。但渐渐地他便体会到了田家的苦处,"山中

饶霜露,风气亦先寒。田家岂不苦,弗获辞此难。"这才是村家的真实生活。

5.22 云生满谷,月照长空,洗足收衣,正是宴安时节①。

【注释】

①宴安:安逸享受。

【评】

古人以宴安为戒,洗足收衣,山林隐逸,好个世外之人。而现代人的夜生活,大概此时才刚刚开始吧。

5.23 眉公居山中,有客问山中何景最奇,曰:"雨后露前,花朝雪夜。"又问何事最奇,曰:"钓因鹤守,果遣猿收。"

【评】

钓因鹤守,果由猿收,大概是算得上奇事的。可雨后露前,花朝雪夜,而今还会有人称之为奇景吗?是眉公先生少见多怪,还是而今之人早已麻木?

5.24 古今我爱陶元亮①,乡里人称马少游②。

【注释】

①陶元亮:陶渊明,字元亮。

②马少游:汉代伏波将军马援的同祖父堂弟,他常劝马援不要为功名所累:"士生一世,但取衣食才足,乘下泽车,御款段马,乡里称'善人',斯可矣。致求赢余,但自苦尔。"

【评】

刘禹锡《经伏波神祠》诗云:"一以功名累,翻思马少游。"这大概也只是文人们的想法。倘若换作今日,陶、马还能为人们称羡吗?不是衣锦还能还乡吗?

5.25 嗜酒好睡,往往闭门;俯仰进趋,随意所在。

【评】

嗜酒好睡,往往闭门谢客;俯仰进退,事事恣意随心。这大概是人们心底永远的梦想。只是,对于现代人,或许既羡慕又无奈吧。

5.26 霜水澄定,凡悬崖峭壁,古木垂萝,与片云纤月,一山映在波中,策杖临之,心境俱清绝。

【评】

悬崖峭壁,古木垂萝,片云纤月,倒映于澹荡水波,策杖临之,万欲皆捐,尘心尽洗,可不惊美于人间仙境!

5.27 亲不抬饭①,虽大宾不宰牲,匪直戒奢侈而可久,亦将免烦劳以安身。

【注释】

①抬饭:提高饭菜的档次。

【评】

奢侈浮糜,既是无谓的浪费,亦是无谓的烦劳。适度即可,心诚意切即可。

5.28 饥生阳火炼阴精①,食饱伤神气不升。

【注释】

①阴精:指内在的元气。

【评】

人有三欲:食欲、睡欲、色欲。三欲之中,食欲为根。吃得饱则昏睡,多起色心。止可吃三二分饭,气候自然顺畅。

5.29 心苟无事,则息自调;念苟无欲,则中自守。

【评】

人不可能无欲无事,但当自我调息,以求心平浪静。

5.30 文章之妙,语快令人舞,语悲令人泣,语幽令人冷,语怜令人惜,语险令人危,语慎令人密;语怒令人按剑,语激令人投笔,语高令人入云,语低令人下石。

【评】

文字之奇,可以惊天地泣鬼神!也许原本如此,也许不免有夸张,文人的笔,往往不可尽信。

5.31 溪响松声,清听自远;竹冠兰佩,物色俱闲。

【评】

溪响松声,天籁喁喁,胜过人间雅乐。竹冠兰佩,自然闲适,胜过一切锦绣。人心清而物清,人心闲而物闲。

5.32 鄙吝一销,白云亦可赠客;滓滓尽化,明月自来照人。

【评】

只要心中庸俗杂念能够消除，白云亦可赠客，明月自来照人。清净人心，是无时不可懈怠之事。

5.33 存心有意无意之妙，微云淡河汉；应世不即不离之法，疏雨滴梧桐。

【评】

虽处于功利之时代，但心中不起执着，便能无牵无挂，像那微云稍稍暗淡了河汉。与世不即不离，又像是疏雨滴在梧桐，说没有却又有几点，说有却并不怎么大。洗去铅华与浮躁，平静心念，其实每个人的生活都有精彩。

5.34 肝胆相照，欲与天下共分秋月；意气相许，欲与天下共坐春风。

【评】

奈何自古以来，瑜、亮不能同世，煮酒论英雄，唯有天下一人。英雄，似乎注定了寂寞。

5.35 堂中设木榻四，素屏二，古琴一张，儒道佛书各数卷。乐天既来为主，仰观山，俯听水，傍睨竹树云石，自辰及酉，应接不暇。俄而物诱气和，外适内舒，一宿体宁，再宿心恬，三宿后，颓然嗒然①，不知其然而然。

【注释】

①嗒然：形容身心俱遣、物我两忘的神态。

【评】

采自白居易(乐天)《庐山草堂记》。可以看山，可以听泉，真是美不胜收。体宁心恬，颓然嗒然，也不知道为什么会这样，反正就是会这样！恬适如此。

5.36 偶坐蒲团，纸窗上月光渐满，树影参差，所见非色非空，此时虽名衲敲门，山童且勿报也。

【评】

如此禅境，虽为名衲，恐亦不可及此。

5.37 会心处不必在远。翳然林水，便自有濠濮间想也①。觉鸟兽禽鱼，自来亲人。

①濠濮间想:庄子曾于濠梁之上与惠施论鱼之乐,又于濮水拒楚
    国使者。此指逍遥闲居之思。

【评】

有会心林水之生命感受,则无往不适,随处怡悦,觉万物无不可亲。

5.38 茶欲白,墨欲黑;茶欲重,墨欲轻;茶欲新,墨欲陈。

【评】

据宋代《高斋漫录》载,此语为司马光与苏轼论茶墨俱香之语。东坡
对此回答说:"奇茶妙墨俱香,是其德同也;皆坚,是其操同也。譬如贤人
君子。"千年茶墨伴随君子,近朱者赤,亦被赋予种种美德。

5.39 筑凤台以思避①,构仙阁而入圆②。

【注释】

①凤台:用萧史、弄玉典,传说后来两人飞天而去。

②入圆:指升天。

【评】

筑凤台以避尘世,构仙阁以便升天,只是除了神话传说,谁又凭此而
得道升天了呢?

5.40 客过草堂问:"何感慨而甘栖遁?"余倦于对,但拈古
句答曰:"得闲多事外,知足少年中。"问:"是何功课?"曰:"种花
春扫雪,看箓夜焚香①。"问:"是何利养?"曰:"砚田无恶岁,酒
国有长春。"问:"是何还往?"曰:"有客来相访,通名是伏羲。"

【注释】

①箓(lù):道教的秘文,记载上天神名。

【评】

采自陈继儒《岩栖幽事》。古代隐士,无不标榜自己是真正的隐者,可
事实真如此吗? 大多只是自欺欺人而已。

5.41 山居胜于城市,盖有八德:不责苛礼,不见生客,不混
酒肉,不竞田产,不闻炎凉,不闹曲直,不征文逋①,不谈士籍②。

【注释】

①逋(bū):逃亡。

②士籍:士人的出身门第。

【评】

古代士人乐居于远离城市的山村,当然不仅是因其空气清新,没有喧闹,更是因为这里远离政治是非之地,人际关系简单、纯朴,也没有那些繁缛的礼节应酬。在这里,他们拥有自己的居住之地,还拥有自己的精神家园。

5.42　采茶欲精,藏茶欲燥,烹茶欲洁。

【评】

采自明张源《茶录》。茶道讲究的是保持"天趣",最忌入杂。

5.43　茶见日而味夺,墨见日而色灰。

【评】

人的感情便如一杯茶,而慢慢流逝的时光就像是不停注入杯中的白开水,记住随时要往杯中添加茶叶,才能让杯中至少还有茶味。

5.44　园中不能辨奇花异石,惟一片树阴,半庭藓迹,差可会心忘形。友来或促膝剧论,或鼓掌欢笑,或彼谈我听,或彼默我喧,而宾主两忘。

【评】

所谓会心处不必在远。修得隐逸心境,半庭树阴,足可尽宾主之欢。

5.45　檐前绿蕉黄葵,老少叶①,鸡冠花,布满阶砌。移榻对之,或枕石高眠,或捉尘清话。门外车马之尘滚滚,了不相关。

【注释】

①老少叶:花名。即老少年,又名雁来红。

【评】

门内蕉绿葵黄,花满阶台;门外嚣尘滚滚,世事纷纷。两个世界,两样心境,但能否做到"了不相关",却要看各人的修为了。

5.46　夜寒坐小室中,拥炉闲话。渴则敲冰煮茗,饥则拨火煨芋。

【评】

围坐红泥小火炉,或敲冰煮茶,或新酿一杯,饿了便煨几个热乎乎的芋头,这对于寒夜中人该有多大的吸引力呀。

5.47 翠竹碧梧，高僧对弈；苍苔红叶，童子煎茶。

【评】

中国的文化大多追求一种文雅。比如书法家写字讲究心平气和，不像西方的油画家作画更多是激情。而几乎所有的雅用在围棋上都很合适：常常是清幽的林间，环境幽雅；高僧对弈，棋手沉稳端庄，举手落子姿势优雅；还有对围棋的兴趣是雅趣、下棋是雅玩、观棋是雅赏……总之，围棋是非常文雅的东西。

5.48 久坐神疲，焚香仰卧；偶得佳句，即令毛颖君就枕掌记[①]，不则展转失去。

【注释】

①毛颖君：指毛笔。

【评】

灵感往往稍纵即逝。李商隐《李长吉小传》："（李贺）恒从小奚奴，骑距驴，背一古破锦囊，遇有所得，即书投囊中……上灯与食，长吉从婢取书，研墨叠纸足成之，投他囊中。非大醉及吊丧日，率如此。"

5.49 和雪嚼梅花，羡道人之铁脚[①]；烧丹染香履，称先生之醉吟[②]。

【注释】

①道人之铁脚：铁脚道人。明张岱《夜航船》载："铁脚道人，尝爱赤脚走雪中，兴发则朗诵《南华·秋水篇》，嚼梅花满口，和雪咽之，曰：'吾欲寒香沁入心骨。'"

②先生之醉吟：醉吟先生，白居易之别称。元辛文房《唐才子传》："公好神仙，自制飞云履，焚香振足，如拨烟雾，冉冉生云。初来九江，居庐阜峰下，作草堂烧丹。"

【评】

素心清趣，只在内心修炼，又岂须凭借和雪嚼梅、烧丹染履等狂诞之举？如此走火入魔，有何值得羡慕称许的呢？

5.50 灯下玩花，帘内看月，雨后观景，醉里题诗，梦中闻书声，皆有别趣。

【评】

虽是寻常景物，换一个角度看，便又有迥然不同的意趣。

5.51 铁笛吹残，长啸数声，空山答响；胡麻饭罢①，高眠一觉，茂树屯阴。

【注释】

①胡麻饭：刘义庆《幽明录》载，东汉永平年间，剡县人刘晨、阮肇入天台山采药，遇二女子邀至家，食以胡麻饭。留半年，迨还乡，子孙已历七世。后因以"胡麻饭"表示仙人的食物，故有称为"神仙饭"。

【评】

长啸风采，在魏晋士人身上表现最突出。要么是在寂静的山岭，要么是在空旷的平原，要么是在清风徐来的竹林，要么是在流水行舟的江海。总之，即是要有一个远离尘嚣的大自然做舞台，才肯把长啸的万千意态亮相于其间，才肯放清宏的旋律抑扬于其中。仿佛只有大自然，才是他们心曲的知音，才是他们藉以塑造自我的背景。

5.52 编茅为屋，叠石为阶，何处风尘可到；据梧而吟，烹茶而语，此中幽兴偏长。

【评】

心远地自偏，何须限于茅屋、梧桐之类。

5.53 皂囊白简①，被人描尽半生；黄帽青鞋②，任我逍遥一世。

【注释】

①皂囊白简：指官宦人生。皂囊，黑绸口袋。汉代群臣上章奏，如事涉秘密，以皂囊封之。白简，古时弹劾官员的奏章。

②黄帽青鞋：平民服饰，代指平民生活。

【评】

身在其位，宦海沉浮，众矢之的，所谓"我不入地狱谁入地狱"。

5.54 清闲之人不可惰其四肢，又须以闲人做闲事：临古人帖，温昔年书；拂几微尘，洗砚宿墨；灌园中花，扫林中叶。觉体少倦，放身匡床上①，暂息半晌可也。

【注释】

①匡床：方正安逸之床。《商君书》："是以人主处匡床之上，听丝竹之声，而天下治。"

【评】

心可闲而事不可闲。

5.55 葆真莫如少思,寡过莫如省事;善应莫如收心,解醒莫如淡志。

【评】

保持天性本真,最好是不要思虑太多;要减少过失,最好是不要多事;要想善于应对世事,最好是收摄心猿意马;要解除醉酒烦恼,最好是志趣淡泊。好一个明哲保身的避世哲学。

5.56 世味浓,不求忙而忙自至;世味淡,不偷闲而闲自来。

【评】

或忙或闲,未必都是你我能掌控得了的。只能是尽可能放下一些无谓的牵绊,让自己常常能"偷得浮生半日闲"。

5.57 盘餐一菜,永绝腥膻,饭僧宴客,何烦六甲行厨①;茆屋三楹②,仅蔽风雨,扫地焚香,安用数童缚帚。

【注释】

①六甲:指道教的六甲之术,能役使鬼神烧火做饭。

②茆屋:茅屋。

【评】

简简单单能满足正常的生存需要就好,何须踵事增华一味求奢?

5.58 以俭胜贫,贫忘;以施代侈,侈化;以省去累,累消;以逆炼心,心定。

【评】

勤俭或许可以一时战胜贫穷,却终未能摆脱贫穷,试图以此抹杀忘记之,亦只是自欺欺人而已。

5.59 净几明窗,一轴画,一囊琴,一只鹤,一瓯茶,一炉香,一部法帖;小园幽径,几丛花,几群鸟,几区亭,几拳石,几池水,几片闲云。

【评】

这份闲淡,属于暮年的恬适,看破了世事的沧桑,经历了人世的雨雪风霜。徘徊小园幽径,看似闲云无心,事实上,却是:有故事,在皱纹里;一片干净,在眼神里。

5.60 流年不复记,但见花开为春,花落为秋;终岁无所营,惟知日出而作,日入而息。

【评】

事实上,又有什么能比花开花谢、日出日落更能准确地传达大自然的讯息呢?当我们迷恋于种种现代科技之时,往往便与自然之心越来越"隔",愈行愈远,甚至于我们无意中便遗忘了身边的花儿、头顶的太阳。

5.61 脱巾露顶,斑文竹箨之冠①;倚枕焚香,半臂华山之服②。

【注释】

①箨(tuò):笋壳,竹皮。《汉书·高祖纪》载:高祖(刘邦)微服私访时戴以竹皮所作之冠,人称"刘氏冠"。此代指平民之服饰。

②华山之服:指华山仙人之服。

【评】

脱巾露顶,倚枕高眠,身心俱已融入自然之中。

5.62 谷雨前后,为和凝汤社①,双井白芽②,湖州紫笋③,扫臼涤铛,征泉选火。以王濛为品司④,卢仝为执权⑤,李赞皇为博士⑥,陆鸿渐为都统⑦。聊消渴吻,敢讳水淫,差取婴汤⑧,以供茗战⑨。

【注释】

①和凝:五代著名词人。在五代时期都任高官,嗜茶如命。五代宋初陶谷《荈茗录》:"和凝在朝,率同列递日以茶相饮,味劣者有罚,号为'汤社'。"

②双井白芽:江西修水双井产的茶叶。五代毛文锡《茶谱》:"洪州双井白芽,制作极精。"

③湖州紫笋:浙江湖州长兴顾渚山的上等贡茶,又名"顾渚紫笋"。

④王濛:东晋清谈家。《世说新语》载王濛喜茶,客至辄饮之。士大夫甚以为苦,每欲候濛,必云今日有水厄。品司:贮笋、榄、瓜仁等助茶香物之器。

⑤卢仝:唐代诗人,一生爱茶成癖,有《茶歌》传世。执权:操秤锤。

⑥李赞皇：唐宰相李德裕，真定赞皇人。因嗜惠山泉，传令在两地之间设置驿站，从惠山汲泉后，即由驿骑站站传递，停息不得。时人称之为"水递"。博士：此指精于茶道。

⑦陆鸿渐：唐人陆羽，字鸿渐，有《茶经》一书垂世，后人奉为"茶圣"。都统：都统其众。

⑧婴汤：煮茶刚沸时的开水。冲茶不可太早，早称婴汤，亦不可太迟，迟则水老，称寿汤。婴汤、寿汤，皆不宜茶。因为汤稚则茶味不出，水老则茶乏。

⑨茗战：斗茶道。

【评】

中国茶文化兴起于唐，昌盛于宋。在茶文化兴盛过程中，文人雅士推波助澜，功不可没，形成了一种独特的茶文化——文人茶。他们将日常茶事与自己的审美活动、精神追求、人格理想紧密结合起来，从而使得这一原本极其普通的日常品饮活动，升华为一种极其高雅的可审美、可静心、可明道、可励志的精神活动和文化享受。

5.63 窗前落月，户外垂萝；石畔草根，桥头树影；可立可卧，可坐可吟。

【评】

窗前、户外、石畔、桥头，可立、可卧、可坐、可吟，何处不是兴趣盎然。

5.64 亵狎易契，日流于放荡；庄厉难亲，日进于规矩。

【评】

轻慢随意的人容易接近，但交往日久便逐渐放荡轻佻起来；而庄重严厉之人，虽然一时难以亲近，却可以使自己日渐趋于本分规矩。子曰："唯女子与小人为难养也。近之则不孙，远之则怨。"万事莫不如此。

5.65 甜苦备尝好丢手，世味浑如嚼蜡；生死事大急回头，年光疾于跳丸。

【评】

人间的酸甜苦辣都尝过，方知世味浑如嚼蜡。但有人却因此而积极用世，有人则消极避世，虚耗光阴。

5.66 若富贵，由我力取，则造物无权；若毁誉，随人脚根，则谗夫得志。

【评】

富贵在天，毁誉随人，不必过于强求。自强自立即可，又何必与造物、小人无谓较劲？

5.67 清事不可着迹。若衣冠必求奇古，器用必求精良，饮食必求异巧，此乃清中之浊，吾以为清事之一蠹。

【评】

凡事不可刻意，不可着迹于某事某物上。求奇古，求精良，求异巧，又何异于贪求功利？

5.68 吾之一身，常有少不同壮，壮不同老；吾之身后，焉有子能肖父，孙能肖祖？如此期，必属妄想，所可尽者，惟留好样与儿孙而已。

【评】

能留好样与儿孙，足矣！倘若一定要儿孙按照自己的意愿，将自己所有的希望都寄托在儿孙之身，其实都是最自私的行为，效果往往适得其反。

5.69 若想钱，而钱来，何故不想；若愁米，而米至，人固当愁。晓起依旧贫穷，夜来徒多烦恼。

【评】

忧愁于事无补，但无钱无米，又焉能不愁？安贫乐道若陶渊明，诗曰："夏日抱长饥，寒夜无被眠。造夕思鸡鸣，及晨愿乌迁"，忧愁亦可谓夜以继日了。只是既如此，何不放开胸怀，多一点实际行动呢？

5.70 半窗一几，远兴闲思，天地何其寥阔也；清晨端起，亭午高眠，胸襟何其洗涤也。

【评】

半窗青山，一几烟岚，足可将胸中所有俗务尘念荡涤得干干净净。

5.71 行合道义，不卜自吉；行悖道义，纵卜亦凶。人当自卜，不必问卜。

【评】

人在行动之前先要扪心自问，看看自己行动的目标是否恰当，是否违背应遵守的惯例。这与现代社会的"双赢"法则亦颇有暗合之处。

5.72　奔走于权幸之门,自视不胜其荣,人窃以为辱;经营于利名之场,操心不胜其苦,己反以为乐。

【评】

利益在前,他人的艳羡在前,又如何顾得上所谓荣辱苦乐? 只待一切都已烟消云散,再追悔已莫及。

5.73　宇宙以来有治世法,有傲世法,有维世法,有出世法,有垂世法。唐虞垂衣①,商周秉钺②,是谓治世;巢父洗耳,袭公瞋目③,是谓傲世;首阳轻周④,桐江重汉⑤,是谓维世;青牛度关⑥,白鹤翔云⑦,是谓出世;若乃鲁儒一人⑧,邹传七篇⑨,始谓垂世。

【注释】

①唐虞垂衣:《易·系辞》:"黄帝尧(唐尧)舜(虞舜)垂衣裳而天下治。"

②秉钺(yuè):持斧。借指掌握兵权。

③袭公瞋目:晋皇甫谧《高士传·披袭公》载:"延陵季子出游,见道中有遗金,顾披袭公曰:'取彼金。'公投镰瞋目,拂手而言曰:'何子处之高而视人之卑? 五月披袭而负薪,岂取金者哉?'"

④首阳轻周:周灭商后,伯夷、叔齐耻为周民,遂隐居首阳山。

⑤桐江重汉:严光年轻时与光武帝游学,后光武帝登位,他隐居桐江,屡征召而不就。

⑥青牛度关:指老子乘青牛出函谷关西去故事。

⑦白鹤翔云:《逍遥墟经》载,丁令威学道于灵墟山,成仙后化为仙鹤,飞归故里,高唱:"有鸟有鸟丁令威,去家千岁今来归,城郭如故人民非,何不学仙冢累累。"

⑧鲁儒:指孔子。

⑨邹传七篇:《孟子》七篇。孟子名轲,战国邹人。

【评】

面对这个世界,各人的对待方式各有其异。有的希望能治理它,让它长治久安;有的则傲然以对,只求保持自身的高洁;有的希望能名垂后世;有的则希望能超凡出世。这是与世之法,亦是人生态度。

5.74　书室中修行法:心闲手懒,则观法帖,以其可逐字放置也;手闲心懒,则治迂事①,以其可作可止也;心手俱闲,则写字作

诗文,以其可以兼济也;心手俱懒,则坐睡,以其不强役于神也;心不甚定,宜看诗及杂短故事,以其易于见意不滞于久也;心闲无事,宜看长篇文字,或经注,或史传,或古人文集,此又甚宜于风雨之际及寒夜也。又曰:"手冗心闲则思,心冗手闲则卧,心手俱闲,则著作书字,心手俱冗,则思早毕其事,以宁吾神。"

【注释】

①迁事:不急之事。

【评】

读书讲求心境,依精神状态而权变,正不必苛求于具体某一段时间。随兴而往,张弛有度,方是读书行事之道。

5.75 片时清畅,即享片时;半景幽雅,即娱半景;不必更起姑待之心。

【评】

有月之夜,就来到户外让清辉静静洒遍周身;无月之夜,也不妨伫立于夜色中慢慢地欣赏云聚云散。佛曰随缘,以自然之心待人处事,不必再有什么姑且等一等的念头。

5.76 一室经行①,贤于九衢奔走;六时礼佛②,清于五夜朝天。

【注释】

①经行:佛教徒因养身散除郁闷,旋回往返于一定之地。

②六时:佛教分一昼夜为六时:晨朝、日中、日没、初夜、中夜、
   后夜。

【评】

礼佛求的是身世俱泯,心无挂碍,是以要比整夜的朝天,将自身的命运交付给上苍来得更彻底。

5.77 会意不求多,数幅晴光摩诘画①;知心能有几,百篇野趣少陵诗②。

【注释】

①摩诘画:唐诗人王维的画。

②少陵诗:杜甫诗。

【评】

令人知心合意的东西能有多少?大概只有向古人的诗画之中去求得

几丝慰藉。这是古人的幸运呢,还是今人的悲哀?

5.78 醇醪百斛,不如一味太和之汤①;良药千包,不如一服清凉之散。

【注释】

①太和之汤:即百沸汤、热汤,能会合阴阳元气,保养身心。一说即酒,邵雍《无名公传》即称酒为"太和汤"。

【评】

醇醪、良药只能解一时之忧,心境清宁才能保永远的快乐。

5.79 闲暇时,取古人快意文章,朗朗读之,则心神超逸,须眉开张。

【评】

苏东坡说:"某平生无快意事,惟作文章,意之所到,则笔力曲折无不尽意,自谓世间乐事,无逾此者。"

5.80 修净土者①,自净其心,方寸居然莲界;学禅坐者,达禅之理,大地尽作蒲团。

【注释】

①净土:佛教净土宗。

【评】

无处不具禅理,无处不是佛境,故放下屠刀立地可成佛也。

5.81 衡门之下①,有琴有书。载弹载咏,爰得我娱。岂无他好,乐是幽居。朝为灌园,夕偃蓬庐。

【注释】

①衡门:喻简陋的房屋。

【评】

采自陶渊明诗《答庞参军》。明己之怀抱。陶渊明读书会意,蓄琴得趣,其实质都是为了自娱自乐,以消解心中的忧愁。

5.82 因葺旧庐,疏渠引泉,周以花木,日哦其间;故人过逢,瀹茗弈棋①,杯酒淋浪,殆非尘中物也。

【注释】

①瀹(yuè)茗:煮茶。

【评】

有泉水有花木，有朋友从此经过，有茶有酒有棋，其中的乐趣，又岂是尘世中所多有？

5.83 逢人不说人间事，便是人间无事人。

【评】

但凡欲往之句，忍一时，咽下去，便是难得糊涂。

5.84 闲居之趣，快活有五。不与交接，免拜送之礼，一也；终日可观书鼓琴，二也；睡起随意，无有拘碍，三也；不闻炎凉嚣杂，四也；能课子耕读，五也。

【评】

看似快活多多，其实却可能遗失了更多的意趣。倘虽在城市而有山林深寂之趣，或更合人之常情常理。

5.85 虽无丝竹管弦之盛，一觞一咏，亦足以畅叙幽情。

【评】

采自晋王羲之《兰亭集序》。暮春三月，胜景无限，群贤毕至，其情融融，一觞一咏，宠辱皆忘，把酒临风，其喜洋洋者矣。

5.86 挟怀朴素，不乐权荣；栖迟僻陋，忽略利名；葆守恬淡，希时安宁；晏然闲居，时抚瑶琴。

【评】

采自《周易参同契》。这是一种在深山隐逸的人生态度，与"须知大隐居廛市，何必深山守静孤"者不同。

5.87 人生自古七十少，前除幼年后除老。中间光景不多时，又有阴晴与烦恼。到了中秋月倍明，到了清明花更好。花前月下得高歌，急须漫把金樽倒。世上财多赚不尽，朝里官多做不了。官大钱多身转劳，落得自家头白早。请君细看眼前人，年年一分埋青草。草里多多少少坟，一年一半无人扫。

【评】

还是一曲"好了歌"悠悠唱到老。想一想人生苦短，的确需要学会放松，学会放弃，以平淡闲适之心应对平庸的日子。

5.88 饥乃加餐，菜食美于珍味；倦然后睡，草蓐胜似重裀①。

【注释】

①重裀(yīn)：厚垫子。

【评】

饿了，吃素食也比珍味佳肴鲜美；困了，睡在草垫上也像睡锦褥一样舒坦。故韩信报漂母一饭之恩，灵辄报赵盾舍饭相救。

5.89 流水相忘游鱼，游鱼相忘流水，即此便是天机；太空不碍浮云，浮云不碍太空，何处别有佛性？

【评】

耶稣说："不妨做个路人。"不为物事拘系，才能知真机之状态，有游鱼之快乐，有浮云之淡然，岂不快哉！

5.90 丹山碧水之乡，月涧云龛之品①，涤烦消渴②，功诚不在芝术下③。

【注释】

①"丹山"二句：语出唐孙樵《送茶与焦刑部书》："盖建阳丹山碧水之乡，月涧云龛之品，慎勿贱用之！"丹山碧水，南朝文人江淹贬谪浦城当县令时，写下了《赤虹赋》，以"碧水丹山，珍木灵草"赞美武夷山一带的山水。

②涤烦消渴：《唐国史补》载："常鲁公(即常伯熊，唐代煮茶名士)随使西番，烹茶帐中。赞普问：'何物？'曰：'涤烦疗渴，所谓茶也。'因呼茶为涤烦子。"

③芝术：指芝草。

【评】

武夷名山自古出名茶。孙樵在这封信中，更用拟人化的笔法，为此茶封侯为"晚甘侯"。

5.91 颇怀古人之风，愧无素屏之赐①，则青山白云，何在非我枕屏。

【注释】

①素屏：白色屏风。白居易《素屏谣》曰："夜如明月入我室，晓如白云围我床。我心久养浩然气，亦欲与尔表里相辉光。"

【评】

室无赐屏,然而青山白云,何处不能做我之枕屏呢?

5.92 江山风月,本无常主,闲者便是主人。

【评】

采自苏东坡《临皋闲题》。文人们往往在贬谪失意之时,没有办法只好做了"闲人",于是不期然却有了许多发现。也许,生活中缺少的便是这份闲心、闲意。走在路上,我们只顾盯着白晃晃的路面,就忘了去看一看路边芳草青青欲滴翠,身旁古木苍苍还遮荫……

5.93 被衲持钵,作发僧行径,以鸡鸣当檀越①,以枯管当笻杖,以饭颗当祇园②,以岩云野鹤当伴侣,以背锦奚奴当行脚头陀③,往探六六奇峰④,三三曲水⑤。

【注释】

①檀越:梵语,施主之意。
②饭颗:相传为长安名山。李白《戏赠杜甫》:"饭颗山头逢杜甫,头戴笠子日卓午。借问别来太瘦生,总为从前作诗苦。"后人因以饭颗山谓作诗辛苦拘谨。祇园:祇园精舍。释迦牟尼去舍卫国说法时与僧徒居住之地。
③行脚头陀:行脚僧。
④六六奇峰:指嵩山少林三十六峰。
⑤三三曲水:指武夷山的九曲之水。

【评】

"山水以形媚道而仁者乐"。自然美是自然之道的外化与显现,在往探六六奇峰、三三曲水中,山水与心灵相互激发、相互体悟,这也许正是人们"一生好入名山游"的原因所在。

5.94 山房置一钟,每于清晨良宵之下,用以节歌,令人朝夕清心,动念和平。李秃谓①:"有杂想,一击遂忘;有愁思,一撞遂扫。"知音哉!

【注释】

①李秃:即明代思想家李贽。常以"李生"、"李和尚"、"李秃老"自称。

【评】

晨钟暮鼓,可以令人尘氛尽扫,却也常常撩动着文人悠悠的客愁。

5.95 潭涧之间,清流注泻,千岩竞秀,万壑争流,却自胸无宿物①,漱清流,令人濯濯清虚②,日来非惟使人情开涤,可谓一往有深情。

【注释】

①胸无宿物:胸怀坦荡,无旧物牵挂。

②濯濯(zhuó):光明、清朗貌。

【评】

在对山水自然的感受观赏中,人们获得的无比愉悦的审美感受,表现出感受生命和鉴赏自然以至与自然融为一体的高超悟性。

5.96 林泉之浒①,风飘万点,清露晨流,新桐初引,萧然无事,闲扫落花,足散人怀。

【注释】

①浒:水边。

【评】

如何去散涤人生中种种无可奈何的感喟?晋孙绰曰:"散以玄风,涤以清川",以超脱尘垢之心去游赏山水,体认玄理。

5.97 浮云出岫,绝壁天悬,日月清朗,不无微云点缀。看云飞轩轩霞举,踞胡床与友人咏谑,不复滓秽太清。

【评】

此条化自刘义庆《世说新语·言语》:"司马太傅斋中夜坐,于时天月明净,都无纤翳,太傅叹以为佳。谢景重在坐答曰:'意谓乃不如微云点缀。'太傅因戏谢曰:'卿居心不净,乃复强欲滓秽太清邪!'"以虚灵的胸襟、玄学的意味体会自然,乃表里澄澈、一片空明,建立最高的晶莹的美的意境!这是一种艺术的优美的自由的心灵。

5.98 山房之磬,虽非绿玉①,沉明轻清之韵,尽可节清歌、洗俗耳。山居之乐,颇惬冷趣,煨落叶为红炉,况负暄于岩户②。土鼓催梅,获灰暖地,虽潜凛以萧索,见素柯之凌岁。同云不流,舞雪如醉,野因旷而冷舒,山以静而不晦。枯鱼在悬,浊酒已注,朋徒我从,寒盟可固,不惊岁暮于天涯,即是挟纩于孤屿③。

【注释】

①绿玉:古琴名。

②负暄：冬天受日光曝晒取暖。

③挟纩（kuàng）：披着绵衣。亦以喻受人抚慰而感到温暖。

【评】

　　山居岩处，云流雪舞，寒梅独放，松柏后凋，复有好友佳酿相从，炉火映壁，虽是天涯岁暮，此心有无穷暖意。

　　5.99　步障锦千层①，氍毹紫万叠②，何似编叶成帏，聚茵为褥？绿阴流影清入神，香气氤氲彻人骨，坐来天地一时宽，闲放风流晓清福。

【注释】

①步障：用以遮蔽风尘或视线的一种屏幕。《晋书·石崇传》："恺作紫丝布步障四十里，崇作锦步障五十里以敌之。"

②氍毹（qúshū）：一种织有花纹图案的毛毯。

【评】

　　锦屏丝毯千层万叠，却反而隔断了人与自然的亲近，又怎及得上大自然之层峦叠翠？走出去，才有天地之宽，才有心胸开朗。

　　5.100　送春而血泪满腮，悲秋而红颜惨目。

【评】

　　人在生活中经历各种事情，结成很多情绪感伤，又在心理深处形成一定情结，自然景象一和某种情结相撞，跟随而来的便是整个情绪的抒发泄流。伤春、悲秋，都是伤自己。

　　5.101　翠羽欲流，碧云为飐。

【评】

　　青翠的羽毛浓郁得欲滴欲流，在碧天中自由飞飐，人心也随之而流动飞升。

　　5.102　郊中野坐，固可班荆①；径里闲谈，最宜拂石②。侵云烟而独冷，移开清啸胡床③；藉草木以成幽，撤去庄严莲界。况乃枕琴夜奏，逸韵更扬；置局午敲，清声甚远；洵幽栖之胜事，野客之虚位也④。

【注释】

①班荆：班，铺开。荆，一种黄荆，属落叶灌木。后世以"班荆道故"形容朋友途中相遇，不拘礼节而畅叙旧情。

②拂石：指拂去石头上的灰尘而坐。

③胡床：古时一种可以折叠的轻便坐具。相当于今天的马扎、小
　板凳。

④虚位：虚位以待。

【评】

　　郊中野坐，云烟草木之中，幽趣无穷，又何须更事胡床莲界？随心随
缘即是佛。

　　5.103 饮酒不可认真，认真则大醉，大醉则神魂昏乱。在
书为沉湎①，在诗为童羖②，在礼为豢豕③，在史为狂药④。何如
但取半酣，与风月为侣？

【注释】

①在书为沉湎：《尚书·泰誓》："沉湎冒色，敢行暴虐。"

②在诗为童羖（gǔ）：《诗经·小雅》："由醉之言，俾出童羖。"童
　羖，无角的公羊，喻没有的事物。

③在礼为豢豕：《礼记·乐记》："夫豢豕为酒，非以为祸也。"

④在史为狂药：《晋书·裴楷传》："楷闻之，谓崇曰：'足下饮人狂
　药，责人正礼，不亦乖乎！'"

【评】

　　对文人说，一年四季，风花雪月，自朝至暮，酒是全天候的饮料。但文
人饮酒，历来十分讲究环境气氛。所谓酒饮微醺，花看半开，饮出一片风
景，品出一段心情。

　　5.104 家鸳鸯湖滨，饶蒹葭凫鹥①，水月淡荡之观。客啸
渔歌，风帆烟艇，虚无出没，半落几上。呼野衲而泛斜阳，无过
此矣！

【注释】

①鹥（yī）：鸥的别名。

【评】

　　野凫成群，渔歌声声，唤取自在率意之侣泛舟斜阳之下，世间的幽趣
哪里还有比这更醉人的呢？只是我们哪里去探寻这份幽心？

　　5.105 雨后卷帘看霁色，却疑苔影上花来。

【评】

　　此为传奇《绿牡丹》诗也。牡丹天香国色，只因生成绿色，反被疑作青

苔,岂不委屈了花中君。可见皮相之色,终是靠不住的。袁中郎所谓"色借日月,借烛,借青黄,借眼,色无常"即是这番道理。

5.106 月夜焚香,古桐三弄①,便觉万虑都忘,妄想尽绝。试看香是何味? 烟是何色? 穿窗之白是何影? 指下之余是何音? 恬然乐之而悠然忘之者,是何趣? 不可思量处,是何境?

【注释】

①古桐:古琴,因古琴多以桐木制。三弄:同样曲调在不同徽位上重复三次。

【评】

不思量处的淡然便是无上之境界。琴韵如此,人情亦如此。东坡曰:"十年生死两茫茫,不思量,自难忘。"不思量,即是最深的思量。

5.107 贝叶之歌无碍①,莲花之心不染。

【注释】

①贝叶:指佛经。古印度佛经多以贝叶写就。

【评】

修得佛教清净之心,自然尘滓不染,万事无碍。

5.108 河边共指星为客,花里空瞻月是卿。

【评】

河边共指星星,以为客人;花丛空明月,引为友伴。心意相投则天涯咫尺,星月亦可成为挚友。

5.109 人之交友,不出"趣味"两字,有以趣胜者,有以味胜者。然宁饶于味,而无饶于趣。

【评】

有味之人,愈久愈觉其趣;无味之人,有趣亦终觉浮泛。臭味相投,便为知心知己。

5.110 守恬淡以养道,处卑下以养德,去嗔怒以养性,薄滋味以养气。

【评】

道家以为,只有去除了一切浮躁、嗔怒,一切外在的滋味、诱惑,方可达到修身养性的最高境界。人生便如一个雕塑的过程,把所有的累赘无用之物剔除,留下的才是我们真正想要的。你说,人生到底是追求还是放弃?

5.111 吾本薄福人,宜行惜福事;吾本薄德人,宜行厚德事。

【评】

惜福、积德,亦如惜财积财,日积月累,铢积寸累,才能由少变多,由薄变厚。

5.112 知天地皆逆旅,不必更求顺境;视众生皆眷属,所以转成冤家。

【评】

兵来将挡,水来土屯,人生又何必过分执着于所谓逆境顺境,使自己的本心随之而沉浮?就像你若是总想着把芸芸众生都看作是眷属,到头来反而容易都成了冤家。存一份从容淡定之心,才有海阔天空之境。

5.113 只愁名字有人知,涧边幽草;若问清盟谁可托,沙上闲鸥。山童率草木之性,与鹤同眠;奚奴领歌咏之情,检韵而至。闭户读书,绝胜入山修道;逢人说法,全输兀坐扪心。

【评】

淡,是从浓中化来。凡人生涉过坎坷繁华之后,才会有见涧边幽草自生自灭,看归鸿落辉自散自聚时的淡然心怀!

5.114 步明月于天衢①,览锦云于江阁。

【注释】

①天衢:天空广阔,任意通行,如世之广衢,故称天衢。

【评】

身临江阁之上,观明月信步,彩云飞度,亦有凌空缥缈之志。

5.115 幽人清课,讵但啜茗焚香①;雅士高盟,不在题诗挥翰。

【注释】

①讵(jù):难道。

【评】

岂止啜茗焚香,总须以此明志;不在题诗挥翰,总须以此传世。

5.116 以养花之情自养，则风情日闲；以调鹤之性自调，则真性自美。

【评】

锄园、艺圃、调鹤、栽花，皆聊以息心娱老耳。

5.117 热汤如沸，茶不胜酒；幽韵如云，酒不胜茶。茶类隐，酒类侠。酒固道广，茶亦德素。

【评】

采自陈继儒《茶董序》。"葡萄美酒夜光杯，欲饮琵琶马上催"，酒入腹中，豪气顿生。而茶不是这样喝的。最苦的茶，性也不烈，只让人感到深沉的余味，在舌上萦回。所以茶适合幽窗棋罢，月夜焚香，古桐三弄。适合往禅院经对时，僧人奉上，边饮边谈，偷得浮生半日闲；适合午醉醒来无一事，孤榻对雨中之山，独自品茗。

5.118 老去自觉万缘都尽，那管人是人非；春来倘有一事关心，只在花开花谢。

【评】

但看花开落，不言人是非。

5.119 是非场里，出入逍遥；顺逆境中，纵横自在。竹密何妨水过，山高不碍云飞。

【评】

能在是非场中出入逍遥的是达士，能在顺逆境中纵横自在的是哲士。能欣赏竹密何妨流水过、山高不碍白云飞的是雅士，此种境界，或许才是中国隐逸文化的真谛。

5.120 口中不设雌黄，眉端不挂烦恼，可称烟火神仙；随意而栽花柳，适性以养禽鱼，此是山林经济。

【评】

只要是食人间烟火，便难免人间烦恼。烟火与神仙，又如何兼得？

5.121 午睡醒来，颓然自废，身世庶几浑忘；晚炊既收，寂然无营，烟火听其更举。

【评】

颓然自放，浑然两忘，炊烟更举，烹茶清谈，这样的生活离我们已经越来越远。

5.122 花开花落春不管,拂意事休对人言①;水暖水寒鱼自知,会心处还期独赏。

【注释】

①拂意事:违背意愿的事情。

【评】

妙处、难处,都难与君说。

5.123 心地上无风涛,随在皆青山绿水;性天中有化育①,触处见鱼跃鸢飞。

【注释】

①性天:天性。化育:本指自然生成万物,此处指先天善良的德性。《中庸》:"能尽物之性,可以赞天地之化育。"

【评】

心静如止水才能排除杂念,无识无欲,心平气和,所以庄子看到鱼在水里游,很羡慕地说"乐哉鱼也"。但心静也是相对的。静只看到自己的内心,而看不到外部世界,自我封闭,孤陋寡闻,能谈得上真正的快乐?

5.124 宠辱不惊,闲看庭前花开花落;去留无意,漫随天外云卷云舒。斗室中万虑都捐,说甚画栋飞云,珠帘卷雨;三杯后一真自得,谁知素弦横月,短笛吟风。

【评】

颇具魏晋人物的旷达风流。而要说真正的宠辱不惊,去留无碍,恐怕非女皇武则天莫属了。当她轰然倒地,她却竖起了一块神妙的无字碑:子民们,你们看着办吧!千秋功过,留与后人去慢慢地思索品评。

5.125 得趣不在多,盆池拳石间,烟霞具足;会景不在远,蓬窗竹屋下,风月自赊①。

【注释】

①赊:长,久,遥远。

【评】

只要有闲逸之心,盆池拳石,蓬窗竹屋,处处都具烟霞风月之趣。

5.126 会得个中趣,五湖之烟月尽入寸衷;破得眼前机,千

古之英雄都归掌握。

【评】

比天空更广阔的是人的心灵。有四海之心,则千古之英雄"尽入吾彀中"。

5.127 细雨闲开卷,微风独弄琴。

【评】

细雨正堪开卷,微风正宜弄琴,闲而不闲,独而不独。

5.128 水流任意景常静,花落虽频心自闲。

【评】

水流任意,花落频乱,都是自然万物之本性,明乎此,则此心自不会为外物之表象所纷扰,而可以安闲自在了。

5.129 残曛供白醉①,傲他附热之蛾;一枕余黑甜,输却分香之蝶。闲为水竹云山主,静得风花雪月权。

【注释】

①残曛:日落时的余光。白醉:饮酒而醉。

【评】

我自醉酒高眠,不学飞蛾扑火粉蝶沾花,管他世事如何,且做我水竹云山风花雪月之主。这是一种清醒还是一生糊涂? 还真不好说。

5.130 半幅花笺入手,剪裁就腊雪春冰;一条竹杖随身,收拾尽燕云楚水。

【评】

半幅花笺,写出无限心中胜景;一条竹杖,踏遍青山人未老。天地间幸而有了这样一群闲人,才显得如此蕴藉风流。

5.131 心与竹俱空,问是非何处安觉;貌偕松共瘦,知忧喜无由上眉。

【评】

竹之清姿瘦节,松之常青坚挺,为文人千年赞颂。可事实上,很多文人恰恰最不具有竹之虚心,松之刚直。

5.132 芳菲林圃看蜂忙,觑破几多尘情世态;寂寞衡茅观燕寝①,发起一种冷趣幽思。

【注释】

①衡茆:简陋的房屋。

【评】

万花丛中飞来舞去的是蜂蝶,尘间俗世忙碌奔走是可怜人;独有飞燕翩翩筑巢而居,从不曾嫌贫爱富,或足以慰寂寞人之幽心。

5.133 何地非真境? 何物非真机? 芳园半亩,便是旧金谷①;流水一湾,便是小桃源。林中野鸟数声,便是一部清鼓吹;溪上闲云几片,便是一幅真画图。

【注释】

①金谷:西晋石崇著名的园林"金谷园",在洛阳西北。

【评】

林溪间自得真趣足矣,又何必时时处处比之于金谷桃源? 可见其实终未能释怀。

5.134 人在病中,百念灰冷,虽有富贵,欲享不可,反羡贫贱而健者。是故人能于无事时常作病想。一切名利之心,自然扫去。

【评】

盛时常作衰时想,上场当念下场时。

5.135 竹影入帘,蕉阴荫槛,故蒲团一卧,不知身在冰壶鲛室①。

【注释】

①鲛室:鲛人水中居室,龙宫。

【评】

蒲团一卧,处处都是冰凉世界,又何须竹影蕉阴。

5.136 万壑松涛,乔柯飞颖,风来鼓飓①,谡谡有秋江八月声②,迢递幽岩之下,披襟当之,不知是羲皇上人。

【注释】

①鼓飓:鼓荡起飓风。

②谡谡(sù):风急貌。

【评】

披襟于幽岩之下,任万壑松风劲吹。不是风动,不是幡动,而是心动。

只要心不为所动,松涛阵阵,亦自可闲庭信步。

5.137 霜降木落时,入疏林深处,坐树根上,飘飘叶点衣袖,而野鸟从梢飞来窥人。荒凉之地,殊有清旷之致。

【评】

人窥野鸟,野鸟窥人,萧瑟景中亦自有无限情致。

5.138 明窗之下,罗列图史琴尊以自娱。有兴则泛小舟,吟啸览古于江山之间。渚茶野酿,足以消忧;莼鲈稻蟹,足以适口。又多高僧隐士,佛庙绝胜。家有园林,珍花奇石,曲沼高台,鱼鸟流连,不觉日暮。

【评】

如今,天然寂静、怡情适性的江山之间,早已变得喧闹如嚣尘,又焉能再生出对山水从容的玩赏审美? 不禁要让人感慨,文士高僧优游山水游说属文的时代氛围已经一去不返了。

5.139 山中莳花种草,足以自娱,而地朴人荒,泉石都无,丝竹绝响,奇士雅客亦不复过,未免寂寞度日。然泉石以水竹代,丝竹以莺舌蛙吹代,奇士雅客以蠹简代①,亦略相当。

【注释】

①蠹(dù)简:被虫蛀的竹简。

【评】

山居犹嫌地朴人荒寂寞度日,可见亦是心有旁骛。但这也许正是大多数所谓栖居山林者的真实心态流露。

5.140 闲中觅伴书为上,身外无求睡最安。

【评】

困了就睡,睡醒了便读书,所谓两耳不闻窗外事,一心只读圣贤书。这也许正是不少读书人的真实生活,大概也正是造就读书人往往迂腐的根本原因吧。

5.141 栽花种竹,未必果出闲人;对酒当歌,难道便称侠士?

【评】

挂羊头卖狗肉者,多矣。附庸风雅,难道便是风雅中人?

5.142 帝子之望巫阳①,远山过雨;王孙之别南浦②,芳草连天。

【注释】
①帝子:楚襄王。句用"巫山云雨"典。
②王孙:称隐士。《楚辞·招隐士》:"王孙游兮不归,春草生兮萋萋。"

【评】

巫山云雨,芳草连天,不会因为帝子之望、王孙之别而改变。年年春草为谁绿?自生自灭而已,何事多情一问?

5.143 室距桃源,晨夕恒滋兰蕖①;门开杜径②,往来惟有羊裘③。

【注释】
①蕖(qú):荷花。
②杜径:杜甫《客至》诗:"花径不曾缘客扫,蓬门今始为君开。"
③羊裘:羊裘公,古代隐士。

【评】

晨夕恒滋兰蕖,往来惟有羊裘,隐居者总是把自己弄得如此偏激,把自己和一切人事都极端地对立起来。如此愤激之心,即使归隐,也是难以平复的。所以,我们其实找不到几个能真正在山林田园中恬淡自适之人。连陶渊明不是也有"怒目金刚"吗?

5.144 枕长林而披史,松子为餐;入丰草以投闲,蒲根可服。

【评】

有松子可餐蒲根可服,温饱庶几无忧矣。而今日之山川,则是连鸟禽都因无法觅食而要作远徙了。欲为隐居,尚可得乎?

5.145 一泓溪水柳分开,尽道清虚搅破;三月林光花带去,莫言香分消残。

【评】

虚还是虚,不因垂柳轻拂而搅破;香还是香,何因林花凋落而消残?草长莺飞,花谢花开,总是自然之道。

5.146 荆扉昼掩,闲庭宴然,行云流水襟怀;隐不违亲,贞

不绝俗①,太山乔岳气象②。

【注释】

①贞:保持节操。

②太山:泰山。

【评】

古代隐士,大多数人都过着岩居穴处、绝交息游、孤苦困蹇的生活。以这样的精神状态,虽身居于山林丘壑间,又能有多少悦山乐水之情怀呢?

5.147 窗前独榻频移,为亲夜月;壁上一琴常挂,时拂天风。

【评】

频移坐榻,为的是总能亲近月光,还有几许顽童之心态。唐李端《拜新月》诗曰:"开帘见新月,便即下阶拜。"亦令人不禁扑嗤一笑。

5.148 萧斋香炉①,书史酒器俱捐;北窗石枕,松风茶铛将沸②。

【注释】

①萧斋:李肇《唐国史补》:"梁武帝造寺,令萧子云飞白大书一'萧'字,至今一'萧'字存焉;李约竭产自江南买归东洛,匾于小亭以玩之,号为'萧斋'。"后人称萧斋,"萧"有萧条之意,名或本此,但取义有别。

②松风:这里指烹茶将沸,声如松风。古代烹茶有所谓三沸之法,松风即为第三沸。

【评】

将那书史酒器都统统抛到一边去吧,就让自己在茶香袅袅中静静地冥想,或许可以更好地消除心中的滞忧。

5.149 明月可人,清风披坐,班荆问水,天涯韵士高人,下箸佐觞,品外涧毛溪蕨①,主之荣也。高轩寒户,肥马嘶门,命酒呼茶,声势惊神震鬼,叠筵累几,珍奇罄地穷天,客之辱也。

【注释】

①涧毛溪蕨:山涧中的菜蔬。

【评】

明月清风,一片冰心在玉壶;珍奇穷尽,不过只是炫富斗奇。孰为荣孰为辱,就看各人所求了。

5.150 坐茂树以终日,濯清流以自洁。采于山,美可茹;钓于水,鲜可食。

【评】

终日濯足清流,食鲜茹美,未必就能此心清绝。过多注重于自我的修饰标榜,而缺少内心的深刻思省,正是隐逸文化的劣根所在。

5.151 年年落第,春风徒泣于迁莺①;处处羁游,夜雨空悲于断雁。金壶霏润②,瑶管春容③。

【注释】

①迁莺:黄莺飞升移居高树,喻登第升官。

②霏润:像细雨一样慢慢滋润。

③春容:形容乐音悠扬洪亮。

【评】

采自宋代钱熙《三酌酸文》。年年落第,天涯浪迹,亦只有年年空伤悲。至于金壶霏润、瑶管软吹能否一慰其情,似乎不好说。但看其年年落第年年考,大概是无法消解的了,这不也正是大多数古代士子的真实生活吗?

5.152 菜甲初长,过于酥酪。寒雨之夕,呼童摘取,佐酒夜谈,嗅其清馥之气,可涤胸中柴棘①,何必纯灰三斛!

【注释】

①胸中柴棘:比喻心胸狭窄,充满尘俗之气。《世说新语·轻诋》:"深公云:'人谓庾元规名士,胸中柴棘三斗许。'"

【评】

寒冷的雨夜,呼童摘取刚长出来的嫩菜,供三五友朋佐酒夜谈,闻其清香之气,足可以洗去胸中尘垢。

5.153 暖风春座酒,细雨夜窗棋。

【评】

春风和暖,宜于闲坐饮酒;夜雨霏霏,正堪悠然对棋。

5.154 秋冬之交,夜静独坐,每闻风雨潇潇,既凄然可愁,亦复悠然可喜。至酒醒灯昏之际,尤难为怀。

【评】

既是夜间，又在下雨，空间便十分地逼仄，所有的豪情活力都无法铺展，于是便不能不走向内心，走向情感。

5.155 风起思纯，张季鹰之胸怀落落；春回到柳，陶渊明之兴致翩翩①。然此二人，薄宦投簪，吾犹嗟其太晚。

【注释】

①"春回"二句：陶渊明因其宅旁有五棵柳树，故称"五柳先生"。

【评】

倘若不是薄宦投簪，大概也难以见其心志之决绝吧。

5.156 黄花红树，春不如秋；白雪青松，冬亦胜夏。春夏园林，秋冬山谷，一心无累，四季良辰。

【评】

学会欣赏眼前的风景，便时时处处皆风景。

5.157 听牧唱樵歌，洗尽五年尘土肠胃；奏繁弦急管，何如一派山水清音。

【评】

如今还有多少纯朴的牧唱与樵歌，山水之中又是否依然一派清音？都很值得怀疑。

5.158 孑然一身，萧然四壁，有识者当此，虽未免以冷淡成愁，断不以寂寞生悔。

【评】

"识者"就是会享受寂寞的人吧。

5.159 从五更枕席上参看心体，心未动，情未萌，才见本来面目；向三时饮食中谙练世味，浓不欣，淡不厌，方为切实功夫。

【评】

世味即是如此，说好说坏，说薄说厚，说凉说暖，恰如一部日本小说所云"这世界只有一个"，就看你怎样从周遭拣取、选择。从心中的感恩、他人的真诚里找自己行动的力量和方向，是为真功夫。

5.160 瓦枕石榻，得趣处下界有仙；木食草衣，随缘时西方无佛。

【评】

瓦枕石榻，能得其中真趣，便是人间的神仙；木食草衣，一切顺从自然，便是此地的佛陀。禅是随缘的。

5.161 当乐境而不能享者，毕竟是薄福之人；当苦境而反觉甘者，方才是真修之士。

【评】

乐境能享之，苦境不气馁，便是有修行之人。

5.162 半轮新月数竿竹，千卷藏书一盏茶。

【评】

数竿竹，一盏茶，文人要得不多，只是要得精致。

5.163 偶向水村江郭，放不系之舟；还从沙岸草桥，吹无孔之笛。

【评】

不系之舟，无孔之笛，无可无不可。蓄无弦琴的陶渊明说："但得琴中趣，何劳弦上音？"

5.164 物情以常无事为欢颜，世态以善托故为巧术。

【评】

善于拒绝人，也是人生必需之机智，尤其在今日之诱惑多多中。

5.165 善救时①，若和风之消酷暑；能脱俗，似淡月之映轻云。

【注释】

①救时：补救时弊。

【评】

酷暑须得和风消，淡月来必轻云映，故救时事大，脱俗事小。

5.166 廉所以惩贪，我果不贪，何必标一廉名，以来贪夫之侧目；让所以息争，我果不争，又何必立一让名，以致暴客之弯弓①？

【注释】

①弯弓:喻众矢之的。

【评】

刻意标"廉"便是贪,有心为"让"亦是争。

5.167 曲高每生寡和之嫌,歌唱需求同调;眉修多取入宫之妒①,梳洗切莫倾城。

【注释】

①眉修:形容美丽。入宫:指宫女。

【评】

按照中庸之道:曲不可太高,高则和寡;貌不可倾城,过则招妒。但据说法国女人有个说法,如果出门三分钟之内还没有人对你回头,或吹口哨,那就要考虑重新打扮换衣服。这算不算是一种矫枉过正呢?

5.168 随缘便是遣缘,似舞蝶与飞花共适;顺事自然无事,若满月偕盆水同圆。

【评】

世人无不醉于"痴","痴"在佛教里解释为业障,解"痴"唯有随缘。随遇而安,则心自平。

5.169 耳根似飙谷投响①,过而不留,则是非俱谢;心境如月池浸色,空而不着,则物我两忘。

【注释】

①耳根:佛家语,佛家以眼、耳、鼻、舌、身、意为六根。飙(biāo)谷:大风吹过山谷。

【评】

绝对的六根清净,是非俱谢、物我两忘是不可能的,但提高自己的修养,对种种欲望加以控制,却是完全可以做到的。

卷六　景

　　结庐松竹之间,闲云封户;徙倚青林之下,花瓣沾衣。芳草盈阶,茶烟几缕;春光满眼,黄鸟一声。此时可以诗,可以画,而正恐诗不尽言,画不尽意。而高人韵士,能以片言数语尽之者,则谓之诗可,谓之画可,谓高人韵士之诗画亦无不可。集景第六。

【评】

　　芳草盈阶，花香遍野，青山滴翠，黄鹂鸣啭，结庐、流连于如此美妙的春光中，那该是多么惬意的一件事啊！此情此景如诗如画，却又总是诗难写画难画。因为"此中有真意，欲辨已忘言"。而于高人韵士，眼前风景直如老朋友一般熟悉可亲，因而能以片言只语传其微妙，尽其真意。彼此渲染，已分不清到底是高人韵士在写诗作画，或者他们本身就已经成了一首诗一幅画？而回归田园、自然，又岂只是古人之理想？

6.1 花关曲折,云来不认湾头;草径幽深,落叶但敲门扇。

【评】

落花无言,人淡如菊,令人想见。

6.2 细草微风,两岸晚山迎短棹;垂杨残月,一江春水送行舟。

【评】

残月尚在而行舟无影,惟见一江春水向东流。萧瑟之景,落寞之情。

6.3 草色伴河桥,锦缆晓牵三竺雨①;花阴连野寺,布帆晴挂六桥烟②。

【注释】

①三竺:浙江杭州灵隐山飞来峰东南有天竺山,山中有上天竺、中天竺、下天竺三座寺院,合称"三天竺",简称"三竺"。

②六桥:浙江杭州西湖外湖苏堤上的六桥:映波、锁澜、望山、压堤、东浦、跨虹。宋苏轼所建。或指西湖里湖之六桥:环璧、流金、卧龙、隐秀、景行、浚源。明杨孟瑛所建。古代诗家常用三竺、六桥属对,来描绘西湖美景。如宋林景熙《西湖》诗:"断猿三竺晓,残柳六桥春"等。

【评】

由于嵌入三竺、六桥两处风景名胜,写其烟雨迷蒙的景象,显得意蕴幽深,耐人寻味,令人神往。古代诗家常用三竺、六桥属对,来描绘西湖美景。如宋林景熙《西湖》诗:"断猿三竺晓,残柳六桥春。"

6.4 闲步畎亩间①,垂柳飘风,新秧翻浪,耕夫荷农器,长歌相应,牧童稚子,倒骑牛背,短笛无腔,吹之不休,大有野趣。

【注释】

①畎(quǎn)亩:田间,田地。畎,田间水沟。

【评】

一幅农家野趣图。镜头由远而近,由全景而至特写,农夫、牧童之神情毕肖,活灵活现。

6.5 夜阑人静,携一童立于清溪之畔,孤鹤忽唳,鱼跃有声,清入肌骨。

【评】

夜阑人静,立于清溪之畔,忽闻远处孤鹤尖啼,惊起一尾鱼儿跃出水

面,清静之境瞬时打破,更显出夜之清凉冷寂。寥寥二十余字,有人物,有情节,有写景,仿佛一篇完整的记叙文,清新动人,耐人寻味。

6.6 垂柳小桥,纸窗竹屋,焚香燕坐①,手握道书一卷,客来则寻常茶具,本色清言,日暮乃归,不知马蹄为何物②。

【注释】

①燕坐:梵语,又作宴坐。闲坐,坐禅。明文徵明《春雨漫兴》诗:"焚香燕坐心如水,一任门多长者车。"

②马蹄:用《庄子·马蹄》典故,比喻性情受到束缚。

【评】

萧疏散淡之趣,全由景物描写烘托而出。

6.7 门内有径,径欲曲;径转有屏,屏欲小;屏进有阶,阶欲平;阶畔有花,花欲鲜;花外有墙,墙欲低;墙内有松,松欲古;松底有石,石欲怪;石面有亭,亭欲朴;亭后有竹,竹欲疏;竹尽有室,室欲幽;室旁有路,路欲分;路合有桥,桥欲危;桥边有树,树欲高;树阴有草,草欲青;草上有渠,渠欲细;渠引有泉,泉欲瀑;泉去有山,山欲深;山下有屋,屋欲方;屋角有圃,圃欲宽;圃中有鹤,鹤欲舞;鹤报有客,客不俗;客至有酒,酒欲不却;酒行有醉,醉欲不归。

【评】

运用回环与顶真的修辞手法,读之仿佛跟随着作者的脚步,一步一景,曲径而入,屏、阶、花、墙、松、石、亭、竹、室、路、桥、树、草、渠、泉、山、屋、圃、鹤……在这座艺术的园林中目不暇接,流连叹美。最后登堂入室,终于见到了园林好客的主人,宾主尽欢,大醉犹不思归。这样的一座园林,几乎凝聚了中国文化的所有细节,怎不令人留连忘返?

6.8 清晨林鸟争鸣,唤醒一枕春梦。独黄鹂百舌①,抑扬高下,最可人意。

【注释】

①百舌:鸟名。善鸣,声多变化。

【评】

林鸟争鸣,啼破春梦,大概是要心生恼意的。南朝乐府诗曰:"打杀长鸣鸡,弹去乌臼鸟。愿得连冥不复曙,一年都一晓。"幸好还有那抑扬高下的黄鹂百舌鸟,最可人意,不由使人由恼转喜。

6.9　高峰入云，清流见底。两岸石壁，五色交辉，青林翠竹，四时俱备，晓雾将歇，猿鸟乱鸣；日夕欲颓，池鳞竞跃，实欲界之仙都①。自康乐以来②，未有能与其奇者③。

【注释】

①欲界：佛家语。即人世间。

②康乐：谢灵运，字康乐，中国山水诗派的鼻祖。

③未有能与其奇者：不曾有像谢灵运那样赞许山水之奇妙的人。言下之意是：只有他（陶弘景）才能像谢灵运那样对山川之奇妙深刻领会。与，参与，领略。

【评】

采自南朝梁陶弘景《答谢中书书》。这封短简全文只有寥寥六十六个字（此处摘选五十八字），却能将山川之美描摹尽致，读来神气飞越，可谓一字千金。

6.10　曲径烟深，路接杏花酒舍；澄江日落，门通杨柳渔家。

【评】

弯曲的小径连接着杏花村里的酒舍，夕阳正对的是杨柳掩映下的渔家之门，在烟水迷蒙中给人一种空间的纵深感。

6.11　长松怪石，去墟落不下一二十里。鸟径缘崖，涉水于草莽间。数四左右，两三家相望，鸡犬之声相闻。竹篱草舍，燕处其间，兰菊艺之，霜月春风，日有余思。临水时种桃梅，儿童婢仆皆布衣短褐，以给薪水①，酿村酒而饮之。案有诗书、庄周、太玄、楚辞、黄庭、阴符、楞严、圆觉数十卷而已②。杖藜蹑屐，往来穷谷大川，听流水，看激湍，鉴澄潭，步危桥，坐茂树，探幽壑，升高峰，不亦乐乎！

【注释】

①薪水：打柴取水。

②太玄：西汉扬雄《太玄经》。黄庭：相传老子所著《黄庭经》。阴符：相传黄帝所著《阴符经》。楞严、圆觉：即佛教经典《楞严经》与《圆觉经》。

【评】

缘鸟径，探幽壑，所见又是一处桃花源。鸡犬之声相闻，儿童婢仆皆布衣短褐以给薪水，杂读闲书，时种兰菊桃梅，亦自是无比快意之事。

6.12 天气晴朗，步出南郊野寺，沽酒饮之。半醉半醒，携僧上雨花台①，看长江一线，风帆摇曳，钟山紫气，掩映黄屋②，景趣满前，应接不暇。

【注释】

①雨花台：在今江苏南京。该地古时多寺庙，传梁武帝时云光法师在此讲经，落花如雨，故名。

②黄屋：指帝王宫殿。

【评】

登临远眺，但见长江如带，江上船来舟往风帆摇曳，俯瞰钟山之麓旧朝宫阙烟雾缭绕，人世的短暂、历史的兴亡之感，不禁一齐涌上心头，无可排遣。

6.13 净扫一室，用博山炉爇沉水香①，香烟缕缕，直透心窍，最令人精神凝聚。

【注释】

①博山炉：古香炉名。爇（ruò）：烧。沉水香：沉香木，由于它的心很坚实，丢到水中会沉到水底，故名。南朝乐府民歌《杨叛儿》：“暂出白门前，杨柳可藏乌。欢作沉水香，侬作博山炉。”

【评】

台湾作家林清玄在《沉水香》一文中说：沉香最动人的部分，是它的“沉”，有沉静内敛的品质；也在它的“香”，一旦成就，永不散失。沉香不只是木头吧！也是一种启示，启示我们在浮动的、浮华的人世中，也要在内心保持着深沉的、永远不变的芳香。

6.14 每登高丘，步邃谷，延留燕坐，见悬崖瀑流，寿木垂萝，閟邃岑寂之处①，终日忘返。

【注释】

①閟（bì）邃：神秘，幽深。

【评】

观悬崖瀑流，寿木垂萝，不仅不觉其冷，反而终日忘返。幽邃岑寂之处，往往有胜景存焉。

6.15 柴门不扃①，筠帘半卷②，梁间紫燕，呢呢喃喃，飞出飞入。山人以啸咏佐之，皆各适其性。

【注释】

①扃（jiōng）：关门。

②筼(yún)：竹子的青皮。

【评】

　　只有飞出飞入的燕子，不会嫌柴门草屋之破陋，呢呢喃喃不休。隐居于此的山人则以啸咏相应之，亦可谓各适其性，各得其乐。

　　6.16　风晨月夕，客去后，蒲团可以双跏①；烟岛云林，兴来时，竹杖何妨独往。

【注释】

①双跏(jiā)：佛教中修禅者的一种坐法，即双足交迭而坐。

【评】

　　人生便当随兴适性而往，乘兴而去，兴尽而归。

　　6.17　三径竹间①，日华澹澹，固野客之良辰；一偏窗下，风雨潇潇，亦幽人之好景。

【注释】

①三径：王莽专权时，兖州刺史蒋诩辞官回乡，于院中辟三径，唯与求仲、羊仲往来。后多喻指退隐所居田园。

【评】

　　"回首向来萧瑟处，归去，也无风雨也无晴"，最是幽人野客的超然心态与领悟。

　　6.18　乔松十数株，修竹千余竿；青萝为墙垣，白石为鸟道；流水周于舍下，飞泉落于檐间；绿柳白莲，罗生池砌：时居其中，无不快心。

【评】

　　与其说这是文人居住环境的真实写照，不如说它是文人心灵住所的最好描绘。

　　6.19　人冷因花寂，湖虚受雨喧。

【评】

　　人感到冷是因为四周花木之寂寞，湖面平静因而雨点打在上面才显得喧闹，大有冷艳落寞之感。

　　6.20　有屋数间，有田数亩。用盆为池，以瓮为牖，墙高于肩，室大于斗。布被暖余，藜藿饱后①。气吐胸中，充塞宇宙，

笔落人间,辉映琼玖②。人能知止,以退为茂。我自不出,何退之有？心无妄想,足无妄走,人无妄交,物无妄受。炎炎论之③,甘处其陋。绰绰言之,无出其右。羲轩之书④,未尝去手,尧舜之谈,未尝离口。当中和天,同乐易友⑤,吟自在诗,饮欢喜酒。百年升平,不为不偶⑥,七十康强,不为不寿。

【注释】

①藜藿:指粗劣的饭菜。

②琼玖:泛指美玉,喻贤才。

③炎炎:盛美,有气焰。《庄子·齐物》:"大言炎炎,小言詹詹。"

④羲轩之书:伏羲和轩辕氏的书,借指古书。

⑤易:和悦。

⑥不偶:不遇,不合。引申为命运不好。

【评】

采自宋邵雍《瓮牖吟》。身居陋室,而能安贫乐道,胸怀天下。能做到"心无妄想,足无妄走,人无妄交,物无妄受",则近于君子矣。后来不少人即以此四句作为家训之类。

6.21 中庭蕙草销雪①,小苑梨花梦云。

【注释】

①蕙草:香草名。

【评】

兰蕙而能"销"雪,梨花也能有"梦",以拟人的笔法,活泼泼地状写出蕙草之香、梨花之白,写出春天冰雪消融、万物复苏的无限生机。

6.22 以江湖相期,烟霞相许;付同心之雅会,托意气之良游。或闭户读书,累月不出;或登山玩水,竟日忘归。斯贤达之素交,盖千秋之一遇。

【评】

君子之素交,不需要任何言语和物质的约束,或独自闭户读书,或相与登山玩水,惟以江湖烟霞相期许。

6.23 荫映岩流之际,偃息琴书之侧。寄心松竹,取乐鱼鸟,则淡泊之愿,于是毕矣。

【评】

于山间林泉掩映之中,寄心于松竹、鱼鸟与琴书,自是一派淡泊素净之天地。

6.24 庭前幽花时发，披览既倦，每啜茗对之。香色撩人，吟思忽起，遂歌一古诗，以适清兴。

【评】

倦读之余，步出庭院，但见幽花时发，香气袭人，啜茗以对，不禁神清气爽，倦意全消，雅兴大发。此亦读书人之乐也。

6.25 凡静室，须前栽碧梧，后种翠竹，前檐放步，北用暗窗，春冬闭之，以避风雨，夏秋可开，以通凉爽。然碧梧之趣，春冬落叶，以舒负暄融和之乐，夏秋交荫，以蔽炎烁蒸烈之气，四时得宜，莫此为胜。

【评】

文人们其实是在将有限的庭园当成胸中之天下来经营的。

6.26 家有三亩园，花木郁郁。客来煮茗，谈上都贵游、人间可喜事①，或茗寒酒冷，宾主相忘。其居与山谷相望，暇则步草径相寻。

【注释】

①上都：古代对京都的通称。贵游：指无官职的王公贵族，亦泛指显贵者。

【评】

但有闲暇，便思踏访山中之友，煮茗叙谈。"茗寒酒冷"，因谈聊甚欢，却竟至忘了面前的清茶好酒，多么令人神往的情意融融！

6.27 良辰美景，春暖秋凉，负杖蹑履，逍遥自乐，临池观鱼，披林听鸟，酌酒一杯，弹琴一曲，求数刻之乐，庶几居常以待终。筑室数楹，编槿为篱，结茅为亭，以三亩荫竹树栽花果，二亩种蔬菜，四壁清旷，空诸所有，蓄山童灌园薙草，置二三胡床着亭下，挟书剑以伴孤寂，携琴弈以迟良友，此亦可以娱老。

【评】

或负杖蹑履，披林听鸟，或筑室结亭，琴棋蔬果，营造园林是古代士人生活中的重要组成部分，它集中反映了士人多样化的生活追求与情趣。

6.28 一径阴开，势隐蛇蟺之致①，云到成迷；半阁孤悬，影

回缥缈之观,星临可摘。

【注释】

①蟺(shàn):蚯蚓的别名。

【评】

一条小路,若隐若现地在山间延伸;半座亭阁,孤悬于云雾缭绕之中,给人以凌虚缥缈之感。

6.29 几分春色,全凭狂花疏柳安排;一派秋容,总是红蓼白苹妆点①。

【注释】

①红蓼(liǎo):俗名"狗尾巴花"。白苹:一种水草,叶青白色。常用于表示相思离别。

【评】

用拟人的手法,状写大自然为人类的妆点安排,越思越觉其风流可爱。

6.30 野旷天低树,江清月近人。

【评】

采自孟浩然《宿建德江》。平野旷莽,暮色苍茫,似与远树相接,这景象是低抑的,却又是旷远的,虽然凄伤,却有着解悟自信。孤立舟头,在平原的旷野中,在高悬的明月下,在无尽的时空中。这是盛唐人的愁。

6.31 春山艳冶如笑,夏山苍翠如滴,秋山明净如妆,冬山惨淡如睡。

【评】

采自北宋郭熙《山水训》。春山好似妩媚笑脸,夏山郁郁葱葱青翠欲滴,秋山好似打扮修饰一新,冬山又好似沉睡一般。用拟人和比喻的手法为我们建构了一个缤纷斑斓的艺术世界。

6.32 眇眇乎春山①,淡冶而欲笑;翔翔乎空丝②,绰约而自飞。

【注释】

①眇眇(miǎo):辽远、高远貌。

②空丝:指杨柳枝。

【评】

前两句写山,是远景,喻其为微笑之女子;后两句写树,是近景,突出其婀娜可喜。作者心情之轻快跃然纸上。

6.33 盛暑持蒲,榻铺竹下,卧读《骚》经,树影筛风,浓阴蔽日,丛竹蝉声,远远相续,蘧然入梦①。醒来命取楖栉发②,汲石涧流泉,烹云芽一啜③,觉两腋生风。徐步草玄亭,芰荷出水,风送清香,鱼戏冷泉,凌波跳掷。因涉东皋之上,四望溪山罨画④,平野苍翠。激气发于林瀑,好风送之水涯,手挥麈尾,清兴洒然。不待法雨凉雪⑤,使人火宅之念都冷⑥。

【注释】

①蘧(qú)然:惊喜貌。

②楖(zhèn):梳子。栉:梳。

③云芽:云雾茶。

④罨(yǎn)画:色彩鲜明的绘画,形容自然景物的艳丽多姿。明杨慎《丹铅总录·订讹·罨画》:"画家有罨画,杂彩色画也。"

⑤法雨:佛教语。指佛法。佛法普渡众生,如雨之滋润万物,

⑥火宅:佛教谓三界不安犹如火宅。

【评】

盛夏之日,午睡醒来,烹上一壶上品佳茶,然后漫步池荷之畔,又登上东边的高地,放眼而望,但觉激越之气生发于林瀑水涯,好风迎面而来,精神为之一爽。

6.34 山曲小房,入园窈窕幽径,绿玉万竿①。中汇涧水为曲池,环池竹树云石,其后平冈逶迤,古松鳞鬣②,松下皆灌丛杂木,茑萝骈织,亭榭翼然。夜半鹤唳清远,恍如宿花坞;间闻哀猿啼啸,嘹唳惊霜③,初不辨其为城市为山林也。

【注释】

①绿玉:代指竹子。

②鳞鬣(liè):本义指龙的鳞片和鬣毛。这里以鳞喻松树皮,鬣喻松针。

③嘹唳(liáolì):形容声音响亮凄清。

【评】

如此幽雅的小园,不禁让人想起"小园香径独徘徊"的意境。

6.35 一抹万家,烟横树色,翠树欲流,浅深间布,心目竞

观,神情爽涤。

【评】

一抹微风吹过,云烟掩映下的树色翠绿欲滴,浅浅深深,使人如同佛家语谓"开心眼",有豁然开朗之妙悟。

6.36 万里澄空,千峰开霁,山色如黛,风气如秋,浓阴如幕,烟光如缕,笛响如鹤唳,经飔如咿唔①,温言如春絮,冷语如寒冰,此景不应虚掷。

【注释】

①咿唔(yīwū):象声词,多形容吟诵声。

【评】

风儿刮起好似咿呀人语,温馨的话语犹如春天的花絮,冷峻的话语好像冬天的寒冰,如此拟人化的写景,亲切可感,把眼前的山写活了。

6.37 山房置古琴一张,质虽非紫琼绿玉,响不在焦尾、号钟①,置之石床,快作数弄。深山无人,水流花开,清绝冷绝。

【注释】

①焦尾、号钟:与绿绮、绕梁并称为古代四大名琴。焦尾,相传蔡邕在亡命途中,曾于烈火中抢救出一段尚未烧完、声音异常的梧桐木,制成七弦琴,声音不凡。号钟,周代名琴,琴音之宏亮,犹如钟声激荡,号角长鸣,令人震耳欲聋,故名。传说古代杰出的琴家伯牙曾弹奏过此琴。

【评】

深山无人,依旧水流花开,于此中弄琴几曲,不禁使人感到清幽、冷寂绝伦。

6.38 密竹轶云,长林蔽日,浅翠娇青,笼烟惹湿。构数椽其间,竹树为篱,不复葺垣。中有一泓流水,清可漱齿,曲可流觞,放歌其间,离披蒨郁①,神涤意闲。

【注释】

①离披:盛貌,多貌。蒨(qiàn)郁:草盛貌。

【评】

采自明高濂《四时幽赏录》。山林中,茅屋几间绕流水,草木茂盛而散乱,放歌其间,不禁神情清爽,仪态悠闲,有兰亭宴集之想。

6.39 抱影寒窗,霜夜不寐,徘徊松竹下,四山月白,露坠冰柯,相与咏李白《静夜思》,便觉冷然。寒风就寝,复坐蒲团,从松端看月,煮茗佐谈,竟此夜乐。

【评】

寒夜不寐,徘徊于松树竹林之下,看四周青山,月色皎洁,对着月影一起吟咏"床前明月光,疑是地上霜",便得一派清冷。又或者呼二三好友,煮茶对谈,都是古代文人的种种"夜乐"。

6.40 云晴叆叇①,石楚流滋②,狂飙忽卷,珠雨淋漓。黄昏孤灯明灭,山房清旷,意自悠然。夜半松涛惊飓,蕉园鸣琅瘝坎之声③,疏密间发,愁乐交集,足写幽怀。

【注释】

①叆叇(ài):浓郁貌。

②石楚流滋:下雨前,柱子下面的石础转潮。

③瘝(kuǎn)坎:象声词。

【评】

山居之中,想来夜晚是比较难熬的,更何况是狂风暴雨之夜,而作者却能听松涛惊飓,而"意自悠悠",可知是真山林中人也。

6.41 四林皆雪,登眺时见絮起风中,千峰堆玉,鸦翻城角,万壑铺银。无树飘花,片片绘子瞻之壁①;不妆散粉,点点糁原宪之羹②。飞霰入林,回风折竹,徘徊凝览,以发奇思。画冒雪出云之势,呼松醪茗饮之景③。拥炉煨芋,欣然一饱,随作雪景一幅,以寄僧赏。

【注释】

①子瞻之壁:用苏轼(字子瞻)《念奴娇·赤壁怀古》"卷起千堆雪"典。

②糁(sǎn):以米和羹,散落。原宪之羹:《庄子·让王》:"子贡乘大马,中绀而表素,轩车不容巷,往见原宪。原宪华冠屣履,杖藜应门。子贡曰:'嘻,先生何病也!'"又"孔子穷于陈、蔡间,七日不食,藜羹不糁,颜色甚惫。"

③松醪:用松脂或松花酿制的酒。

【评】

可与谢惠连《雪赋》比照而观,只是一出之于欣然,一出之以凄然。

6.42 孤帆落照中,见青山映带,征鸿回渚,争栖竞啄,宿水鸣云,声凄夜月,秋飙萧瑟,听之黯然,遂使一夜西风,寒生露白。

【评】

仿佛那一夜西风,寒生露白,都是远征的大雁啼唤而来。大雁,在中国的传统文学中,被赋予了无限丰富的内涵。

6.43 春雨初霁,园林如洗,开扉闲望,见绿畴麦浪层层,与湖头烟水相映带,一派苍翠之色,或从树杪流来,或自溪边吐出。支筇散步,觉数十年尘土肺肠,俱为洗净。

【评】

悒郁了一冬,或者竟是数十年的郁闷,终于可以在美妙的春光中,放飞心情。风流不风流的诗人们,都要净面素身,背手出门,去寻找春天的诗句。

6.44 四月有新笋、新茶、新寒豆、新含桃,绿阴一片,黄鸟数声,乍晴乍雨,不暖不寒,坐间非雅非俗,半醉半醒,尔时如从鹤背飞下耳。

【评】

陶渊明有诗云:“今日天气佳,清吹与鸣弹……清歌散新声,绿酒开芳颜。”晴和的初春天气,清亮的鸟鸣歌唱,还有那半醉半醒的花丛中人,还有什么烦恼、机心不能消弥涤尽?

6.45 名从刻竹,源分渭亩之云①;倦以据梧,清梦郁林之石②。

【注释】

①渭亩:指竹。《史记·货殖列传》:“渭川千亩竹。”

②郁林之石:比喻清廉。汉末郁林太守陆绩,清正廉洁,罢归时两袖清风,以至于舟轻不能越海,取石头装船方得渡。

【评】

翠竹凌云,气魄非凡,故制成竹简,依然可以使人藉之以传名声。据梧而睡,在梦中也会梦到郁林之石吧。

6.46 夕阳林际,蕉叶堕地而鹿眠;点雪炉头,茶烟飘而鹤避。

夕阳中的树林边,青青的芭蕉叶下鹿儿在休息;拥炉而坐,茶烟飘散而仙鹤受到惊吓,以动写静,此心悠然。

6.47 高堂客散,虚户风来,门设不关,帘钩欲下。横轩有狻猊之鼎①,隐几皆龙马之文②,流览云端,寓观濠上③。

【注释】

①狻猊(suānní):传说中似狮子的猛兽。相传龙生九子之老五,形如狮,喜烟好坐,佛主见它有耐心,便收在胯下当了坐骑。所以形象一般出现在香炉上,随之吞烟吐雾。

②龙马之文:《尚书·顾命》孔氏传曰:"伏羲氏王天下,龙马出河,遂则其文,以画八卦,谓之河图。"

③濠上:庄子与惠施论鱼之乐的濠梁。

【评】

一般客散之后,见杯盘狼藉,瞬时冷清,人或难免感到失落。倘能作濠上之想,便自可疗之矣。

6.48 山经秋而转淡,秋入山而倍清。

【评】

秋天的山是寂寥的,但也是丰盈的。它比春天的色彩更绚烂更斑驳,更多了一份沉重,一份萧索,多了一点遥望冬天的冷淡。

6.49 山居有四法:树无行次,石无位置,屋无宏肆,心无机事。

【评】

现代人以"我"为中心,古人则要把这个"我"变成"格",讲究以格立"我",而这种"格"呢,又以平淡、自然、天真为理想境界。此山居之四法,就是讲要自然随意,不要勾心斗角,处处机心,这样才能与自然融为一体。

6.50 花有喜、怒、寤、寐、晓、夕,浴花者得其候,乃为膏雨①。淡云薄日,夕阳佳月,花之晓也;狂号连雨,烈焰浓寒,花之夕也;檀唇烘日②,媚体藏风,花之喜也;晕酣神敛,烟色迷离,花之愁也;欹枝困槛,如不胜风,花之梦也;嫣然流盼,光华溢目,花之醒也。

【注释】

①膏雨：滋润作物的霖雨。

②檀唇：多形容女子红唇，此喻指花。

【评】

采自明袁宏道《瓶史》。该书为一部插花专著。花有魂，每朵花都是一个精灵。若美人姿态，或颦，或笑，或嗔，或怒，风情缭绕，惹得多情文人"宁在花下死，做鬼也风流"。想想人家官至吏部郎中，还能有此清趣，活得如此有滋有味。难怪他提出的文学主张是要"独抒性灵，不拘格套"。只是为什么在插花上就可以如此讲究如此麻烦？

6.51 海山微茫而隐见，江山严厉而峭卓①，溪山窈窕而幽深，塞山童赪而堆阜，桂林之山绵衍庞博，江南之山峻峭巧丽。山之形色，不同如此。

【注释】

①峭卓：高峻陡直。

②童赪(chēng)：无草木的红土地。堆阜：小丘。

【评】

寥寥数语，展示出一幅山的长卷。山不同，个性不同，千姿百态，而神韵动人。

6.52 白云徘徊，终日不去。岩泉一支，潺湲斋中。春之昼，秋之夕，既清且幽，大得隐者之乐，惟恐一日移去。

【评】

山之清幽，不因春秋流转而"移去"，然而隐者之心是否也能亘古如斯？恐怕很难。

6.53 与衲子辈坐林石上，谈因果，说公案①。久之，松际月来，振衣而起，踏树影而归，此日便是虚度。

【注释】

①公案：佛教禅宗认为用教理来解决疑难问题，如官府判案，故称公案。公案的灵魂是机锋。

【评】

无所系于心，无所系于事，便是虚度。然而，这样的虚度似乎正是文人们所孜孜以求的。

6.54 结庐人境,植杖山阿①,林壑地之所丰,烟霞性之所适,荫丹桂,藉白茅,浊酒一杯,清琴数弄,诚足乐也。

【注释】

①山阿:山的曲折处。

【评】

采自唐杜之松《答王绩书》。可事实上,从王绩的诗歌看,他还不能像陶渊明那样从田园中找到慰藉,在闲逸的情调中,总还带几分彷徨与苦闷。朋友之书,总难免溢美。

6.55 辋水沦涟①,与月上下;寒山远火,明灭林外,深巷小犬,吠声如豹。村虚夜舂②,复与疏钟相间,此时独坐,童仆静默。

【注释】

①辋水:即辋川。水名。诸水会合如车辋环辏,故名。在今陕西蓝田南。

②虚:通"墟"。

【评】

月光波动,远灯明灭,黑寂的小巷,即使是几声小狗的叫声,也显得像豹吼一样响亮。复有村落中舂米的声音、偶尔的钟声,此时"独坐"之人,是冥心入定,还是意想翩翩?

6.56 东风开柳眼,黄鸟骂桃奴①。

【注释】

①桃奴:即桃枭,经冬不落的干桃子,以其状如枭首磔木,故名。

【评】

把柳枝吐绿比作春风吹开了柳树的眼睛,把黄鸟啄食干桃比作是在责骂,写春天的万物复苏,妙趣横生。

6.57 晴雪长松,开窗独坐,恍如身在冰壶;斜阳芳草,携杖闲吟,信是人行图画。

【评】

大雪初晴,漫天皆白,银妆素裹,怎不让人恍如置身于冰壶之中?斜阳草树,拄杖闲吟,的确是一幅生动的人行图画。

6.58 小窗下修篁萧瑟,野鸟悲啼;峭壁间醉墨淋漓,山灵呵护。

【评】

见修竹萧瑟,则野鸟悲啼,而山间巉岩如墨,却似有山灵保护,造化之伟力,令人遐想。

6.59 霜林之红树,秋水之白蘋。

【评】

枫叶与白蘋,是古人诗词文章中常见的秋天意象。秋愈深而枫愈红,水中之白蘋亦愈有凋残飘零之感。

6.60 云收便悠然共游,雨滴便泠然俱清;鸟啼便欣然有会,花落便洒然有得。

【评】

自然万物之变化,自有其无穷意趣在。此心能与之融为一体,则时时处处有欣然之会,何事伤春复悲秋?

6.61 山馆秋深,野鹤唳残清夜月;江园春暮,杜鹃啼断落花风。

【评】

野鹤的啼叫悲惨凄厉,残月也渐渐退去,显得更加清凉;暮春时分,杜鹃鸟啼血哀鸣,花朵在风中纷纷散落,令人悲肠寸断。意境凄清,哀婉动人。

6.62 青山非僧不致,绿水无舟更幽;朱门有客方尊,缁衣绝粮益韵①。

【注释】

①缁衣:僧尼的衣服,借指僧人。

【评】

没有生机,一派死寂,何幽韵之有?

6.63 杏花疏雨,杨柳轻风,兴到欣然独往;村落烟横,沙滩月印,歌残倏尔言旋。

【评】

杏花、杨柳、炊烟、月影,在自然随和的描绘中,目的是要衬托出兴到便欣然独往,兴尽便倏尔言旋。

6.64 赏花酧酒,酒浮园菊方三盏;睡醒问月,月到庭梧第二枝。此时此兴,亦复不浅。

【评】

三盏即酧,可见是酒不醉人人自醉。痴痴问月,亦不知今夕是何夕。

6.65 几点飞鸦,归来绿树;一行征雁,界破春天。

【评】

碧绿的树梢,春日的长空,几只翻飞的乌鸦,一行远征的大雁,这是活泼泼的春天的景象。

6.66 看山雨后,霁色一新,便觉青山倍秀;玩月江中,波光千顷,顿令明月增辉。

【评】

山和雨、江与月,都是相互衬托的。雨后之山,更添妩媚;江中之月,尤觉摇曳。

6.67 楼台落日,山川出云。

【评】

夕阳从楼台之上缓缓落下,云雾从山川之中升腾而出,有了固定的参照物,才能感受着日出日落,云起云散。

6.68 玉树之长廊半阴,金陵之倒景犹赤。

【评】

不直写玉树、紫金山,而是通过长廊的阴凉、江中倒影的赤红色衬托而出,更见其委婉动人。

6.69 小窗偃卧,月影到床,或逗留于梧桐,或摇乱于杨柳;翠华扑被,神骨俱仙。及从竹里流来,如自苍云吐出。

【评】

月影一直照到床边,只是随着月亮的移动,有时逗留于梧桐之上,有时飘摇于杨柳之间,而当移到竹林之时,婆娑的光影好似从竹间流出,又宛如从苍翠的云间吐出飘来。月光仿佛在与人捉迷藏,读来令人心驰神往。

6.70 清送素蛾之环佩①,逸移幽士之羽裳②。想思足慰于故人,清啸自纡于良夜。

【注释】

①素蛾:当作"素娥",即月神嫦娥,月色白,故称素娥。

②羽裳:羽衣。道士的衣服。

【评】

　　嫦娥的环佩之声送来阵阵清香,幽居之人的羽裳带着飘逸之风,在如此宁静的夜晚想念着这样的朋友,不禁要尽情地发出几声清啸,才足以抒发心中的思念之情。

　　6.71　绘雪者,不能绘其清;绘月者,不能绘其明;绘花者,不能绘其香;绘风者,不能绘其声;绘人者,不能绘其情。

【评】

　　的确都画不出,但人却可以因想像而得来,这就是艺术的辩证法吧。

　　6.72　读书宜楼,其快有五:无剥啄之惊①,一快也;可远眺,二快也;无湿气浸床,三快也;木末竹颠,与鸟交语,四快也;云霞宿高檐,五快也。

【注释】

①剥啄:象声词。指敲门声。

【评】

　　古人常云读书之快乐,可见不为无因。今人局促于林立高楼中,还有几间书屋可以得如此快活呢?

　　6.73　山径幽深,十里长松引路,不倩金张①;俗态纠缠,一编残卷疗人,何须卢扁②。

【注释】

①倩:借助。金张:汉代显宦金日磾、张安世的居处。常用以泛指权贵馆舍。《汉书·盖宽饶传》:"上无许史之属,下无金张之托。"

②卢扁:春秋战国时名医扁鹊。因家于卢国,故名,又名卢医。

【评】

　　十里长松引路,情意缠绵,一编残卷便足以治疗世俗情态的纠缠,世态炎凉只存在于人世间。

　　6.74　喜方外之浩荡,叹人间之窘束。逢阆苑之逸客,值蓬莱之故人①。

【注释】

①阆苑、蓬莱:均指仙人所居之境。

【评】

　　向往着超然世外的逍遥,感叹着人世之间的困窘拘束,传达的是一种出世求道的情怀。

　　6.75　出芝田而计亩①,入桃源而问津。菊花两岸,松声一丘。叶动猿来,花惊鸟去。阅丘壑之新趣,纵江湖之旧心。

【注释】

①芝田:种有芝草的田地。芝,菌类,生于枯木上,古人认为是瑞草,服之可以成仙。所以又名灵芝。

【评】

　　芝田计亩、桃源问津,既辜负了丘壑之美意,更茫然于江湖之旧心,可惜可惜。

　　6.76　篱边杖履送僧,花须列于巾角;石上壶觞坐客,松子落我衣裾。

【评】

　　山水之情趣,不只在山水,更在于人。心中无情,山只是山,水只是水;心中有情,则山水之中自会有我,我中自会有山水。正是因为心中有千种风情,所以李白才会有"独坐敬亭山,相看两不厌"的痴恋,陶渊明才会有"采菊东篱下,悠然见南山"的超然。

　　6.77　远山宜秋,近山宜春,高山宜雪,平山宜月。

【评】

　　欣赏山水要懂得观赏之道。逆时而行,虽千般艰辛,也难见山之本色。行错方向,虽不辞劳苦,也难见雪月风情。山有知,亦自会感慨,得一知己足矣!

　　6.78　珠帘蔽月,翻窥窈窕之花;绮幔藏云,恐碍扶疏之柳。

【评】

　　被风翻卷的珠帘仿佛是在偷窥窈窕的花儿,帷幔拉起仿佛是担心妨碍了垂柳的摇曳轻拂,读来便觉新奇趣致。

　　6.79　烟霞润色,荃荑结芳①。出涧幽而泉洌,入山户而

松凉。

【注释】

①荃(quán)荑(tí)：即指荃的嫩芽。荃，古书上说的一种香草，即菖蒲。多喻君主。荑，茅草的嫩芽。

【评】

从幽深山涧流出的泉水清洌甘甜，进入山门便顿觉松风清凉，山中之幽深芬芳可想。

6.80 玩飞花之度窗①，看春风之入柳；命丽人于玉席，陈宝器于纨罗。

【注释】

①玩：欣赏，玩赏。

【评】

采自梁简文帝萧纲《筝赋》。飞花、杨柳与美人、宝器映衬，描写美女抚筝奏乐，极富感染力。

6.81 忽翔飞而暂隐，时凌空而更扬。竹依窗而弄影，兰因风而送香。

【评】

采自梁萧和《萤火赋》。写萤火虫飞翔于竹兰之间轻盈上下之状。

6.82 风暂下而将飘，烟才高而不瞑。

【评】

采自唐太宗李世民《小山赋》。写雨后园中小山风烟迷茫之景。

6.83 褥绣起于缇纺①，烟霞生于灌莽。

【注释】

①褥绣：锦褥绣被。缇(tí)：橘红色。

【评】

采自唐卢照邻《同崔少监作双槿树赋》。写槿树虽为平常之物，而自具有逍遥之致。

卷七　韵

　　人生斯世，不能读尽天下秘书灵笈。有目而昧①，有口而哑，有耳而聋，而面上三斗俗尘，何时扫去？则韵之一字，其世人对症之药乎？虽然，今世且有焚香啜茗，清凉在口，尘俗在心，俨然自附于韵，亦何异三家村老妪②，动口念阿弥，便云升天成佛也。集韵第七。

【注释】

①昧：目不明。

②三家村：乡间人居寥落的地方。

【评】

　　没有人是天生高雅的，也没有人不想让自己高雅。那最好的办法就是附庸风雅。我想我们可能都程度不同地有过附庸风雅。《世说新语》里记载，东汉大名士郑玄家，连奴婢都能熟读熟用《诗经》，这无疑是熏陶附庸的结果。18世纪英国批评家哈里斯更提升到了理论的高度：想让一个人进入高雅的艺术，或者说你自己想进入高雅的艺术，有一个办法，你可以假装喜欢这种艺术。比如大家都谈论达·芬奇的伟大，你看不出来，你就假装说他确实伟大，直到有一天你确实喜欢上这幅画，虚构的东西就最终变成了现实。为什么我们却总喜欢对此嗤之以鼻呢？人们所以要附庸，其实不正是希望竭力摆脱身上的俗气吗？一个人人都希望摆脱俗气的社会，难道不正是一个文明优雅的社会吗？让我们跟随着作者一起去附庸古人的风雅吧。

7.1　清斋幽闭，时时暮雨打梨花：冷句忽来，字字秋风吹木叶。

【评】

梨花更兼暮雨，清幽之景可见，此时袭来之灵感诗句，亦应冷气逼人，字字如秋风之吹木叶。此情足以使人愁使人瘦。

7.2　多方分别，是非之窦易开；一味圆融，人我之见不立。

【评】

说东道西，评头论足，那么飞短流长也就越来越多，就好像捅了那个是非窝子。相反，有个圆融的角度，什么事情都能够看得开，想得通，那么万物便可与我为一。只要你没有了所谓的"分别念"，自然可以过得很潇洒。

7.3　春云宜山，夏云宜树，秋云宜水，冬云宜野。

【评】

四时不同的景物，点缀上同样的云，便显示出不同季节的韵味。

7.4　清疏畅快，月色最称风光；潇洒风流，花情何如柳态。

【评】

要说清静疏淡之物，莫过于月。月色朦胧之下，万物都显得如此清淡雅静，令人遐想。要说潇洒风流之物，花儿也比不上那弱柳。花儿虽然美丽，却没有柳条的婀娜、含情脉脉。人能兼有月之疏淡、柳之韵态，那便是最潇洒风流的人了。

7.5　春夜小窗兀坐，月上木兰；有骨凌冰，怀人如玉。因想"雪满山中高士卧，月明林下美人来"语①，此际光景颇似。

【注释】

①语出明高启《梅花》诗。雪满山中高士卧，用东汉袁安典。袁安有节操，洛阳大雪，人多出门乞食，只有他高卧家中。月明林下美人来，用隋代赵师雄典。赵迁罗浮，日暮憩车松林间，见一美女淡妆素服出迎，芳香袭人，又在酒肆与之欢饮，酒后醉寝，天明醒来时则发现自己在梅花树下。

【评】

夜凉如水，怀念起如玉的美人，不禁想起"月明林下美人来"的诗句，一边想念着，一边吟诵着，如玉的美人亦仿佛踏月而至。

7.6 香令人幽,酒令人远,茶令人爽,琴令人寂,棋令人闲,剑令人侠,杖令人轻,麈令人雅,月令人清,竹令人冷,花令人韵,石令人隽,雪令人旷,僧令人淡,蒲团令人野,美人令人怜,山水令人奇,书史令人博,金石鼎彝令人古。

【评】

此条亦见陈继儒《岩栖幽事》。或以之寄托,或以为赏玩,道尽中国文人的艺术趣味。

7.7 吾斋之中,不尚虚礼。凡入此斋,均为知己;随分款留,忘形笑语;不言是非,不侈荣利;闲谈古今,静玩山水;清茶好酒,以适幽趣。臭味之交^①,如斯而已。

【注释】

①臭味之交:这里指志趣相投的朋友。

【评】

这里有友情,有亲睦,有闲暇,有自由自在敞开心扉的忘形和任意。作家林语堂描绘过这种同类相引的气氛:"谈话的适当格调就是亲切和漫不经心的格调……开畅胸怀,有一人俩脚高置桌上,一人坐在窗台上,又一人则坐在地板上。"这里的乐趣,主要来自无拘无束,形态的无拘无束,话题的无拘无束。

7.8 窗宜竹雨声,亭宜松风声,几宜洗砚声,榻宜翻书声,月宜琴声,雪宜茶声,春宜筝声,秋宜笛声,夜宜砧声。

【评】

因为有了这种种声音,原本静止的、无形的事物便顿时有了生气,变得可感可亲起来。

7.9 翻经如壁观僧,饮酒如醉道士,横琴如黄葛野人^①,肃客如碧桃渔父^②。

【注释】

①黄葛野人:葛洪的弟子著名的有葛望、葛世、滕升、黄野人等,至今罗浮山又叫黄葛山。

②肃客:迎进客人。碧桃渔父:典出陶渊明《陶花源记》:"武陵人捕鱼为业,缘溪行,忘路之远近。忽逢桃花林,夹岸数百步,中无杂树,芳草鲜美,落英缤纷……余人各复延至其家,皆出酒食。"

【评】

翻阅经书就要像面壁而坐的僧人一样凝神入定,饮酒放歌则不妨学学醉道士的放浪不羁,无论做什么事,都要用心去做,去体验,得其神韵。

7.10 竹径款扉①,柳阴班席,每当雄才之处,明月停辉,浮云驻影,退而与诸俊髦西湖靓媚②。赖此英雄,一洗粉泽。

【注释】

①款:敲打,叩。

②俊髦:俊杰。

【评】

西湖向来被比作女子,英雄至此,也惟有多情侠肠,要洗去其脂粉味,又谈何容易?

7.11 云林性嗜茶①,在惠山中②,用核桃、松子肉和白糖成小块如石子,置茶中,出以啖客,名曰清泉白石。

【注释】

①云林:倪瓒,号云林子,元代著名画家。

②惠山:无锡惠山泉。

【评】

文人们的情趣也日益渗透于日常生活之中,而不再像魏晋名士们那样玄远高妙。

7.12 有花皆刺眼,无月便攒眉,当场得无妒我;花归三寸管①,月代五更灯,此事何可语人?

【注释】

①三寸:舌。

【评】

有花则喜,无月则愁,当场不会妒忌我吧。花事归三寸之舌管,月光可以代替五更的灯火,此种幽事又怎么可以对人说起? 此种花前月下事,又何必对人说。

7.13 求校书于女史①,论慷慨于青搂。

【注释】

①校书:唐胡曾《赠薛涛》:“万里桥边女校书,枇杷花下闭门居。”薛涛为蜀中名妓。后以“女校书”为妓女的雅称。女史:对知

识女性的美称。

【评】

青楼妓馆之中,亦不乏节烈慷慨之女子。在苦难中奋起,在艰难中抗争,在坎坷中成就,她们的才华,尤令后人感佩。

7.14 填不满贪海,攻不破疑城。

【评】

人一旦有了贪念,则欲壑难填;一旦有了猜忌,便总是疑神疑鬼。要填满、攻破它,如何可能呢? 这恐怕也是永远困扰着我们的人性之恶吧。

7.15 机息便有月到风来,不必苦海人世;心远自无车尘马迹,何须痼疾丘山①?

【注释】

①痼疾丘山:酷爱山水成癖。

【评】

只要消除了机心,自然会有月高风清,不必以人世间为无边苦海;只要心志淡泊高远,自无车马之喧嚣,又何必远离人世隐逸山林? 这是人的心灵对外物的一种过滤,对烦嚣氛围的一种阻隔,对生活环境中丑恶部分的一种鄙弃。

7.16 幽心人似梅花,韵心士同杨柳。

【评】

梅花幽静安逸,杨柳摇曳多姿,故比之为幽心人、韵心士。然而,“蒲柳之姿,望秋而落”,不也正是韵士们的共同命运!

7.17 情因年少,酒因境多。

【评】

儿时的无忧无虑,少年时的意气风发,一个“年少”都已涵括。只有年少的人才有一颗那么纯净的心,人越长大就越世故了,再要回到从前已不可能,惟有借酒浇愁,也只能愁上添愁。

7.18 看书筑得村楼,空山曲抱;跌坐扫来花径①,乱水斜穿。

【注释】

①跌(fū)坐:佛教徒的盘腿端坐。

【评】

静心读书,须在山村小楼上,在青山曲抱间;参禅打坐,须在花丛夹道上,在溪流交错间,如此方为韵人韵事。

7.19 倦时呼鹤舞,醉后倩僧扶。

【评】

疲倦时就呼来仙鹤起舞,酒醉后要让僧人搀扶,这不是酒醉之言便是狂妄之言。

7.20 鸟衔幽梦远,只在数尺窗纱;蛩递秋声悄,无言一龛灯火。

【评】

采自陈继儒《玉鸳阁诗集序》。一场幽梦,却被窗外的鸟儿啼破,可梦见的远方的人儿呢?惟有"无言一龛灯火",怅惘之情无可言说。

7.21 藉草班荆,安稳林泉之岁[1];披裘拾穗,逍遥草泽之曜[2]。

【注释】

①岁(xì):通"夕",指晚上。

②曜(yào):日光。

【评】

盘膝而坐于草间,相对清谈于林泉之夜;披着裘衣拾穗于田间,自在逍遥于草泽的阳光照耀之下。这样的生活只有安心于山林者方可得之。

7.22 万绿阴中,小亭避暑;八闼洞开[1],几簟皆绿。雨过蝉声来,花气令人醉。

【注释】

①闼(tà):门。

【评】

小亭既可避暑乘凉,更有蝉声阵阵,花香馥郁,能不让人心醉?

7.23 刓犀截雁之舌锋[1],逐日追风之脚力[2]。

【注释】

①刓(zhuān)犀截雁:比喻言辞犀利。刓犀,利剑可以剥开犀牛的皮。截雁,利箭可以截住飞雁。

②逐日:用夸父逐日典。追风:古良马名。

【评】

　　言辞犀利锋芒如利剑飞箭,脚力劲捷如夸父追风,又不知是何方神仙?

7.24 瘦影疏而漏月,香阴气而堕风。

【评】

　　瘦竹稀疏,可以漏月,花香氤氲,随风飘散,一"漏"一"堕",别出心裁。

7.25 诗题半作逃禅偈,酒价都为买药钱。

【评】

　　采自明王稚登《答袁相公问病》诗。诗题写的多半都是他日死后的情景,买酒的钱全都拿去买药了,叙写病况之深亦不失谐趣。

7.26 扫石月盈帚,滤泉花满筛。

【评】

　　采自唐李洞《喜鸾公自蜀归》诗。打扫石径月光洒满扫帚,过滤泉水花瓣儿飘满筛子,成为写月石花泉之名句,后人将此联镌刻于无锡二泉之枝峰阁,"滤泉"之名由此而来。

7.27 与梅同瘦,与竹同清,与柳同眠,与桃李同笑,居然花里神仙;与莺同声,与燕同语,与鹤同唳,与鹦鹉同言,如此话中知己。

【评】

　　万物不仅是我们的同类,在本质上与我们也是同等的,而且更与我们有一种亲密的关系,是朋友与知己。试着放慢我们的脚步,留意一下从身边错过的春天;停下脚步,感受一下美好的阳光,不要辜负了大自然这个好友的美意。

7.28 登山遇厉瘴,放艇遇腥风,抹竹遇缪丝①,修花遇醒雾,欢场遇害马,吟席遇伧夫,若斯不遇,甚于泥涂。偶集逢好花,踏歌逢明月,席地逢软草,攀磴逢疏藤,展卷逢静云,战茗逢新雨,如此相逢,逾于知己。

【注释】

①缪丝:缠绕的蛛丝。

【评】

　　"好雨知时节,当春乃发生",当然是好事;"屋漏偏逢连夜雨",则是倒霉事。可惜,遇与不遇,逢与不逢,并非人力所能为。好景当前,不要错过;坏事临头,淡然以对,相信阳光总在风雨后。

7.29　草色遍溪桥,醉得蜻蜓春翅软;花风通驿路,迷来蝴蝶晓魂香。

【评】

蜻蜓陶醉了,翅膀都变得软绵无力;蝴蝶迷醉了,魂梦之中犹然花香四溢。逢此大好春光,尔等皆能尽情享受,也算不枉此生。

7.30　田舍儿强作馨语①,博得俗因;风月场插入伧父,便成恶趣。

【注释】

①田舍儿强作馨语:《世说新语·文学》:"殷(浩)去后,乃云:'田舍儿强学人作尔馨(意为"这样",此指清言)语。'"田舍儿,语含轻蔑之称呼。

【评】

人贵有自知之明,亦难有自知之明。

7.31　梅花入夜影萧疏,顿令月瘦;柳絮当空晴恍忽,偏惹风狂。

【评】

梅花的影子隐入寒夜,显得萧疏冷清,顿时让月光也感到消瘦;柳絮当空飘舞,使得晴朗的天幕恍惚不定,偏偏又惹得狂风吹来。一"令"一"惹",化被动为主动。

7.32　花阴流影,散为半院舞衣;水响飞音,听来一溪歌板①。

【注释】

①歌板:捣衣的声音。

【评】

今天,我们欣赏到的大多只是电视电影里的五彩缤纷、光彩炫目,何处能赏此花影之舞,听此水响歌板之天籁?

7.33　萍花香里风清,几度渔歌;杨柳影中月冷,数声牛笛。

【评】

渔家的歌唱、牧童的笛声,都已经离我们的时代越来越远了。

7.34 谢将缥缈无归处,断浦沉云;行到纷纭不系时,空山挂雨。

【评】

"行到水穷处,坐看云起时",人生的妙处亦正在此"不归处"、"不系时"。

7.35 浑如花醉,潦倒何妨;绝胜柳狂,风流自赏。

【评】

能为花醉,能为柳狂,人生亦可谓得意。

7.36 春光浓似酒,花故醉人;夜色澄如水,月来洗俗。

【评】

醉花之人,自是性情中人,浴于月光,自可一洗尘俗。

7.37 雨打梨花深闭门,怎生消遣;分忖梅花自主张,着甚牢骚?

【评】

雨打梨花,此情何堪? 梅花自开,何意牢骚? 一副惜花怜枝之心肠。

7.38 对酒当歌,四座好风随月到;脱巾露顶,一楼新雨带云来。

【评】

如此纵酒欢歌之时,风来也好,雨来也罢,都足以助兴。

7.39 浣花溪内①,洗十年游子衣尘;修竹林中②,定四海良朋交籍。

【注释】

①浣花溪:在四川成都市西五里。又名百花潭。名妓薛涛家潭旁,以潭水造十色笺。又,杜甫晚年也曾居此。

②修竹林:用"竹林七贤"典。魏晋之间,陈留阮籍、谯郡嵇康、河内山涛、河南向秀、籍兄子咸、琅邪王戎、沛人刘伶相与友善,游于竹林,时人号为"竹林七贤"。交籍:指交游的名册。

【评】

今人游名胜古迹,欣赏风景倒在其次,想慕古人遗风则成首要。

7.40　人语亦语,诋其昧于钳口;人默亦默,訾其短于雌黄。

【评】

人语亦语,便会被诋毁口无遮拦;人默亦默,又可能被讥讽不善于评论品鉴。所以,说还是不说,说什么,从来都是一个问题。

7.41　艳阳天气,是花皆堪酿酒;绿阴深处,凡叶尽可题诗。

【评】

兴致来时,则天下一切景皆美景,令人有目不暇接之感。

7.42　曲沼荇香侵月,未许鱼窥;幽关松冷巢云,不劳鹤伴。

【评】

能作如此细腻之体贴笔法,想必是具有天地之仁心者。

7.43　篇诗斗酒,何殊太白之丹丘①;扣舷吹箫,好继东坡之赤壁②。

【注释】

①太白之丹丘:指李白的好友元丹丘。李白《将进酒》诗:"岑夫子,丹丘生,将进酒,杯莫停。"

②东坡之赤壁:指苏东坡前后《赤壁赋》。《序》称:"于是饮酒乐甚,扣舷而歌之。歌曰:⋯⋯客有吹洞箫者,依歌而和之。"

【评】

能为诗斗酒扣舷吹箫者,不计其数,但能作太白之诗、东坡之文者何其寥寥! 亦可谓得其形易,得其神难。

7.44　茶中着料,碗中着果,譬如玉貌加脂,蛾眉着黛,翻累本色。煎茶非漫浪①,要须人品与茶相得,故其法往往传于高流隐逸,有烟霞泉石磊落胸次者。

【注释】

①漫浪:指放纵而无拘束。

【评】

道可道,非常道,茶道的最高境界,则须看人之心胸与人品,所谓"人品与茶相得"。

7.45　楼前桐叶,散为一院清阴;枕上鸟声,唤起半窗红日。

【评】

陶渊明《和郭主簿》："蔼蔼堂前林，中夏贮清阴。"凉意本是无形无状的，而着一"贮"字，使得这凉意似乎也有了形状，仿佛是贮积在浓荫中的一汪清潭，伸手可掬。此处着一"散"字，字义相反，而妙趣全同。

7.46 天然文锦，浪吹花港之鱼；自在笙簧，风戛园林之竹①。

【注释】

①戛：敲打。

【评】

风吹西湖花港之鱼，掀起层层波浪，好似天然的花纹锦绣；风过园林之竹，涛声阵阵，仿如自然的笙簧吹奏。

7.47 松涧边携杖独往，立处云生破衲；竹窗下枕书高卧，觉时月浸寒毡。

【评】

云生破衲，月浸寒毡，清苦中亦别有禅意。

7.48 散履闲行，野鸟忘机时作伴；披襟兀坐，白云无语漫相留。

【评】

欲得野鸟为伴，白云留人，也只有将自身化作"天地一沙鸥"。

7.49 客到茶烟起竹下，何嫌屦破苍苔；诗成笔影弄花间，且喜歌飞《白雪》①。

【注释】

①《白雪》：古琴曲名，其曲高雅。

【评】

"茶烟起竹下"，"笔影弄花间"，此客定是可以青眼以对的文友清客。

7.50 月有意而入窗，云无心而出岫①。

【注释】

①岫（xiù）：山穴。

【评】

道是无心还有意。

7.51　屏绝外慕，偃息长林，置理乱于不闻，托清闲而自佚。松轩竹坞，酒瓮茶铛，山月溪云，农蓑渔罟①。

【注释】

①罟(gǔ)：鱼网。

【评】

"屏绝外慕"，"置理乱于不闻"，终不如"谈上都贵游、人间可喜事"者来得自然淡泊。

7.52　怪石为实友，名琴为和友，好书为益友，奇画为观友，法帖为范友，良砚为砺友，宝镜为明友，净几为方友，古磁为虚友①，旧炉为熏友，纸帐为素友，拂塵为静友。

【注释】

①古磁：即古瓷。

【评】

朴实之友、和洽之友、有益之友、可观赏之友、可摹范之友、可砥砺之友、可明得失之友、可为方正之友、清虚之友、熏陶之友、素淡之友、幽静之友……君子"日三省吾身"，以身边易见之物，常思观省、砥砺自我。

7.53　扫径迎清风，登台邀明月，琴觞之余，间以歌咏，止许鸟语花香，来吾几榻耳。

【评】

迎清风，邀明月，唤飞鸟，留花香，天地间一切美好之物，都请来为我助兴。或琴觞，或歌咏，其喜洋洋者矣。

7.54　风波尘俗，不到意中；云水淡情，常来想外。

【评】

仿佛是天地间只他一人，隔绝了那尘世所有的吵嚷喧器。作为人生的境界，恐怕并不易得，作为艺术的境界，则正可"寂然凝虑，思接千载；悄然动容，视通万里"。

7.55　纸帐梅花，休惊他三春清梦；笔床茶灶，可了我半日浮生。

【评】

"终日昏昏醉梦间，忽闻春尽强登山。因过竹院逢僧话，偷得浮生半日闲。"工作忙碌之余，浮生半日闲暇之时，读读书喝喝茶，也算是不辜负

了自己。

7.56 酒浇清苦月,诗慰寂寥花。

【评】

月无清苦,花无寂寞,何须宽慰与浇愁? 却无故被人栽赃,花月有知,也该责怪诗人之唐突了吧。

7.57 好梦乍回,沉心未烬,风雨如晦,竹响入床,此时兴复不浅①。

【注释】

①兴复不浅:兴致高。《世说新语·容止》:"俄而(庾亮)率左右十许人步来,诸贤欲起避之,公徐云:'诸君少住,老子于此处兴复不浅。'"

【评】

是什么好梦如此令人兴致盎然? 作者没有说,也似乎不必说。

7.58 山非高峻不佳,不远城市不佳,不近林木不佳,无流泉不佳,无寺观不佳,无云雾不佳,无樵牧不佳。

【评】

山之佳处亦如人之佳处,自是千差万别,岂可强求统一?

7.59 一室十圭①,寒蛩声暗,折脚铛边,敲石无火。水月在轩,灯魂未灭②,揽衣独坐,如游皇古意思③。

【注释】

①圭(guī):中国古代较小的容量单位。

②灯魂:灯花。

③皇古:上古,远古。

【评】

折了脚的茶铛旁边,敲打着火石却生不出火来,连一杯清茶都无福享用,但只要还有一轮明月在,诗人却依然可以兴发出皇古之叹。

7.60 遇月夜,露坐中庭,必爇香一炷,可号伴月香。

【评】

语本宋陶谷《清异录》记徐铉事。可号伴月香,也可号伴月人,伴人月。

7.61 襟韵洒落,如晴雪秋月,尘埃不可犯。

【评】

晴雪秋月,清净皎洁,是世间的尘埃无法侵犯和污染的。只是几人得此怀抱?

7.62 峰峦窈窕,一拳便是名山;花竹扶疏,半亩如同金谷。

【评】

一片石即可包囊起伏峰峦,半亩风光可抵金谷名园。此种与文人画息息相通的意趣和艺术境界,正是明清文人思想最本质精髓的表达。小品文即应作如是观。

7.63 观山水亦如读书,随其见趣高下。

【评】

禅宗有所谓三种境界说,即"见山只是山,见水只是水"、"见山不是山,见水不是水"、"见山还是山,见水还是水",此法包含一切法。

7.64 深山高居,炉香不可缺,取老松柏之根枝实叶共捣治之,研枫昉麝和之,每焚一丸,亦足助清苦。

【评】

采自明杨慎《杨升庵集·杂类一》。墨之与香,同一关纽,亦犹书之与画,谜之与禅也。

7.65 白日羲皇世,青山绮皓心①。

【注释】

①绮皓:指汉初的隐士商山四皓:东园公、绮里季、夏黄公、甪里先生。

【评】

怀念上古羲皇之世的清闲与淳朴,不过也只是一种心灵的幻想罢了。就像我们天天也是忙忙碌碌,可时过境迁,我们也只会感叹,今日之忙远甚于昔。

7.66 松声,涧声,山禽声,夜虫声,鹤声,琴声,棋子落声,雨滴阶声,雪洒窗声,煎茶声,皆声之至清,而读书声为最。

【评】

我等城中之人,对于这等至清之声俱不易得,思之心旌摇曳。只是

"读书声"却不敢苟同,虽有劝人读书之好心在,可读书,全然是读天、读地、读人,读遍前尘后世,与"清"字更要隔开横马路多条了。

7.67 晓起入山,新流没岸,棋声未尽,石磬依然。

【评】

溪流新涨,该是昨夜雨下,而下棋之人依然兴致盎然,已是彻夜未眠,那是怎样的满山满夜的精致!

7.68 松声竹韵,不浓不淡。

【评】

松涛之声,竹林之韵,不浓不淡,恰到好处。

7.69 何必丝与竹①,山水有清音。

【注释】

①丝竹:犹言管弦,指官僚贵族饮酒作乐时所欣赏的音乐。

【评】

采自晋左思《招隐二首》之一。聒耳的笙歌与山水之音相比,前者代表的是富贵和庸俗,后者代表的却是高情雅趣。史载梁昭明太子萧统(尝)泛舟后池,番禺侯轨盛称此中宜奏女乐。太子不答,咏左思《招隐诗》云:"何必丝与竹,山水有清音",轨惭而止。就很可以说明这一点。

7.70 世路中人,或图功名,或治生产,尽自正经,争奈大地间好风月、好山水、好书籍,了不相涉,岂非枉却一生!

【评】

以功名利禄谋生存,以好山好水好书籍怡情养性休养生息,便庶几不枉此一生。

7.71 李岩老好睡①,众人食罢下棋,岩老辄就枕,阅数局乃一展转,云:"我始一局,君几局矣?"

【注释】

①李岩老:宋人,疑为衡山道士,与苏轼善。

【评】

采自苏轼《东坡志林·题李岩老》。东坡论曰:"岩老常用四脚棋盘,只着一色黑子。昔与边韶(按:后汉人,嗜睡)敌手,今被陈抟(按:宋人,寝则多百余日不起)饶先。着时自有输赢,着了并无一物。"说他张开四肢一睡,就好像摆开了一只四脚棋盘,两眼一闭,就好像棋盘上只有黑子。这个棋盘梦里或者有输赢,醒了以后什么也没有。如此嗜睡之人,大概也没什么好羡慕的,不说别的,人生多少乐趣因此而错过呀。就算我辈善睡之人,也肯定不会拿他们当偶像。

7.72 晚登秀江亭^①,澄波古木,使人得意于尘埃之外,盖人闲景幽,两相奇绝耳。

【注释】

①秀江亭:在杭州六和塔寺内。

【评】

人闲景幽,幽美的风景也只有偶遇上悠闲之心,才会产生突然的欣喜,动人情怀。

7.73 笔砚精良,人生一乐,徒设只觉村妆;琴瑟在御,莫不静好^①,才陈便得天趣。

【注释】

①"琴瑟"二句:采自《诗·郑风·女曰鸡鸣》。意谓琴瑟在弹奏,没有不安静和好。御,弹奏。

【评】

东坡先生有《琴诗》:"若言琴上有琴声,放在匣中何不鸣?若言声在指头上,何不请君指上听。"琴声既不在"琴上",又不在"指上",那么发自何处呢?只能说,它发自于"在御"的状态中。

7.74 蔡中郎传^①,情思逶迤;北西厢记^②,兴致流丽。学他描神写景,必先细味沉吟,如曰寄趣本头^③,空博风流种子。

【注释】

①蔡中郎传:即元末南戏代表作《蔡伯喈琵琶记》。作者高明,温州人。

②北西厢记:元代杂剧《西厢记》。作者王实甫,大都人。

③本头:文本。

【评】

王弼《周易略例·明象》:"故言者所以明象,得象而忘言;象者所以存意,得意而忘象。犹蹄者所以在兔,得兔而忘蹄;筌者所以在鱼,得鱼而忘筌也。"学习、欣赏皆应作如是观。

7.75 夜长无赖,徘徊蕉雨半窗;日永多闲,打叠桐阴一院。

【评】

以"徘徊"状夜之"无赖","打叠"状日之"多闲",耐人回味。

7.76 雨穿寒砌,夜来滴破愁心;雪洒虚窗,晓去散开清影。

【评】

雨点一滴滴打在寒冷的台阶上,仿佛更是打在自己的心上,要将那愁心滴穿,读来令人寒彻心骨。

7.77 春夜宜苦吟,宜焚香读书,宜与老僧说法,以销艳思。夏夜宜闲谈,宜临水枯坐,宜听松声冷韵,以涤烦襟。秋夜宜豪游,宜访快士①,宜谈兵说剑,以除萧瑟。冬夜宜茗战,宜酌酒说《三国》、《水浒》、《金瓶梅》诸集,宜箸竹肉②,以破孤岑。

【注释】

①快士:豪爽的人。

②竹肉:指生在朽竹根节上的菌类。

【评】

四时风景不同,书中之趣各异。选择不同的读书形式,便可春销艳思、夏涤烦襟、秋除萧瑟、冬破孤岑。古人真是比今人风雅,读书也能读得山水生色、情意缠绵,将四时之风景、人生之忧喜巧妙地融于一纸风月中。

7.78 山以虚而受,水以实而流,读书当作如是观。

【评】

山因为内心清虚,从而接受了山林泉石置身其间;水因为内心充实,从而积多则畅流而去。读书便当知此,虚心而接受,自满则无得。

7.79 古之君子,行无友,则友松竹;居无友,则友云山。余无友,则友古之友松竹、友云山者。

【评】

松竹可为友,云山可为友,古人亦可为友,则又何需担心寂寞以行,不为人所理解?

7.80 买舟载书,作无名钓徒。每当草虂月冷①,铁笛霜清,觉张志和、陆天随去人未远②。

【注释】

①草蓑：草上积霜，像披上一层蓑衣。

②张志和：自称"烟波钓徒"。唐代著名诗人、词人，其作品多描写隐逸生活。陆天随：陆龟蒙，自号江湖散人、甫里先生，又号天随子，唐代著名诗人，其诗多反映农民生活。

【评】

读书人"借他人之酒杯，浇胸中之块垒"，便常常有"去人未远"之慨。

7.81 "今日鬓丝禅榻畔，茶烟轻飏落花风①。"此趣惟白香山得之②。

【注释】

①两句诗出自杜牧《题禅院》。

②白香山：白居易，号香山居士。

【评】

在禅院边煎茶饮茶，边追忆逝水光阴，想如今鬓丝已染，能不感慨！这种感慨如茶，众味相杂，无法言清，也只有悠然一叹，淡然一笑罢了。这种情况不是几近于禅了吗？

7.82 清姿如卧云餐雪，天地尽愧其尘污；雅致如蕴玉含珠，日月转嫌其泄露。

【评】

风姿之清逸，连天地都因之而感到惭愧；韵致之优雅，连日月犹嫌其过于张扬暴露。

7.83 焚香啜茗，自是吴中习气，雨窗却不可少。

【注释】

①吴中：今江苏苏州一带，泛指吴地。

【评】

清闲安逸的雨窗之下，自不可少却焚香啜茗以慰情。

7.84 茶取色臭俱佳①，行家偏嫌味苦；香须冲淡为雅，幽人最忌烟浓。

【注释】

①臭（xiù）：同"嗅"，气味。

【评】

味苦则失茶之幽香,烟浓便无香之悠淡。

7.85 朱明之候①,绿阴满林,科头散发,箕踞白眼,坐长松下,萧骚流觞②,正是宜人疏散之场。

【注释】

①朱明:夏天。《尔雅·释天》:"夏为朱明。"

②萧骚:形容风吹落叶之声,有景色冷落之意。

【评】

绿阴满林,放浪形骸,清风徐来,曲水流觞,正是宜人疏散神情之场所。

7.86 读书夜坐,钟声远闻,梵响相和,从林端来,洒洒窗几上,化作天籁虚无矣。

【评】

读书至夜阑更深,远处的钟声与诵经之声相和,自林端幽幽传来,仿佛都铺洒于窗几之上,令人犹入幻境。

7.87 夏日蝉声太烦,则弄箫随其韵转;秋冬夜声寥飒,则操琴一曲咻之①。

【注释】

①咻(xiū):象声词,形容喘气的声音或某些动物的叫声。这里指喧闹。

【评】

琴箫皆足以清心怡情,"随其韵转"、"一曲咻之",其顽童之意趣,亦跃然纸上。

7.88 心清鉴底潇湘月,骨冷禅中太华秋。

【评】

潇湘的月光之下,令人心中清澈见底;华山的秋色之中,令人感到清冷之气透入肌骨。秋月之冷,有令人颤栗之感。

7.89 语鸟名花,供四时之啸咏;清泉白石,成一世之幽怀。

【评】

自然万物,可以为人所啸咏欣赏,也可以砥人情怀。

7.90 权轻势去,何妨张雀罗于门前①;位高金多,自当效蛇行于郊外②。盖炎凉世态,本是常情,故人所浩叹,惟宜付之冷笑耳。

【注释】

①雀罗:捕雀的网罗,形容门庭冷落。

②效蛇行于郊外:典出《史记·苏秦列传》:苏秦为六国相后,其"昆弟妻嫂侧目不敢仰视,俯伏侍取食。苏秦笑谓其嫂曰:'何前倨而后恭也?'嫂委蛇蒲服,以面掩地而谢曰:'见季子位高,金多也。'苏秦喟然叹曰:'此一人之身,富贵则亲戚畏惧之,贫贱则轻易之,况众人乎! 且使我有雒阳负郭田两顷,吾岂能佩六国相印乎!'"

【评】

人们总是说"人一走,茶就凉",既表明了对这种态度的憎恶,又是对世人的劝告:不要做这样的人。但事实上,这却是符合自然规律的。再说凉与热,也是一对不断发展变化的矛盾。在老地方凉了,到新地方可能又热了。人生就是一个冷冷热热的旅程。胸怀一开阔,万物是自然。

7.91 溪畔轻风,沙汀印月,独往闲行,尝喜见渔家笑傲;松花酿酒,春水煎茶,甘心藏拙,不复问人世兴衰。

【评】

一派退隐江湖的散淡心情。

7.92 或夕阳篱落,或明月帘栊,或雨夜联榻,或竹下传觞,或青山当户,或白云可庭,于斯时也,把臂促膝,相知几人,谑语雄谈,快心千古。

【评】

有相知之友促膝叙谈,则无时不有佳景快意。

7.93 疏帘清簟,销白昼惟有棋声;幽径柴门,印苍苔只容屐齿。

【评】

人的性情也往往是由生活节奏的快慢决定的。

7.94 落花慵扫,留衬苍苔;村酿新刍,取烧红叶。

【评】

落花满地,就让它留着陪衬苍苔;村酿新酒,直须用红叶来烧醅。想一想就让人不由心醉悠悠。

7.95 烟萝挂月,静听猿啼;瀑布飞虹,闲观鹤浴。

【评】

藤萝下静静地倾听猿猴的啼叫,瀑布下悠闲地观赏仙鹤的沐浴,则身心俱已入仙境。

7.96 帘卷八窗,面面云峰送碧;塘开半亩,潇潇烟水涵清。

【评】

虽极小处,而天地之景排闼而来,不胜暇接。

7.97 云衲高僧,泛水登山,或可藉以点缀;如必莲座说法,则诗酒之间,自有禅趣,不敢学苦行头陀①,以作死灰②。

【注释】

①头陀:佛教苦行之一。僧人行头陀时,应持守十二项苦行,分衣、食、住三类,即穿粪扫衣(百衲衣)、常乞食、住空闲处等。依此修行的称"修头陀行者"。后也用以称呼行脚乞食的和尚。

②死灰:佛教语。灰烬总是沉沉地躺在那边,风一吹过,也只是轻轻地扬起,而后仍死死地恢复沉寂。佛家认为,修行的心应当学习死灰一般,不生波澜,不起是非,没有分别,只是一句"阿弥陀佛"死守到底。

【评】

不论什么理,只要是有利于人生者,便不应该成为某些人的专利,更不应该被穿上一件刻板、神秘的外衣。每个人都有理解生活、理解人生的权利。

7.98 遨游仙子,寒云几片束行妆;高卧幽人,明月半床供枕簟。

【评】

寒云几片、明月半床,何其随意洒脱!

7.99 落落者难合①,一合便不可分;欣欣者易亲,乍亲忽然成怨。故君子之处世也,宁风霜自挟,无鱼鸟亲人。

【注释】

①落落：孤独貌。

【评】

"风霜自挟"，君子处世必须忍受比常人多得多的寂寞、磨难，这是天下有识之士必须记取珍重的。

7.100 海内殷勤，但读停云之赋^①；目中寥廓，徒歌明月之诗^②。

【注释】

①停云之赋：陶渊明《停云》诗序云："停云，思亲友也。"

②明月之诗：曹操《短歌行》："明明如月，何时可掇。"把贤者比作高高的明月，可望而不可即。

【评】

对海内亲友情深意切，只可读陶渊明的《停云》诗；眼中视野寥廓，只可读曹操的《短歌行》等咏月之诗。

7.101 生平愿无恙者四：一曰青山，一曰故人，一曰藏书，一曰名草。

【评】

古人与自然接触时，常常能将心比心，以一种同情、敬畏的态度为它着想，总是考虑到它的天性、它的要求、它的愿望，细心呵护之。

7.102 闻暖语如挟纩^①，闻冷语如饮冰^②，闻重语如负山，闻危语如压卵，闻温语如佩玉，闻益语如赠金。

【注释】

①挟纩（kuàng）：披着绵衣。亦以喻受人抚慰而感到温暖。

②饮冰：形容内心惶恐焦虑。《庄子·人间世》："今吾朝受命而夕饮冰，我其内热与？"成玄英疏："诸梁晨朝受诏，暮夕饮冰，足明怖惧忧愁，内心熏灼。"

【评】

言语可以暖人心、伤人心、寒人心等等，然而，言语往往也是最容易伪饰的。孔子告诫我们说，要听其言而观其行。

7.103 旦起理花，午窗剪叶，或截草作字，夜卧忏罪，令一日风流萧散之过，不致堕落。

【评】

中国文学本有托物言志的传统,美人香草便常常寄托了诗人高尚的情操。理花、剪叶,也即是君子在修理自己的品德。

7.104 快欲之事,无如饥餐;适情之时,莫过甘寝。求多于情欲,即侈汰亦茫然也。

【评】

贪欲过多,纵是奢侈无度,也会觉得茫然若失。不幸的是,这种茫然正成为我们这个时代阶段性的特征。什么都拥有了,却反而让人不知道如何过日子,不知道生活的目的与意义,而陷入集体无聊的哀叹中。

7.105 云随羽客,在琼台双阙之间①;鹤唳芝田,正桐阴灵虚之上②。

【注释】

①琼台双阙:晋孙绰《游天台山赋》:"双阙云耸以夹路,琼台中天而悬居。"琼台,山峰名。在今浙江天台山西北,其侧两峰壁立万仞,屹然相向,犹如双阙。

②桐阴灵虚:仙境。桐阴,凤凰止息处。灵虚,即太虚,宇宙,道教谓神仙居处。

【评】

云、鹤逍遥自在,无欲无求,为神仙之乐,非凡人所能体验。

卷八 奇

　　我辈寂处窗下,视一切人世,俱若蟆
蠓婴丑①,不堪寓目。而有一奇文怪说,
目数行下,便狂呼叫绝,令人喜,令人怒,
更令人悲。低徊数过,床头短剑亦呜呜
作龙虎吟,便觉人世一切不平,俱付烟
水。集奇第八。

【注释】

①蠛蠓（mièméng）：虫名。体微细，将雨，群飞塞路。

【评】

　　宋代黄庭坚说"文章最忌随人后"，陆游也说过"文章最忌百家衣"，无论是洋洋万言或是精短之篇，也不论出之以平淡或行之以奇崛，都要有语不惊人死不休的气概。"狂呼叫绝"，或喜或怒或悲，便是奇文异说的魔力。作者出于对其时正统、陈旧的封建说教的抵抗和蔑视，对新思想、新观点表示出近乎痴迷的热爱，无疑有着积极的时代意义。但在今天看来，我们对于种种异端怪说又不能不保持足够的清醒。子曰：狷者有所不为。而今不少奇文怪说，出于种种目的，妄发怪论、尽其诳言、訾议无状、信口雌黄，亦足以"令人怒，更令人悲"了。

8.1 吕圣公之不问朝士名①,张师高之不发窃器奴②,韩稚圭之不易持烛兵③,不独雅量过人,正是用世高手。

【注释】

①吕圣公:吕蒙正,字圣公,北宋人。居高位,有重望。因其很年轻时就出任参知政事,曾被一朝士讥笑,同僚要追查。吕制止说:"若知其名,必记于心,不如不知。"

②张师高:张齐贤,字师高,北宋人。家奴盗其银器,师高视而不语。

③韩稚圭:韩琦,字稚圭,北宋人。韩琦曾夜读书,一卒持烛在旁,无意间烧到其胡须,韩以袖挥灭火,并不更换此士兵。

【评】

这其实只是三件小事,却不但能让自己赢得雅量之美称,更能对对方产生莫大的触动。

8.2 佞佛若可忏罪,则刑官无权;寻仙若可延年,则上帝无主。达士尽其在我,至诚贵于自然。

【评】

沉迷于佛教如果能忏悔罪过,那么执管刑罚的官吏就无权可言;寻仙若可延年,则上帝就不成其为主宰。明智达理之士既相信自己、依靠自己,又尊重自然、顺应自然。

8.3 以货财害子孙,不必操戈入室;以学术杀后世,有如按剑伏兵。

【评】

让自己的异端邪说贻毒于后人,无异于伏兵杀人。所以,古人认为欲做学问先学做人,道德总在学问前。

8.4 君子不傲人以不如,不疑人以不肖。

【评】

不因为别人不如自己而傲慢,不因为别人品行有欠缺就不信任别人。

8.5 读诸葛武侯《出师表》而不堕泪者,其人必不忠;读韩退之《祭十二郎文》而不堕泪者①,其人必不友。

【注释】

①韩退之:韩愈。其《祭十二郎文》被称为祭文中的"千年绝唱"。

十二郎是韩愈的侄子。

【评】

再好的文章也须感同身受,细细咏味,才能最大程度地产生共鸣。

8.6 世味非不浓艳,可以淡然处之。独天下之伟人与奇物,幸一见之,自不觉魄动心惊。

【评】

时下,偶像崇拜是众多年轻人的嗜好,在当今中国也有了越来越多的专业粉丝。对于偶像崇拜的偏执,甚至有了不少极端的案例。从偶像崇拜中,我们不难看出,粉丝们对偶像从物质上到精神面貌上的模仿。可以说,偶像崇拜是一个社会现象,而且开放的社会对于花样百出的偶像崇拜越来越宽容。偶像崇拜也朝着越来越理性的方向发展。

8.7 道上红尘,江中白浪,饶他南面百城①;花间明月,松下凉风,输我北窗一枕②。

【注释】

①饶:与下句"输"同义。指比不上,不如。南面百城:比喻尊贵至极。这里指坐拥书城。

②北窗一枕:典出陶渊明《与子俨等疏》:"常言五六月中,北窗下卧,遇凉风暂至,自谓是羲皇上人。"喻指高卧林泉,自在逍遥。

【评】

无论是南面百城的尊贵,或是花间明月松下凉风的悠闲,对此痴迷留恋都是没有能看破红尘。像陶渊明那样,闲卧北窗之下,于红尘白浪之外寻得一份心灵栖息之所,才是真正的世上高人。

8.8 立言亦何容易,必有包天包地、包千古、包来今之识;必有惊天惊地、惊千古、惊来今之才;必有破天破地、破千古、破来今之胆。

【评】

著书立说便须兼具识、才、胆三者,且三者之顺序亦不可颠倒。

8.9 圣贤为骨,英雄为胆,日月为目,霹雳为舌。

【评】

如此之人,便可为吾中华民族之"脊梁"也。

8.10 瀑布天落,其喷也珠,其泻也练,其响也琴。

【评】

飞流直下三千尺,疑是银河落九天。瀑布天落,半与银河争流,腾虹奔电,驰射万壑,此宇宙之奇诡也。

8.11 平易近人,会见神仙济度;瞒心昧己,便有邪祟出来。

【评】

在现代社会中,人们常常把宽容列为现代人所应具备的美德和素养。对人须多一份宽容,多一点体谅,以诚相待,对己则应严格要求,这就是"礼义廉耻,可以律己,不可以绳人,律己则寡过,绳人则寡合"。

8.12 佳人飞去还奔月,骚客狂来欲上天。

【评】

可上九天揽月,可下五洋捉鳖,英雄的身手,使银汉震惊,使苍昊沸腾,这是人类社会进步的精神动力。

8.13 涯如沙聚,响若潮吞。

【评】

沙聚潮吞之气象,可以是海啸浪突之景,或亦可为今日沙尘暴之摹写?

8.14 诗书乃圣贤之供案,妻妾乃屋漏之史官①。

【注释】

①屋漏:指房子的西北角。古人把床放在房间的北边,在西北角开有天窗,阳光由此洒漏室内,因此称屋漏。即指幽暗隐蔽之所。

【评】

圣贤之人是靠着渊博的学问、不朽的著作成为后人景仰之楷模的。

8.15 强项者未必为穷之路,屈膝者未必为通之媒。故铜头铁面,君子落得做个君子;奴颜婢膝,小人枉自做了小人。

【评】

君子难为,小人易做,事实上,刚正不阿往往便是通向穷困潦倒之因,"天生一副清高骨,哪愿奴颜婢膝生",得到的也往往只是唏嘘哀叹。

8.16 一世穷根,种在一捻傲骨;千古笑端,伏于几个残牙。

【评】

历史并不总是表现出邪不压正的大义凛然,更多时候便是一个庸俗的小妇人,任由几个尖嘴残牙之人涂抹搬弄。

8.17 石怪常疑虎①,云闲却类僧。

【注释】

①石怪常疑虎:《史记·李将军列传》:"广出猎,见草中石,以为虎而射之,中石没镞,视之石也。因复更射之,终不能复入石矣。"

【评】

石与虎的相似在形,云与僧的相似在神。

8.18 大豪杰,舍己为人;小丈夫,因人利己。

【评】

连小丈夫也不是,便不惜要害人利己,甚至害人害己。

8.19 一段世情,全凭冷眼觑破;几番幽趣,半从热肠换来。

【评】

对待世态人情,须持冷眼看破,而要于平淡中体会幽韵雅趣,又须具一副热心肠。一冷一热,正是人生必备的两种生活态度。

8.20 识尽世间好人,读尽世间好书,看尽世间好山水。

【评】

难的是如何知道那便是好人、好书、好山水。

8.21 舌头无骨,得言句之总持;眼里有筋,具游戏之三昧。

【评】

舌头柔软无骨,却是言语的总管;眼里尽管有血管筋脉,却可以看破人间游戏的真谛。把握好自己那一段舌头,练就一双火眼金睛。

8.22 群居闭口,独坐防心。

【评】

子曰:"乱之所生也,则言语为阶。"所谓祸从口出。儒家也极为重视"慎独",不胡思乱想,才无隙可乘。

8.23 当场傀儡，还我为之；大地众生，任渠笑骂。

【评】

逢场作戏的傀儡，还是自己尽力而为；至于世间的芸芸众生，则任他嬉笑怒骂好了。走自己的路，让别人去说吧。

8.24 三徙成名①，笑范蠡碌碌浮生，纵扁舟忘却五湖风月；一朝解绶②，羡渊明飘飘遗世，命巾车归来满室琴书③。

【注释】

①三徙成名：指春秋时越国大夫范蠡。司马迁将其在越地、齐地、陶地生活空间的转换，称做"三徙"、"三迁"。救国抗吴，施展了其军政谋略；去越辞官，显示了其人生智慧；经商致富，体现了其经营才华。因此，《史记·越王勾践世家》说："范蠡三徙，成名于天下。"

②一朝解绶(shòu)：陶渊明为彭泽令时，不愿"为五斗米折腰"弃官而去。

③巾车：有帷的车。陶渊明《归去来兮辞》："或命巾车，或棹孤舟。"

【评】

范蠡治国经商都成名天下，其实却活得很累，忙忙碌碌奔劳一生，连五湖的风月也无暇欣赏。于此而言，他或许比不上穷愁潦倒一生的陶渊明那般洒脱从容。

8.25 棋能避世，睡能忘世。棋类耦耕之沮溺①，去一不可；睡同御风之列子②，独往独来。

【注释】

①耦耕之沮溺：典出《论语·微子》："长沮、桀溺耦而耕。"耦耕，并肩耕作。

②御风之列子：《庄子·逍遥游》："列子御风而行，泠然善也，旬有五日而后反。"列子，列御寇，战国人。

【评】

下棋能使人逃避尘世，但下棋须两人对弈，缺一不可，又何如睡觉之忘世，独来独往，更加任性而为。只是，总想着避世、忘世，则人生行于世何为？

8.26 以一石一树与人者，非佳子弟。

【评】

采自明张岱《夜航船》："李赞皇平泉庄周回十里，建堂榭百余所，天下奇花、异卉、怪石、古松，靡不毕致。自作记云：'鬻平泉者，非吾子孙也！以一石一树与人者，非佳子弟也！吾百年后，为权势所夺，则以先人所命泣而告之。'"对于自己心血浇灌之物，虽一石一树，亦视之若珍宝，岂可轻易与人。

8.27 一勺水，便具四海水味，世法不必尽尝；千江月，总是一轮月光，心珠宜当独朗①。

【注释】

①心珠：佛家语。比喻人心性纯洁如珠。

【评】

一勺水，便具四海水味，故世间一切生灭无常之事不必一一体验。然而，遗憾的是，人常存侥幸之心。

8.28 面上扫开十层甲，眉目才无可憎；胸中涤去数斗尘，语言方觉有味。

【评】

可想世间多少面目、语言可憎者！而人之外表又是多么具有隐蔽性与欺骗性！

8.29 愁非一种，春愁则天愁地愁；怨有千般，闺怨则人怨鬼怨。天懒云沉，雨昏花矇，法界岂少愁云；石颓山瘦，水枯木落，大地觉多窘况。

【评】

人有悲欢离合，月有阴晴圆缺，此事古难全。故从天地自然中体会到的往往是人生的况味。

8.30 笋含禅味，喜坡仙玉版之参①；石结清盟，受米颠袍笏之辱②。

【注释】

①"笋含"二句：释惠洪《冷斋夜话》载，苏东坡与刘安世同去参拜玉版和尚，至廉泉寺，烧笋而食。刘安世觉此笋味奇，问："此笋何名？"东坡曰："即玉版也。此老师喜说法，更令人得禅悦之味。"刘安世悟东坡之语，乃大笑。

②受米颠袍笏之辱:米颠即宋代大书法家米芾。有一次,米芾见巨石,状奇丑,曰:"此足以当吾拜。"具衣冠拜之,呼之为兄。袍笏,锦袍象笏,指官员装束。

【评】

笋本身并无禅味,禅味只在食笋之人;石亦无所谓受辱,受辱的只在于人。

8.31 俗气入骨,即吞刀刮肠,饮灰洗胃①,觉俗态之益呈;正气效灵,即刀锯在前,鼎镬具后,见英风之益露。

【注释】

①"俗气"三句:典出《南史·荀伯玉传》:"高帝有故吏东莞竺景秀,尝以过击作部。高帝谓伯玉:'卿比看景透不?'答曰:'数往候之,备加责诮,云:若许某自新,必吞刀刮肠,饮灰洗胃。'"比喻彻底改过自新。

【评】

沧海横流,方显英雄本色。越是艰难困苦,越能显露出人之真心。

8.32 于琴得道机,于棋得兵机,于卦得神机,于兰得仙机。

【评】

四机见乾坤,冷眼观人世。

8.33 相禅遐思唐虞①,战争大笑楚汉②。梦中蕉鹿犹真,觉后鲈鱼一幻。

【注释】

①禅:禅让。唐虞:指陶唐氏(尧)和有虞氏(舜)。

②楚汉:指西楚霸王项羽与汉高祖刘邦,二人争霸达四年之久。

【评】

禅让也罢,争霸也好,到如今都只觉幻梦一场。

8.34 世界极于大千,不知大千之外更有何物;天宫极于非想①,不知非想之上毕竟何穷。

【注释】

①非想:佛家语,即非想天,指天的最胜处。

【评】

世界宇宙之辽阔,是人类永无止境的探索奥秘。不过,人类的想像总

是比科学的探索要先行一步。

8.35 千载奇逢，无如好书良友；一生清福，只在茗碗炉烟。

【评】

几本好书，几位良友，一杯清茶，便足以让人获得心境的清宁与人生的快慰。

8.36 作梦则天地亦不醒，何论文章；为客则洪蒙无主人，何有章句？

【评】

天地如梦，鸿蒙无主，人在其中，亦未免栖栖惶惶。

8.37 艳出浦之轻莲，丽穿波之半月。

【评】

采自唐骆宾王《扬州看竞渡序》："是以临波笑脸，艳出浦之轻莲；映渚蛾眉，丽穿波之半月。"形容看竞渡之人的美艳与欢乐。

8.38 云气恍堆窗里岫，绝胜看山；泉声疑泻竹间樽，贤于对酒。

【评】

云蒸霞蔚的景象，仿佛堆积窗前的山峦；泉水叮咚的声音，依附倾泻竹间的酒樽，如此意境，胜过看山、对酒。

8.39 杖底唯云，囊中唯月，不劳关市之讥①；石笥藏书，池塘洗墨，岂供山泽之税。

【注释】

①关市之讥：指关市的稽查。关市即关下所设的交易场所。《管子·五辅》曰："关市之讥而不征。"

【评】

文人的浪漫，天地自然也会为其开一路绿灯。

8.40 有此世界，必不可无此传奇；有此传奇，乃可维此世界。则传奇所关非小，正可借《西厢》一卷，以为风流谈资。

【评】

《西厢记》，是传奇中的代表作，被誉为"西厢记天下夺魁"。历史上，

"愿普天下有情人都成眷属"这一美好的愿望,不知成为多少文学作品的主题,《西厢记》便是演绎这一主题的最成功的戏剧。

8.41 非穷愁不能著书,当孤愤不宜说剑。

【评】

所谓"诗穷而后工","文章憎命达"。

8.42 湖山之佳,无如清晓春时。当乘月至馆,景生残夜,水映岑楼,而翠黛临阶,吹流衣袂,莺声鸟韵,催起哄然。披衣步林中,则曙光薄户,明霞射几,轻风微散,海旭乍来。见沿堤春草霏霏,明媚如织,远岫朗润出林,长江浩渺无涯,岚光晴气,舒展不一,大是奇绝。

【评】

采自郑瑄《昨非庵日纂》。恬适的领取,如焚香,试茶,鼓琴,校书,候月,听雨,浇花,赏雪,高卧,静坐,缓行,负暄,对画,漱泉,礼佛,翻经,看山,临帖,支杖,倚竹,这些都是一人独享的乐趣。

8.43 心无机事,案有好书,饱食晏眠,时清体健,此是上界真人。

【评】

心中无尘事牵系,案头常有好书可读,吃好睡好心情舒畅,神仙的生活大概亦如此。

8.44 读《春秋》,在人事上见天理;读《周易》,在天理上见人事。

【评】

天理与人事,本就是相通合一的。

8.45 镜花水月,若使慧眼看透;笔彩剑光,肯教壮志销磨。

【评】

镜中花,水中月,如果使慧眼便可看透。可是,在斑驳陆离、纷纷扰扰的世间,如何才能锻炼出这样一双慧眼呢?

8.46 烈士须一剑,则芙蓉赤精①,不惜千金购之。士人唯寸管②,映日干云之器③,那得不重价相索!

【注释】

①芙蓉赤精：古代剑名。芙蓉，相传为越王勾践的佩剑。赤精，汉高祖刘邦号赤精子，此代指其斩蛇之剑。

②寸管：指毛笔。

③映日干云之器：比喻名贵的毛笔。映日喻兔毫，干云喻竹子。

【评】

工欲善其事，必先利其器。剑与笔，便成了英雄文士们最钟爱之物。

8.47 烘日吐霞，吞河漱月；气开地震，声动天发。

【评】

这种种惊天动地的奇观，正是天地自然运行赐予人间的礼物。

8.48 议论先辈，毕竟没学问之人；奖惜后生，定然关世道之寄。

【评】

不要总想着对先辈指手划脚，藉此哗众取宠贪求虚名，多将自己的眼光投向未来，投向晚生后辈身上，那才是人世间的希望。

8.49 贫富之交，可以情谅，鲍子所以让金①；贵贱之间，易以势移，管宁所以割席②。

【注释】

①鲍子所以让金：春秋时齐人管仲与鲍叔牙相交甚厚，因管仲家贫，有老母在堂，鲍叔牙常将两人经商所得，让管仲多得而不以为贪，并向齐桓公推荐管仲，助成霸业，故管仲说："生我者父母，知我者鲍子也。"

②管宁所以割席：三国魏人管宁，尝与华歆同席读书，有高官乘车过门，管宁读书如故，歆废书出看，宁割席分坐曰："子非吾友也。"

【评】

朋友亦如夫妻，共患难往往容易，可一旦有了富贵的诱惑，便开始有分心之想。

8.50 论名节，则缓急之事小①；较生死，则名节之论微。但知为饿夫以采南山之薇②，不必为枯鱼以需西江之水③。

【注释】

①缓急：这里只指急迫困难。

②"但知"句:指伯夷、叔齐不食周粟,采薇南山终至饿死事。

③"不必"句:《庄子·外物》载:庄周遇车辙中鲋鱼向他求救,允之,说要汲西江之水来迎之。鲋鱼怒:"我得斗升之水然活耳,子乃言此,曾不如早索我于枯鱼之肆。"

【评】

其实,未必不知轻重缓急,而常常只是托辞敷衍塞责,如此之事,还见得少吗?

8.51 鹏为羽杰,鲲称介豪①,翼遮半天,背负重霄。

【注释】

①鹏、鲲:古代传说中的大鸟、大鱼。出自《庄子》。

【评】

鹏与鲲,都是人的远大志向的象征。

8.52 点破无稽不根之论,只须冷语半言;看透阴阳颠倒之行,惟此冷眼一只。

【评】

对待无稽之谈、流言蜚语,何必过分在意?沉默、冷眼、不屑,便常有四两拨千斤之效。

8.53 古之钓也,以圣贤为竿,道德为纶,仁义为钩,利禄为饵,四海为池,万民为鱼。钓道微矣,非圣人其孰能之。

【评】

采自宋玉《钓赋》。以钓鱼之道喻治民之术,形象生动。然味之总觉"于我心有戚戚焉"。

8.54 浮云回度,开月影而弯环;骤雨横飞,挟星精而摇动。

【评】

浮云游动,使得月影开合回环弯曲变化;暴雨横飞,挟着星宿之精而撼动天地。云雨和星月,千变万化,让人叹为观止。

8.55 天台嵘起①,绕之以赤霞;削成孤峙,覆之以莲花。

【注释】

①天台:天台山,地名,在今浙江省。佛教天台宗的发源地。嵘(jié)起:陡起。

【评】

　　"赤霞"、"莲花",均为天台山之山峰名,峭壁高耸,然而一"绕"一"覆",又显得如此情意绵绵。

　　8.56　金河别雁①,铜柱辞鸢②;关山夭骨,霜露凋年。

【注释】

　　①金河:即今大黑河。别雁:用苏武出使匈奴、翰海雁书的典故。

　　②铜柱辞鸢:东汉名将马援征交趾,立铜柱为界。《后汉书》本传:"当吾在浪泊、西里间,虏未灭之时,上潦下雾,毒气重蒸,仰视飞鸢跕跕坠水中,卧念少游平生时语,何可得也!"

【评】

　　采自卢照邻《秋霖赋》。关山悬隔,光阴荏苒,青春不再,但作者并非一味悲叹,而是蕴含着处圣明之世对事功的热望之情。

　　8.57　翻光倒影,擢菡萏于湖中①;舒艳腾辉,攒蝃蝀于天畔②。

【注释】

　　①菡萏(hàndàn):荷花的别称。

　　②蝃蝀(dìdōng):彩虹。

【评】

　　雨后的荷花青翠欲滴,更有一弯彩虹横跨天际,心情也该如洗般清爽了。

　　8.58　照万象于晴初,散寥天于日余①。

【注释】

　　①日余:日暮。

【评】

　　雨过放晴,霞光万道,天空一片寥廓,能不让人神迷陶醉?生活,正需要这样的清爽明丽。

卷九　绮

　　朱楼绿幕,笑语勾别座之春;越舞吴歌,巧舌吐莲花之艳。此身如在怨脸愁眉、红妆翠袖之间,若远若近,为之黯然。嗟乎! 又何怪乎身当其际者,拥玉床之翠而心迷,听伶人之奏而陨涕乎? 集绮第九。

　　青楼楚馆,美女娇娃,流媚生姿,诗酒沉醉,这是青春的美好。恨只恨世事无常,韶华易逝,红妆翠袖最终落得个怨脸愁眉,一场欢喜一场梦,怎不令人黯然神伤? 明乎此,就不难理解身临此境者,何以神魂颠倒于怀抱中的美人,又何以闻伶人之唱而潸然泪下。"同是天涯沦落人,相逢何必曾相识!"这份绮丽阴柔,令人喜,令人悲,令人迷醉,令人感慨。天下多少绮丽文章又何尝不是如此。

9.1　天台花好,阮郎却无计再来;巫峡云深,宋玉只有情空赋。瞻碧云之黯黯,觅神女其何踪;睹明月之娟娟,问嫦娥而不应。

【评】

　　天台山上的花儿依然鲜艳,阮肇却无法再来;巫峡上空依然云雾苍茫,可到哪里去寻觅神女的踪迹? 如镜中花,如水中月,风流总被雨打风吹去。

9.2　妆台正对书楼,隔池有影;绣户相通绮户,望眼多情。

【评】

　　隔着水池,才子与佳人形影相望;绣户之门连通着文房之门,才子与佳人望眼而多情。才子配佳人,总是人们心底最美满的结合,事实上,却往往多情总被无情恼,有缘终是还无份。

9.3　莲开并蒂,影怜池上鸳鸯;缕结同心,日丽屏间孔雀。

【评】

　　世间所有成双成对的东西,都被人们作为美好的爱情来歌咏。千年的心愿如一,千年的祝福如一。

9.4　堂上鸣琴操①,久弹乎孤凤②;邑中制锦纹,重织于双鸾③。

【注释】

①琴操:指琴曲。操,曲。

②孤凤:古琴曲名,又名《孤鸾》、《离鸾》。西汉安庆世作。

③“邑中”二句:用苏蕙织锦回文典。《晋书·列女传》载,窦滔,符坚时为秦州刺史,被徙流沙。苏氏思之,织锦为回文旋图诗以赠滔。宛转循环读之,词甚凄宛。窦滔读后,终于夫妻团圆。

【评】

　　冷淡了的爱情还可以有诗来温暖,这该是多么浪漫的温馨呀。

9.5　镜想分鸾①,琴悲别鹤②。

【注释】

①镜想分鸾:用鸾镜典。据《异苑》载:“罽宾王养一鸾,三年不鸣。后悬镜照之。鸾睹影悲鸣,一奋而绝。”后人多以“鸾镜”表示临镜而生悲。

②别鹤:《别鹤操》,古琴曲名。传说为商陵牧子所作。牧子娶妻
　五年无子,父兄准备为其改娶,牧子妻闻此,半夜临窗哭泣。
　牧子闻声怆然而歌。

【评】
　　采自南朝梁何逊《为衡山侯与妇书》。表达的是对远别妻子的深情
思念。

　　9.6 春透水波明,寒峭花枝瘦。极目烟中百尺楼,人在楼
中否?
【评】
　　采自宋代秦观之子秦湛词《卜算子·春情》。春波荡漾,春光明媚,词人看
到那瘦小的花枝,不禁忽有所思,也许这瘦小的花枝幻化为他那恋人的倩影,
于是不禁极目天涯,想象着恋人曾经居住过的那座高楼,如今人在楼中否?

　　9.7 明月当楼,高眠如避,惜哉夜光暗投;芳树交窗,把玩
无主,嗟矣红颜薄命。
【评】
　　空辜负了这明月芳树,徒耗费了青春的年华,可叹红颜自古多薄命。

　　9.8 鸟语听其涩时,怜娇情之未啭;蝉声听已断处,愁孤节
之渐消①。
【注释】
　　①孤节:孤独、高洁的节操。
【评】
　　节候的变化,最容易触动诗人们那根敏感的神经。"池塘生春草,园
柳变鸣禽",诗人谢灵运以其久病初愈者特有的细腻,敏锐地感受到了春
天万物扑面而来的勃勃生机。

　　9.9 断雨断云,惊魄三春蝶梦;花开花落,悲歌一夜鹃啼。
【评】
　　为每一声鸟啼的变换动情,为每一片花儿的凋谢落泪,文人的心总是
如此敏感。想想千百年来,又徒生了多少悲情苦戚?

　　9.10 衲子飞觞历乱,解脱于樽罍之间①;钗行挥翰淋漓,
风神在笔墨之外。

【注释】

①斝（jiǎ）：酒皿。

【评】

　　僧人修行求的是一世的工夫，觥筹交错换来的却只是一时的解脱，两者的差别是显然的。美女挥毫泼墨，淋漓尽致，风采神韵却犹在笔墨之外。这是一种别样的人生境界。

　　9.11　流苏帐底，披之而夜月窥人；玉镜台前，讽之而朝烟萦树。

【评】

　　卷起流苏帏帐，皎洁的夜月也来窥人；对着明月吟诗，朦胧的朝雾萦绕树梢。

　　9.12　风流夸坠髻①，时世闻啼眉②。

【注释】

①坠髻：即坠马髻。古代妇女发式的一种。

②啼眉：即啼妆、啼眉妆。东汉时，妇女以粉薄拭目下，有似啼痕，故名。

【评】

　　采自白居易《代书诗一百韵寄微之》。坠马髻风流一时，世人皆夸；啼眉妆风行一时，妇女皆作。一世有一世之时尚。

　　9.13　新垒桃花红粉薄，阁楼芳草雪衣凉①。

【注释】

①雪衣：雪衣娘，白鹦鹉。《明皇杂录》载，唐天宝中，岭南献白鹦鹉，养之宫中，颇为聪慧，洞晓言辞，玄宗及贵妃呼之雪衣女，左右呼之雪衣娘。

【评】

　　新垒边的桃花娇艳，连美人也觉相形见绌；阁楼下芳草萋萋，使鹦鹉也感到凄凉。一派春光明媚，鲜丽如画。

　　9.14　李后主宫人秋水①，喜簪异花芳草，拂髻鬓尝有粉蝶聚其间，扑之不去。

【注释】

①李后主：南唐后主李煜。秋水：宫女名。

【评】

爱美之心,人皆有之。竟然连粉蝶那样微小的生命,也流连喜爱美人香草若此,亦可叹造化之神奇了。

9.15 濯足清流,芹香飞涧①;浣花新水,蝶粉迷波。

【注释】

①芹:水芹,一种植物。

【评】

清清的溪流,幽深的山涧,流泻的飞泉,野花芳香遍地,粉蝶翩翩起舞,令人迷醉其间。

9.16 昔人有花中十友:桂为仙友,莲为净友,梅为清友,菊为逸友,海棠名友,荼蘼韵友①,瑞香殊友,芝兰芳友,腊梅奇友,栀子禅友。昔人有禽中五客:鸥为闲客,鹤为仙客,鹭为雪客,孔雀南客,鹦鹉陇客②。会花鸟之情,真是天趣活泼。

【注释】

①荼蘼(túmí):一种蔷薇科的草本植物。往往直到盛夏才会开花,因此人们常常认为荼蘼花开是一年花季的终结。故曰"开到荼蘼花事了"。

②陇客:祢衡《鹦鹉赋》:"惟西域之灵鸟兮"。《文选》李善注曰:"西域,谓陇坻,出此鸟也。"古代鹦鹉出于陇坻(在今甘肃东部),故称陇客。

【评】

以山林为伴,以花鸟为友,不是神仙也胜似神仙。

9.17 木香盛开,把杯独坐其下,遥令青奴吹笛,止留一小奚侍酒,才少斟酌,便退立迎春架后。花看半开,酒饮微醉。

【评】

妙在开与不开之间,醉与不醉之间,似与不似之间。

9.18 夜来月下卧醒,花影零乱,满人襟袖,疑如濯魄于冰壶。

【评】

中夜醒来,但见月光下花影婆娑,影影绰绰,满人襟袖,好一个冰清玉洁的世界。

9.19　看花步,男子当作女人;寻花步,女子当作男人。

【评】

　　赏花时,步履当如女子般轻缓;寻花时,则又如男子般迅疾。走马寻花,缓马观花。

9.20　窗前俊石泠然①,可代高人把臂;槛外名花绰约,无烦美女分香。

【注释】

①泠(líng)然:俊石挺立貌。

【评】

　　有了俊石名花,便不烦高人美女相伴,似乎总有几分矫情。通俗歌曲唱道:"拉着你的手,没有心思看星斗。"似乎有点俗,却自有一段真情。

9.21　新调初裁①,歌儿持板待的②;阄题方启③,佳人捧砚濡毫。绝世风流,当场豪举。

【注释】

①初裁:指曲调刚谱成。

②歌儿:歌童。板:牙板,古人唱曲时打拍子的工具。的:指被人点唱。

③阄题:古代斗诗赛文的一种游戏,采取抓阄的方式拈取诗题。

【评】

　　文人总是要在逞才斗诗中方见其风流。

9.22　野花艳目,不必牡丹;村酒醉人,何须绿蚁。

【评】

　　野花自然艳目,村酒亦能醉人。美,有千般万种不同。

9.23　石鼓池边,小草无名可斗①;板桥柳外,飞花有阵堪题②。

【注释】

①斗:斗草,古代一种游戏。竞采花草,比赛多寡优劣。

②飞花有阵:飞扬的花絮结成阵势。题:吟咏。

【评】

　　小草竞长,柳絮纷飞,处处都有无穷的生机与乐趣。

9.24 桃红李白,疏篱细雨初来;燕紫莺黄,老树斜风乍透。

【评】

疏篱边,桃红李白,老树上,紫燕黄莺,闲闲细雨随风飘洒,好一幅烟雨如织的春光图。

9.25 窗外梅开,喜有骚人弄笛;石边雪积,还须小妓烹茶。

【评】

雪积石边,梅花怒放,更喜那小妓烹茶,骚人弄笛,平添一段温暖情意。

9.26 高楼对月,邻女秋砧;古寺闻钟,山僧晓梵①。

【注释】

①晓梵:僧人的早课。

【评】

砧声与钟声,都是最能牵扯人情思的声音。

9.27 佳人病怯①,不耐春寒;豪客多情,犹怜夜饮。李太白之宝花宜障②,光孟祖之狗窦堪呼③。

【注释】

①病怯:病后虚弱。

②"李太白"句:典出《开元天宝遗事》:"宁王宫有乐妓宠姐者,美姿色,善讴唱。每宴外宾,其诸妓女尽在目前,惟宠姐,宾莫能见。饮欲半酣,词客李太白恃醉戏曰:'白久闻王有宠姐善歌,今酒肴醉饱,群公宴倦,王何吝此女示于众。'王笑谓左右曰:'设七宝花障,召宠姐于障后歌之。'白起谢曰:'虽不许见面,闻其声亦幸矣。'"

③"光孟祖"句:晋人光逸,字孟祖,《晋书》本传载:"(光逸)初至,属辅之与谢鲲、阮放、毕卓、羊曼、桓彝、阮孚散发裸裎,闭室酣饮已累日。逸将排户入,守者不听,逸便于户外脱衣露头于狗窦中窥之而大叫。辅之惊曰:'他人决不能尔,必我孟祖也。'遂呼入,遂与饮,不舍昼夜。时人谓之八达。"

【评】

佳人娇怯,英雄多情,没有一点风流韵事,似乎总难称得上真文人。

9.28 古人养笔以硫黄酒;养纸以芙蓉粉;养砚以文绫盖;

养墨以豹皮囊。小斋何暇及此！惟有时书以养笔，时磨以养墨，时洗以养砚，时舒卷以养纸。

【评】

以用为养，是为真养。今天，各种高档、名贵的文房四宝随处可见，可最宝贵的笔墨精神，却荡然无存。养之何益？

9.29 芭蕉，近日则易枯，迎风则易破。小院背阴，半掩竹窗，分外青翠。

【评】

正因为芭蕉总生于屋后掩映之下，才有那雨滴芭蕉之意境。

9.30 欧公香饼①，吾其熟火无烟；颜氏隐囊②，我则斗花以布。

【注释】

①欧公香饼：欧阳修所记载的石炭。欧阳修《归田录》卷二："香饼，石炭也，用以焚香，一饼之火，可终日不灭。"

②颜氏隐囊：北齐颜之推所记载的软囊（靠枕）。《颜氏家训》曰："梁朝全盛之时，贵游子弟……跟高齿屐，坐棋子方褥，凭斑丝隐囊，列器玩于左右。"

【评】

不需与欧公、颜氏斗奇，情调在于自己的营造。就像爱情的质量在于日常的经营，而与主人公是才子佳人还是村夫野老无关。

9.31 梅额生香①，已堪饮爵；草堂飞雪，更可题诗。七种之羹②，呼起袁生之卧③；六生之饼④，敢迎王子之舟⑤。豪饮竟日，赋诗而散。佳人半醉，美女新妆。月下弹琴，石边侍酒。烹雪之茶，果然剩有寒香；争春之馆，自是堪来花叹。

【注释】

①梅额生香：相传南朝宋武帝女寿阳公主，一日卧含章檐下，梅花落其额上，成五出之花，拂之不去，世称梅花妆。

②七种之羹：即七宝羹，古人农历正月初七用七种蔬菜拌和米粉所作的羹。

③袁生之卧：袁生，东汉袁安，为人严谨。《后汉书》本传载："时大雪积地丈余，洛阳令自出案行，见人家皆除雪出，有乞食者，至袁安门，无有行路。谓安已死，令人除雪入户，见安僵卧。

问何以不出。安曰：'大雪人皆饿，不宜干人。'令以为贤。"

④六生之饼：喻指六瓣的雪花。

⑤王子之舟：《世说新语·任诞》载，王子猷在山阴，夜大雪，忽忆起戴安道，即夜乘小船就之，经宿方至。造门不前而返。人问其故，曰："吾本乘兴而来，兴尽而返，何必见戴。"

【评】

奇闻逸事可供谈资，良辰美景足堪题咏，有酒，有诗，有琴，有茶，有美人相伴，率性而去，悠然而往，自是潇洒人生。

9.32 黄鸟让其声歌，青山学其眉黛。

【评】

佳人歌喉宛转，黄鸟也要学其歌唱；美女画眉如黛，青山也要跟着仿效。

9.33 风开柳眼，露泡桃腮，黄鹂呼春，青鸟送雨①，海棠嫩紫，芍药嫣红，宜其春也。碧荷铸钱②，绿柳缫丝，龙孙脱壳③，鸠妇唤晴④，雨骤黄梅，日蒸绿李，宜其夏也。槐阴未断，雁信初来，秋英无言，晓露欲结，蓐收避席⑤，青女办妆⑥，宜其秋也。桂子风高，芦花月老，溪毛碧瘦⑦，山骨苍寒，千岩见梅，一雪欲腊，宜其冬也。

【注释】

①青鸟：传说中西王母的使者。

②碧荷铸钱：指荷叶刚长出，形小似钱。

③龙孙：竹笋的别称。

④鸠妇：鸟名，即鹁鸠。相传天将雨，雄鸠逐雌鸠出巢，晴则呼之归。俗语曰："天将雨，鸠逐妇。"

⑤蓐收：传说中的西方之神，主管秋天。

⑥青女：传说中的霜雪之神。

⑦溪毛：指溪水中的水藻。

【评】

欧阳修《醉翁亭记》："四时之景不同，而乐亦无穷也。"尽情享受眼前的季节，这样当下一个季节来临，也就不会有所谓遗憾与失落。人生亦是如此。

9.34 画屋曲房，拥炉列坐；鞭车行酒，分队征歌；一笑千金，樗蒲百万①；名妓持笺，玉儿捧砚；淋漓挥洒，水月流虹；我醉欲眠,鼠奔鸟窜;罗襦轻解,鼻息如雷。此一境界,亦足赏心。

【注释】

①樗(chū)蒲:古代的一种博戏。

【评】

一笑可掷千金,一赌可博百万,花天酒地,纵歌竟日,这样的欢乐在书中显得格外扎眼。

9.35 柳花燕子,贴地欲飞,画扇练裙①,避人欲进,此春游第一风光也。

【注释】

①练裙:代指穿着白裙之佳人。

【评】

小燕子盘空飞舞,与欲走还羞的少女相映成趣。女词人李清照也有传神之笔:"和羞走,倚门回首,却把青梅嗅。"(《点绛唇》)

9.36 花颜缥缈,欺树里之春风①;银焰荧煌②,却城头之晓色。

【注释】

①欺:与下文之"却",都是胜过之意。

②荧煌:忽明忽暗貌。

【评】

采自唐黄滔《馆娃宫赋》。写吴王为西施的花颜美色所惑,日日宴歌达旦。既写尽吴歌楚舞醉人之态,又笼罩着一层缥缈阴晦的不祥色彩。

9.37 笔阵生云,词锋卷雾。

【评】

晋代著名书法家卫夫人有书法论文《笔阵图》,将书法比为战阵,作书如同作战。军事活动的指挥由于带有很大的不确定性,和艺术创造活动确有相通之处。

9.38 楚江巫峡半云雨,清簟疏帘看弈棋。

【评】

采自唐杜甫《七月一日题终明府水楼》。在这半阴半晴之际,谁也不知道接下来会是大雨滂沱,还是云开雾散。于此水楼之上,看别人热热闹闹地下棋,而别有一份悠闲。

9.39 美丰仪人,如三春新柳,濯濯风前。

【评】

美人如三春之弱柳扶风,不胜娇柔。

9.40 涧险无平石,山深足细泉;短松犹百尺,少鹤已千年。

【评】

采自庾信《奉和赵王隐士诗》。幽深的山涧中,奇石林立,流泉淙淙,最小的松树也有百尺之长,纵然年少的仙鹤,也已有千年之寿。那么深居于此中的隐士,可想该具有怎样高洁的修行。

9.41 梅花舒两岁之装①,柏叶泛三光之酒②。飘摇余雪,入箫管以成歌;皎洁轻冰,对蟾光而写镜。

【注释】

①两岁:指新年和旧岁。

②柏叶泛三光之酒:古俗,因柏叶后凋,集日月星三光之精,取以浸酒,元日共饮以祝长寿。

【评】

采自南朝梁萧统《锦带书十二月启·太簇正月》。写正月之风景,而有笙歌、明月、清香,点缀其间。

9.42 鹤有累心犹被斥①,梅无高韵也遭删。

【注释】

①累心:为凡心所累。

【评】

采自袁宏道《柳浪馆》诗。梅、鹤失去了其高洁冷艳,便不可能再为文人们反复地歌咏称颂,更何况所谓"梅妻鹤子"呢?

9.43 分果车中①,毕竟借人家面孔;捉刀床侧②,终须露自己心胸。

【注释】

①分果车中:用"潘岳果车"典。《世说新语·容止》注引《语林》:"安仁(潘岳)至美,每行,老妪以果掷之,满车。张孟阳(载)至丑,小儿以瓦石投之,亦满车。"一说用《韩非子·说难》中"分桃"之典:"(弥子瑕有宠于卫君)与君游于果园,食桃甘,不尽,以其半啖君。君曰:'爱我哉,忘其口味,以啖寡人。'及弥子瑕

色衰爱弛,得罪于君,君曰:'是固尝矫驾吾车,又尝啖我以馀桃。'故弥子瑕之行未变于初也,而以前之所见贤,而后获罪者,爱憎之变也。"

②捉刀床侧:《世说新语·容止》:"魏武帝见匈奴使,自以形陋,不足雄远国,使崔季圭代,帝自捉刀立床侧。既毕,令间谍问曰:'魏王如何?'匈奴使答曰:'魏王雅望非常,然床头捉刀人,此乃英雄也。'"

【评】

采自明李鼎《偶谈》之二十:"心声者酷似其貌,貌言者无关于心。故分果车中,毕竟借他人面孔;捉刀床侧,终须露自己精神。"

9.44 雪滚花飞,缭绕歌楼,飘扑僧舍,点点共酒斾悠扬,阵阵追燕莺飞舞。沾泥逐水,岂特可人诗料,要知色身幻影,是即风里杨花、浮生燕垒。

【评】

色即是空,身即是幻影。风飘万点迷人眼,莺歌燕舞惹人醉,可惜转瞬间好梦成空。零落成泥碾作尘,又是否还有香如故?

9.45 水绿霞红处,仙犬忽惊人,吠入桃花去。

【评】

采自明屠隆《冥寥子游》。这本小书描绘了一个道家圣人的旅途,他是个吐"匿情之谈"的"吏",谦逊地认为自己是尚未得"道"之人,但他爱"道",还游历了五岳,最终却知足地"归而葺一茆四明山中,终身不出"。林语堂在他的《生活的艺术》一书里将之翻译成现代汉语,并将之作为中国看待世界的方式之典范,那是一种"对生活的快乐的、无忧无虑之哲学,它的特点是热爱真理、自由和流浪"。此三句为冥寥子所作之诗。

9.46 香吹梅渚千峰雪,清映冰壶百尺帘。

【评】

香吹梅花朵朵,堆积千峰如雪;清光自月宫映照,犹如百尺巨帘。

9.47 避客偶然抛竹屦,邀僧时一上花船。

【评】

"若说没奇缘,今生偏又遇着他;若说有奇缘,如何心事终虚化?"一切只能随缘,该遇见的想躲也躲不了。

9.48 到来都是泪,过去即成尘。秋色生鸿雁,江声冷白苹。

【评】

正在经历和即将到来的都是悲苦,等到成为过去又已灰飞烟灭。这样的心境,一般是用来形容倡优的,可难道只有倡优们如此吗?

9.49 斗草春风,才子愁销书带翠①;采菱秋水,佳人疑动镜花香。

【注释】

①书带:书带草,亦称麦冬、麦门冬、沿阶草。叶丛生,线形,革质。据说汉郑玄门下用之束书,故名书带草。

【评】

士子们在春风中斗草嬉戏,用那束书的书带草写字作诗,自然也要愁怀大开;佳人们采菱秋水,荡起层层涟漪,仿佛是谁动了佳人梳妆的镜台。大好的风光中,才子佳人们演绎了多少的浪漫情怀!

9.50 竹粉映琅玕之碧①,胜新妆流媚,曾无掩面于花宫②;花珠凝翡翠之盘,虽什袭非珍③,可免探颔于龙藏④。

【注释】

①竹粉:指笋壳脱落时附着在竹节旁的白色粉末。琅玕(lánggān):指竹子。

②花宫:相传佛说法处天雨众花,故以佛寺为花宫。

③什袭:把物品层层叠叠包裹起来,比喻珍藏。

④探颔于龙藏:《庄子·列御寇》:"夫千金之珠,必在九重之渊而骊龙颔下。子能得珠者,必遭其睡也。使骊龙而寤,子尚奚微之有哉?"

【评】

竹子在竹粉的映衬下显得格外青翠,胜过新妆流媚;即使珍重宝藏的非贵重之物,但可免于龙宫探颔取珠。自然纯朴之态胜于刻意求之。

9.51 绕梦落花消雨色,一尊芳草送晴曛。

【评】

梦中萦绕的落花消去了雨色,一片芳草送来晴天落日的余晖。

9.52 争春开宴,罢来花有欢声;水国谈经,听去鱼多乐意。

在花丛中宴饮,席散后花犹有欢声;在水乡泽国中谈经,听去鱼也充满融融乐意。如今,据说科学实验已经确切地加以证实了。只是一证实,反而有些许索然寡味。

9.53 无端泪下,三更山月老猿啼;蓦地娇来,一月泥香新燕语。

【评】

"一切景语皆情语也"。夜月下老猿的啼叫,开春里新燕的呢喃,无不触动着作者的心。"无端"、"蓦地",如此地敏感。

9.54 燕子刚来,春光惹恨;雁臣甫聚,秋思惨人。

【评】

燕子、大雁来去去,诗人们也便年复一年地兴发着伤春悲秋之叹。

9.55 韩嫣金弹①,误了饥寒人多少奔驰;潘岳果车,增了少年人多少颜色。

【注释】

①韩嫣金弹:韩嫣字王孙,西汉人。好弹,常以金为丸,所失者日十有余,长安为之语曰:"苦饥寒,逐金丸。"少年每闻韩嫣出弹,辄随之,望丸之所落,辄拾之。

【评】

韩嫣金弹,也许还有一点"损有余以补不足"吧。可疯狂追星、追金的少年人,又空掷了多少光阴?今天越来越疯狂的粉丝们,不能不清醒清醒。

9.56 微风醒酒,好雨催诗,生韵生情,怀颇不恶。

【评】

微风好雨最易催发诗情,更何况正是酒醒时分。

9.57 苎罗村里①,对娇歌艳舞之山;若耶溪边②,拂浓抹淡妆之水。

【注释】

①苎罗村:在今浙江诸暨南。相传为西施出生地。

②若耶溪:又名五云溪,在若耶山下,相传西施曾浣纱于此,故又

【评】

一方水土养育一方美人。

9.58 春归何处，街头愁杀卖花；客落他乡，河畔生憎折柳。

【评】

春自有归处，杨柳年年自绿，从不因人而异。愁杀生憎只因人心而起。

9.59 同气之求，惟刺平原于锦绣①；同声之应，徒铸子期以黄金②。

【注释】

①刺：刺像。平原：战国平原君赵胜，曾三任赵相，有食客三千。李贺《浩歌》："买丝绣作平原君，有酒唯浇赵州土。"

②子期：钟子期，与伯牙号为知音。

【评】

高山流水，目送归鸿，岂必铸像刺画于俗物？

9.60 胸中不平之气，说倩山禽；世上叵测之心，藏之烟柳。

【评】

天地有大美而不言，有何营营，有何块垒，不能浇释？可不禁要问，尽将不平之气、叵测之心付之于鸣禽烟柳，会否玷污了这位世外好友？何以人世间总有龌龊不平？又为何不能自我化解？

9.61 祛长夜之恶魔，女郎说剑；销千秋之热血，学士谈禅。

【评】

美女岂止藉以消除寂寞，学士又何妨多点血气方刚？

9.62 论声之韵者，曰溪声、涧声、竹声、松声、山禽声、幽壑声、芭蕉雨声、落花声，皆天地之清籁，诗坛之鼓吹也，然销魂之听，当以卖花声为第一。

【评】

陆游《临安春雨初霁》："世味年来薄似纱，谁令骑马客京华。小楼一夜听春雨，明朝深巷卖杏花。"凄凄风声，潇潇雨声，都敌不过清晨深巷中一声随意而高亢的卖花声，更敌不过心灵深处那声轻轻切切的叹息。如今,已没有这样的卖花声,不知诗肠之鼓吹手又将以何为第一? 将如何对付天地之新声如卡啦OK之类?

9.63 石上酒花,几片湿云凝夜色;松间人语,数声宿鸟动朝喧。

【评】

石上饮酒赏花,几片湿云凝住了夜色;松间人语传来,数声鸟鸣搅动了清晨的喧闹。

9.64 媚字极韵,但出以清致,则窈窕俱见风神,附以妖娆,则做作毕露丑态。如芙蓉媚秋水,绿筱媚清涟①,方不着迹。

【注释】

①绿筱(xiǎo)媚清涟:谢灵运诗句。筱,小竹。

【评】

清新之媚如清水出芙蓉,妖娆之媚则做作惹人厌。

9.65 武士无刀兵气,书生无寒酸气,女郎无脂粉气,山人无烟霞气,僧家无香火气,换出一番世界,便为世上不可少之人。

【评】

出淤泥而不染,方锻造出荷之高洁。

9.66 情词之娴美,《西厢》以后,无如《玉合》、《紫钗》、《牡丹亭》三传①,置之案头,可以挽文思之枯涩,收神情之懒散。

【注释】

①《玉合》:即明梅鼎祚《玉合记》,写韩翃与柳氏离合之故事。《紫钗》:即明汤显祖《紫钗记》,写李益与霍小玉的传奇。《牡丹亭》:汤显祖著,写杜丽娘与柳梦梅的生死相恋故事。

【评】

都说爱情是文学永恒的主题,其实,准确地说,爱情的遗憾才是文学永恒的主题。

9.67 俊石贵有画意,老树贵有禅意,韵士贵有酒意,美人贵有诗意。

【评】

自然万物与人一样,都必须具有丰富的内涵、内在的气质,才能显得

与众不同,独放异彩。

9.68 红颜未老,早随桃李嫁春风;黄卷将残,莫向桑榆怜暮景。

【评】

"有花堪折直须折,莫待无花空折枝",年华岁月岂可空抛掷。

9.69 销魂之音,丝竹不如著肉①。然而风月山水间,别有清魂销于清响,即子晋之笙②,湘灵之瑟③,董双成之云璈④,犹属下乘。娇歌艳曲,不尽混乱耳根。

【注释】

①著肉:指人喉咙里发出的歌声。

②子晋:即王子乔,神话中人物,相传为周灵王太子,喜欢吹笙作凤凰鸣,后在嵩山修炼,升仙而去。

③湘灵:传说中湘水之神,善鼓瑟。

④董双成:神话传说中西王母的侍女,本住浙江杭州西湖妙庭观,炼丹宅中,丹成得道,自吹玉笙,驾鹤升仙。云璈(áo):乐器名。

【评】

何必丝与竹,山水有清音。山水间自有其天籁之音,较之于此,子晋湘灵董双成都属下乘,至于娇歌艳曲,则徒令人耳根添烦。

9.70 风惊蟋蟀,闻织妇之鸣机;月满蟾蜍,见天河之弄杼。

【评】

月光洒满天穹,蟋蟀声声传来,一时间,天地俱响,仿佛是那天上的织女,也在摆弄着机杼,织布声声,多么清朗的夜晚。

9.71 高僧筒里送信,突地天花坠落;韵妓扇头寄画,隔江山雨飞来。

【评】

我们到底是该喜欢韵妓那山雨频飞来,还是该喜欢高僧的天花之乱坠?

9.72 酒有难悬之色,花有独蕴之香,以此想红颜媚骨,便可得之格外。

【评】
美酒有其独特的色泽,鲜花有其独蕴的芳香,美女亦自有其独有之诗意,能于身边俗情世态中时时发现诗意的美,才见切实功夫。

9.73 客斋使令①,翔七宝妆②,理茶具,响松风于蟹眼③,浮雪花于兔毫④。

【注释】

①客斋:客栈,客房。使令:侍者。

②七宝妆:多饰珠宝的莲花妆。

③响松风于蟹眼:烹茶有三沸之法,第一沸即如松风响起,水面浮起如蟹眼似的小气泡。苏轼《试院煎茶》:"蟹眼已过鱼眼生,飕飕欲作松风鸣。"

④兔毫:即兔毫盏,又称建盏,宋代建安出产的一种黑釉瓷茶盏,因纹理细密状如兔毫,故称。此盏专供宫廷斗茶、品茗之用。

【评】

此条两句采自苏轼《老饕赋》:"美人告去已而云散,先生方兀然而逃禅。响松风于蟹眼,浮雪花于兔毫。先生一笑而起,渺海阔而天高。"

9.74 每到日中重掠鬓,衩衣骑马绕宫廊①。

【注释】

①衩衣:一种适合骑马的衣服。

【评】

采自唐王建《宫词》。写宫女们的日常生活。

9.75 绝世风流,当场豪举。世路既如此,但有肝胆向人;清议可奈何,曾无口舌造业①。

【注释】

①造业:造下恶业,惹祸。

【评】

管不了别人的嘴,却必须管好自己的嘴。

9.76 花抽珠渐落,珠悬花更生。风来香转散,风度焰还轻。

【评】

采自南朝梁元帝萧绎《对烛赋》。微风轻来,燃烧的蜡烛之香慢慢散开,火焰也随之轻轻跳动。

9.77 莹以玉琇,饰以金英;绿芰悬插,红蕖倒生。

【评】

采自南朝陈江总《云堂赋》。用晶莹的美玉点缀,用金黄的鲜花装饰,又仿佛是在水中悬空摇曳的绿芰红荷,极写云堂装饰之华美。

9.78 浮沧海兮气浑,映青山兮色乱。

【评】

采自唐翟楚贤《碧落赋》。写天空浮于苍茫的大海之上,气象雄浑;青山映照其间,色彩斑斓。

9.79 纷黄庭之霍霏①,隐重廊之窈窕;青陆至而莺啼②,朱阳升而花笑;紫蒂红蕤,玉蕊苍枝。

【注释】

①霍(huò)霏:指草木柔弱,随风披靡的样子。

②青陆:即青道,月亮运行的轨道。

【评】

采自唐卢照邻《双槿树赋》。月光映照下莺儿啼鸣,太阳升起时花儿含笑,木槿树之美艳,直令美人、花木相形见绌。

9.80 视莲潭之变彩,见松院之生凉;引惊蝉于宝瑟,宿兰燕于瑶筐。

【评】

莲潭变彩,松院生凉,惊蝉兰燕,无不兆示着季节的变换。

9.81 蒲团布衲,难于少时存老去之禅心;玉剑角弓,贵于老时任少年之侠气。

【评】

少年而有老成之心,与老来而有率性之真,都是极为难得可贵的。

卷十 豪

今世矩视尺步之辈，与夫守株待兔之流，是不束缚而阱者也。宇宙寥寥，求一豪者，安得哉？家徒四壁，一掷千金，豪之胆；兴酣落笔，泼墨千言，豪之才；我才必用，黄金复来，豪之识。夫豪既不可得，而后世倜傥之士，或以一言一字写其不平，又安与沉沉故纸同为销没乎！集豪第十。

【评】

　　纵横捭阖,豪迈奔放,如万里长风席卷大地,又如江河奔腾到海不回!千古风流人物,让人们平添多少侠胆豪气、流连眷往!青山依旧在,几度夕阳红。社会在不断变革,循规蹈矩不思进取,不免作茧自缚。要冲破茧壳的束缚,需要有敢为人先泼墨千言的豪情,需要有横下一条心杀出一条血路的决心。不妨就来读读这些"倜傥之士"写下的跌宕不平之词吧。

10.1 桃花马上春衫,少年侠气;贝叶斋中夜衲,老去禅心。

【评】

独存一份老去禅心,是自甘淡泊,还是悲苦无告?

10.2 骥虽伏枥,足能千里;鹄即垂翅,志在九霄。

【评】

虽然屈居枥下,或垂翅铩羽,胸中却依然激荡着驰骋千里翱翔九天的豪情。只要勃勃雄心永不消沉,追求就永不会停息。

10.3 个个题诗,写不尽千秋花月;人人作画,描不完大地江山。

【评】

人人胸中,自具一幅花月江山。

10.4 慷慨之气,龙泉知我①;忧煎之思,毛颖解人②。

【注释】

①龙泉:剑名。

②毛颖:代指毛笔。

【评】

将慷慨激昂的气概舞弄于利剑之上,将忧愁煎熬的思绪倾注于笔端之下,笔和剑具有同样的用处。

10.5 不能用世而故为玩世,只恐遇着真英雄;不能经世而故为欺世,只好对着假豪杰。

【评】

真英雄日少,假豪杰日夥,会不会“世无英雄,使竖子成名”?

10.6 绿酒但倾,何妨易醉;黄金既散,何论复来。

【评】

但求尽情尽性,大醉又何妨,黄金散尽又何妨。

10.7 诗酒兴将残,剩却楼头几明月;登临情不已,平分江上半青山。

【评】

诗兴且尽,酒兴将残,只剩下楼头几多明月;登山临水,倾情未已,竟欲平分江上青山。

10.8 假英雄专唉不鸣之剑^①，若尔锋芒，遇真人而落胆；穷豪杰惯作无米之炊，此等作用，当大计而扬眉。

【注释】

①唉(xuè)：小声轻吹。

【评】

佩一把吹不响的剑，也只能是骗骗一般人而已。真正的英雄，即使在失意之时也能为他人所不能为，也许还要被讥为异想天开，但危难时刻，他们便能扬剑出鞘，顿放光芒。

10.9 深居远俗，尚愁移山有文^①；纵饮达旦，犹笑醉乡无记^②。

【注释】

①移山有文：南齐孔稚珪《北山移文》。孔稚珪与周颙同隐钟山，后周应诏出仕，再过钟山，孔撰此文，假托山神，讥其热衷名利，实非真隐。

②醉乡无记：唐王绩《醉乡记》，虚拟醉乡，而为之记，曲尽其妙。

【评】

清者自清，浊者自浊，沉者自沉，浮者自浮。

10.10 风会日靡，试具宋广平之石肠^①；世道莫容，请收姜伯约之大胆^②。

【注释】

①宋广平之石肠：宋广平，即宋璟，唐开元名相，封广平王。唐皮日休《桃花赋序》："余慕宋广平之为相，贞姿劲质，刚态毅状，疑其铁肠石心，不能吐婉媚辞。"

②姜伯约之大胆：三国蜀汉名将姜维字伯约，史载其"死时见剖，胆如斗大"。

【评】

风俗日益颓靡，要保持自己的高洁，就要试着具有宋璟那样的铁石心肠；世道无法涵容，要保存自己，又只有收下姜维那样的过人胆略。

10.11 吐虹霓之气者，贵挟风霜之色；依日月之光者，毋怀雨露之私。

【评】

英雄豪杰,必须经历风霜的磨砺,且不可有丝毫雨露之私心贪念。

10.12 清襟凝远,卷秋江万顷之波;妙笔纵横,挽昆仑一峰之秀。

【评】

文章未必可亡国,但挽起一座山一条河,却是常有之妙笔。

10.13 闻鸡起舞,刘琨其壮士之雄心乎①;闻筝起舞,迦叶其开士之素心乎②!

【注释】

①"闻鸡"二句:典出《晋书·祖逖传》。祖逖与刘琨俱为司州主簿,共被同寝。半夜听到鸡鸣,猛踢刘琨曰:这是荒鸡的叫声,恐怕天下要大乱了,我们还能安稳地睡觉吗?于是两人起舞练剑。

②"闻筝"二句:佛教歌舞之神能妙音鼓琴,迦叶闻之,不堪于坐,起而舞。开士,菩萨的别称。

【评】

既有闻鸡起舞之雄心,又有闻筝起舞之素心,是可为真英雄。

10.14 读书倦时须看剑,英发之气不磨;作文苦际可歌诗,郁结之怀随畅。

【评】

古之读书人,也总是剑不离身,舞剑、读书似乎缺一不可,为何却依然一个个手无缚鸡之力,更无统兵之略?

10.15 交友须带三分侠气,作人要存一点素心。

【评】

人始终应该保持一颗纯洁之心,与志向一致、心灵相通有侠肝义胆之人一起为社会服务。

10.16 栖守道德者,寂寞一时;依阿权变者,凄凉万古。

【评】

和总是讲"做人"一样,我们也有着深厚的泛道德主义传统。其实,这往往也阻碍了我们对具体事情的客观分析。

10.17 肝胆煦若春风,虽囊乏一文,还怜茕独,气骨清如秋水。

【评】

时移世易,如今已越来越少将贫穷与道德、气骨相联系了。

10.18 献策金门苦未收①,归心日夜水东流。扁舟载得愁千斛,闻说君王不税愁。

【注释】

①献策金门:指向皇帝进言。金门,金马门,汉代官门,士人献策待诏之处。

【评】

据明代陆粲《说听》记载,长洲的陆世明省试不第,乘船回家。经过临清时,关吏误以为他是商人,令其缴税,于是他便写下此诗。关吏阅诗后不仅好好地招待、安慰了颓丧的落第者,而且还有不少馈赠。看,多美的故事!

10.19 龙津一剑,尚作合于风雷①;胸中数万甲兵②,宁终老于牖下。此中空洞原无物,何止容卿数百人③。

【注释】

①"龙津"二句:典出《晋书·张华传》。晋平吴之后,张华与雷焕见吴地剑气冲牛斗,遂掘旧狱基,得二宝剑分佩之。后张华被诛,失宝剑。雷焕死后,其子持其剑,过平津,剑从腰间跃出坠水,使人投水找剑,不得。只见两龙长数尺,光彩照水,波浪惊腾,于是失剑。

②胸中数万甲兵:典出《魏书·崔浩传》:"世祖指浩以示之,曰:‘汝曹视此人,尪纤懦弱,手不能弯弓持矛,其胸中所怀,乃逾于甲兵。’"

③"此中"二句:《世说新语·排调》:"王丞相枕周伯仁膝,指其腹曰:‘卿此中何所有?’答曰:‘此中空洞无物,然容卿数百人。’"

【评】

一把宝剑,便可以挥动风雷,显示无穷威力,何况胸怀数万甲兵,岂甘终老于草窗之下?

10.20 英雄未转之雄图,假糟邱为霸业①;风流不尽之余韵,托花谷为深山②。

【注释】

①糟邱：酿酒所余的酒糟堆积如山，比喻沉湎于酒。

②花谷：鲜花盛开遍满山谷，比喻沉湎于声色。

【评】

英雄壮志未酬，便只能沉湎于酒乡，流连于声色，这是男人的无奈。

10.21 大丈夫居世，生当封侯，死当庙食。不然，闲居可以养志，诗书足以自娱。

【评】

采自《后汉书·梁竦传》。西汉时的中国乃少年中国，充满了强悍英锐之气，人人不甘平庸，人人想建功立业。朝气蓬勃而英雄辈出，豪情汹涌而一往无前。自汉武而后，专制独裁真正形成，张扬的个性便渐渐泯灭，"人"的时代结束，"奴才们"的时代便来了。

10.22 不恨我不见古人，惟恨古人不见我。

【评】

采自《南史·张融传》。辛弃疾亦有词曰："不恨古人吾不见，恨古人不见吾狂耳！"此等狂妄之气又岂是常人能有？

10.23 荣枯得丧，天意安排，浮云过太虚也；用舍行藏①，吾心镇定，砥柱在中流乎？

【注释】

①用舍行藏：《论语·述而》："用之则行，舍之则藏。"

【评】

谋事在人，成事在天也。

10.24 曹曾积石为仓以藏书，名曹氏石仓。

【评】

据《拾遗记》载，东汉人曹曾积书万卷，"及世乱，家家焚庐，曾虑其先文湮没，乃积石为仓以藏书，故谓曹氏石仓"。

10.25 丈夫须有远图，眼孔如轮，可怪处堂燕雀①；豪杰宁无壮志，风棱似铁，不忧当道豺狼。

【注释】

①处堂燕雀：《孔丛子·论势》："燕雀处屋，子母相哺，煦煦焉其

相乐也,自以为安矣,灶突炎上,栋宇将焚,燕雀颜色不变,不知祸之将及己也。"

【评】

既有壮志,又有远虑,则庶几无忧矣。

10.26 云长香火①,千载遍于华夷;坡老姓名②,至今口于妇孺。意气精神,不可磨灭。

【注释】

①云长:关羽,字云长。

②坡老:苏东坡。

【评】

中国的文圣人是孔子,武圣人本来有很多人选,太公、孙子、诸葛亮,哪个都比关云长合适,可为什么却偏偏要把文武皆非一流的他推出来呢?有人说,这要归功于历代说书人。在他们的宣讲下,对老百姓来说,孔亲老亲都不如关老爷亲。

10.27 据床嗒尔①,听豪士之谈锋;把盏惺然,看酒人之醉态。

【注释】

①嗒(tà)尔:聚精会神的样子。

【评】

坐在榻上聚精会神,倾听豪士的高谈阔论;把盏依然清醒,但看人各不同的酒醉之态。

10.28 登高远眺,吊古寻幽。广胸中之丘壑,游物外之文章。

【评】

所谓登高能赋,方为丈夫。

10.29 胡宗宪读《汉书》①,至终军请缨事②,乃起拍案曰:"男儿双脚当从此处插入,其它皆狼藉耳!"

【注释】

①胡宗宪:字汝贞,明朝绩溪人。平倭有功,官至太子太保。

②终军请缨:终军字子云,西汉济州人,武帝时官谏议大夫,南越王反,终军请缨曰:"愿受长缨,必羁南越王而致之阙下。"既至,南越王举国内属。

【评】

王勃《滕王阁序》中却只能自我哀叹:"三尺微命,一介书生。无路请缨,等终军之弱冠。"

10.30 宋海翁才高嗜酒①,睥睨当世。忽乘醉泛舟海上,仰天大笑,曰:"吾七尺之躯,岂世间凡士所能贮? 合以大海葬之耳!"遂按波而入。

【注释】

①宋海翁:宋登春字应元,号海翁、鹅池生,明人。性格多奇,里中呼为狂生。

【评】

恃才傲物竟欲舍身赴海,可谓"豪"而至于狂。

10.31 王仲祖有好形仪①,每览镜自照,曰:"王文开那生宁馨儿②。"

【注释】

①王仲祖:王濛字仲祖,东晋人,官中书郎、司徒长史。

②王文开:仲祖之父。宁馨儿:如此,这样。晋宋时流行语。

【评】

顾影自怜,孤芳自赏,亦为"豪"之一端。

10.32 毛澄七岁善属对①,诸喜之者赠以金钱,归掷之曰,"吾犹薄苏秦斗大,安事此邓通靡靡②!"

【注释】

①毛澄:字宪清,号百斋,明朝昆山人。弘治元年状元,官至礼部尚书。

②邓通:西汉人,尝为汉文帝吮痈而得宠,赐蜀铜山,得自铸钱,因此邓氏钱满天下。后以"邓通"为钱之代称。

【评】

苏秦斗大的金印,眼里都看不上,何况区区几文铜钱? 如此心志,亦可谓之清高。

10.33 梁公实荐一士于李于麟①,士欲以谢梁,曰:"吾有长生术,不惜为公授。"梁曰:"吾名在天地间,只恐盛着不了,安用长生!"

【注释】

①梁公实:梁有誉字公实,明顺德人,嘉靖进士,官刑部主事,"后七子"之一。李于麟:李攀龙字于麟,号沧溟,明历城人,嘉靖进士,官河南按察使,"后七子"之一。

【评】

声名在天地间都盛装不下,哪里还用得着长生? 可谓义正辞严。

10.34 吴正子穷居一室①,门环流水,跨木而渡,渡毕即抽之。人问故,笑曰:"土舟浅小,恐不胜富贵人来踏耳!"

【注释】

①吴正子:南宋人,为唐李贺自编诗《李长吉歌诗》最早注家。

【评】

抽桥断尘路,与富贵人相隔断,自是文人之心志。以上数例,选取具体人物从若干侧面对"豪"作出解释。

10.35 吾有目有足,山川风月,吾所能到,我便是山川风月主人。

【评】

既为"主人",宜当细心呵护之,而非任意支配取舍。

10.36 大丈夫当雄飞,安能雌伏?

【评】

"有野心"在中国一直被看作是一种性格缺陷,但如今,"野心"早已不该是一个贬义词。一个男人,要多一点野心的激荡,要有海纳百川的胸怀,吞吐山河的气势。

10.37 青莲登华山落雁峰,曰:"呼吸之气,想通帝座。恨不携谢朓惊人之句来,搔首问青天耳①!"

【注释】

①"呼吸"四句:李白登华山雁落峰,曰:"此山最高,呼吸之气想通天帝座矣。恨不携谢朓惊人诗来,搔首问青天耳!"

【评】

李太白携句通天帝,胸襟眼界惊神泣鬼。

10.38 志欲枭逆虏,枕戈待旦,常恐祖生①,先我着鞭。

【注释】

①祖生：祖逖。

【评】

采自《世说新语·赏誉下》"刘琨称祖车骑为朗诣"刘孝标注引刘琨之语。大丈夫就该有保家卫国的雄心。

10.39 旨言不显，经济多托之工瞽刍荛①；高踪不落②，英雄常混之渔樵耕牧。

【注释】

①工瞽(gǔ)：乐人。刍：割草。荛：打柴。

②不落：不落入俗套。

【评】

英雄常处于草莽，所以古代君王贤主便要不断地上演"三顾茅庐"，往山林草莽中拜谒。

10.40 高言成啸虎之风，豪举破涌山之浪。

【评】

高妙之言可有啸虎之威，豪侠之举可破拍山之浪，如此气概，睥睨当世。然而，亦自有雍容沉潜之人，一问一答间，丝毫不见波澜，而蕴海之伟力。

10.41 管城子无食肉相①，世人皮相何为？孔方兄有绝交书②，今日盟交安在？

【注释】

①管城子：毛笔的别称。食肉相：荣华富贵的面相。

②孔方兄：铜钱的别称。

【评】

据说宋朝大诗人黄庭坚因得罪了朝廷被降职，他的亲友们便渐渐与他疏远起来，他便写了《戏呈孔毅父》，诗中有此两句："管城子无食肉相，孔方兄有绝交书。"意思是我被降职后，只有笔墨相随，只有笔墨无庸俗相，不像有些人都不愿和我来往了；而钱，更与我绝交了。明代袁宏道《读〈钱神论〉》写得尤有诗味："闲来偶读《钱神论》，始识人情今益古。古时孔方比阿兄，今日阿兄胜阿父。"视金钱胜过自己的生身父亲。

10.42 襟怀贵疏朗，不宜太逞豪华；文字要雄奇，不宜故求寂寞。

【评】

立身先须谨慎,为文且须放荡。

10.43 才以气雄,品由心定。

【评】

忍胯下之辱的韩信,在方寸之间藏下雄兵百万,成就一代帅才。可惜最终他的自信却变成了自大与自负,落了个凄惨的结局。

10.44 为文而欲一世之人好,吾悲其为文;为人而欲一世之人好,吾悲其为人。

【评】

投一世之好而不得,悲者一;反失了心中本我,悲者二。

10.45 胸中无三万卷书,眼中无天下奇山川,未必能文。纵能,亦无豪杰语耳。

【评】

这话让人心存敬畏。不读万卷书,不行万里路,不知万般苦,怎么会有过人的言语呢? 既然如此,又怎敢轻薄为文?

10.46 孟宗少游学①,其母制十二幅被,以招贤士共卧,庶得闻君子之言。

【注释】

①孟宗:字恭武,三国人。少从李肃学。

【评】

以最温暖人心的细节,求最大之利益。

10.47 张烟雾于海际,耀光景于河渚;乘天梁而浩荡①,叫帝阍而延伫②。

【注释】

①天梁:银河。

②帝阍:天门。

【评】

采自江淹《丽色赋》。该赋借巫史之口夸说丽色之美,用以自况。何焯谓"文通之赋,自为绝作杰思",当非过誉。此句用《离骚》文意,指追求美女。

10.48 声誉可尽,江天不可尽;丹青可穷,山色不可穷。

【评】

名声再盛,也无法永传千古;丹青再妙,也有调不出的微妙色彩。弱水三千,我只能取一瓢饮。

10.49 闻秋空鹤唳,令人逸骨仙仙;看海上龙腾,觉我壮心勃勃。

【评】

闻听秋空中声声鹤鸣,顿使人身逸骨轻,飘飘欲仙;看到海上波涛汹涌,顿时感觉精神振奋,雄心勃勃。

10.50 明月在天,秋声在树,珠箔卷啸倚高搂;苍苔在地,春酒在壶,玉山颓醉眠芳草①。

【注释】

①玉山颓醉:《世说新语》载山涛评嵇康语:“嵇叔夜之为人也,岩岩若孤松之独立;其醉也,傀俄若玉山之将崩。”

【评】

高楼倚望,天清气爽,玉山自倒,醉眠芳草,分不清是酒醉人还是景色醉人。

10.51 胸中自是奇,乘风破浪,平吞万顷苍茫;脚底由来阔,历险穷幽,飞度千寻香霭。

【评】

胸中清奇,便自有平吞万顷苍茫、飞度千寻香霭之气概。

10.52 松风涧雨,九霄外声闻环佩,清我吟魂;海市蜃楼,万水中一幅画图,供吾醉眼。

【评】

松风涧雨,仿佛闻听到九霄外环佩声响,诗心顿觉清爽;海市蜃楼,仿佛万水之中一幅画图,让人大饱眼福。

10.53 人每诮余腕中有鬼,余谓:鬼自无端入吾腕中,吾腕中未尝有鬼也。人每责余目中无人,余谓:人自不屑入吾目中,吾目中未尝无人也。

【评】

无论是诛我或责我，换一个角度看问题想问题，事情就可能完全不一样。

10.54 天下无不虚之山，惟虚故高而易峻；天下无不实之水，惟实故流而不竭。

【评】

山虚故能堆积高峻，水实方能流而不腐，万物各有其性，各具其妙。

10.55 放不出憎人面孔，落在酒杯；丢不下怜世心肠，寄之诗句。

【评】

让酒来消释所有的愤懑忧愁，让诗来抒发怜世济时之衷肠。诗酒风流，千古文人的生活。

10.56 春到十千美酒①，为花洗妆②；夜来一片名香，与月熏魄。

【注释】

①十千美酒：谓每斗酒价钱十千文，言其名贵。王维《少年行》："新丰美酒斗十千，咸阳游侠多少年。"

②为花洗妆：唐冯贽《云仙杂记》："洛阳梨花时，人多携酒其下，曰：为梨花洗妆。"

【评】

冒辟疆《影梅庵忆语》里记述了种种闺房乐趣，其中一件就是"闻香"："姬每与余静坐香阁，细品名香……非姬细心秀致，不能领略到此……我两人如在蕊珠众香深处。今人与香气俱散矣，安得返魂一粒，起于幽房扃室中也！"令人悠然神往，"蕊珠众香深处"今人是无缘领会了。中国除了青铜文化、玉文化、食文化等等，也一定有过"香文化"，如今全都"香消玉陨"了，着实令人叹惋。

10.57 忍到熟处则忧患消，淡到真时则天地赘。

【评】

百无一用是书生。很多时候，除了忍而又忍，淡而又淡，他们又能如何？

10.58 醺醺熟读《离骚》,孝伯外敢曰并皆名士①;碌碌常承色笑,阿奴辈果然尽是佳儿②。

【注释】
①"醺醺"二句:《世说新语·任诞》:"王孝伯(恭)言:'名士不必须奇才,但使常得无事,痛饮酒,熟读《离骚》,便可称名士。'"
②"碌碌"二句:《世说新语·识鉴》:"周伯仁母冬至举酒赐三子曰:'吾本谓度江托足无所,尔家有相,尔等并罗列吾前,复何忧?'周嵩起,长跪而泣曰:'不如阿母言。伯仁为人志大而才短,名重而识暗,好乘人之弊,此非自全之道。嵩性狼抗,亦不容于世。唯阿奴碌碌,当在阿母目下耳!'"

【评】

要做一个名士、佳儿,看似简单,其实又何尝简单?

10.59 飞禽铩翮①,犹爱惜乎羽毛;志士捐生,终不忘乎老骥。

【注释】

①铩翮(hé):伤残了翅膀。

【评】

只要生命曾经飞扬,死亦何憾。

10.60 敢于世上放开眼,不向人间浪皱眉。

【评】

敢于向世上放眼观望,决不无用地皱着眉头,这是君子的果敢与坦荡荡。

10.61 缥缈孤鸿,影来窗际,开户从之,明月入怀,花枝零乱,朗吟"枫落吴江"之句,令人凄绝。

【评】

"枫落吴江冷",是唐诗人崔信明留下的一句诗。明吴从先评云:"名世之语,政不在多;惊人之句,流声甚远。譬如'枫落吴江冷',千秋之赏,不过五字。"

10.62 云破月窥花好处,夜深花睡月明中。

【评】

采自唐伯虎《花月吟》。话说唐伯虎为人放浪不羁,有轻世傲物之志。

做秀才时,曾效连珠体,做《花月吟》十馀首,句句中有花有月,为人称颂。

10.63 三春花鸟犹堪赏,千古文章只自知。文章自是堪千古,花鸟三春只几时。

【评】

文章千古事,得失寸心知。

10.64 士大夫胸中无三斗墨,何以运管城①?然恐酝酿宿陈,出之无光泽耳。

【注释】

①管城:毛笔。

【评】

墨是文人才华的象征,文人又称"墨客"。一个人有学问,人们说他"肚子里有墨水",否则便是"胸无点墨"。文才是文人立命安身的资本。

10.65 攫金于市者,见金而不见人①;剖身藏珠者,爱珠而忘自爱②。与夫决性命以饕富贵,纵嗜欲以损生者何异?

【注释】

①"攫金"二句:《列子·说符》:"昔齐人有欲金者,清旦衣冠而之市,适鬻金者之所,因攫其金而去。吏捕得之,问曰:'人皆在焉,子攫人之金何?'对曰:'取金时,不见人,徒见金。'"

②"剖身"二句:《资治通鉴》唐太宗贞观元年:"上谓侍臣曰:'吾闻西域贾胡得美珠,剖身以藏之。'侍臣曰:'有之。'上曰:'人皆知彼之爱珠而不爱其身也。'"

【评】

见金而不见人,爱珠而忘自爱,看似荒唐,却又多少荒唐中人。

10.66 李太白云:"天生我才必有用,黄金散尽还复来。"杜少陵云:"一生性僻耽佳句,语不惊人死不休。"豪杰不可不解此语。

【评】

一为做人的豪迈率真,一为作文的冥思苦想。

10.67 谐友于天伦之外,元章呼石为兄①;奔走于世途之中,庄生喻尘以马②。

【注释】

①元章：米芾，字元章。呼石为兄：见8.30条注②。

②喻尘以马：庄子《逍遥游》："野马也，尘埃也。"

【评】

只要心中有情，石头也可呼为兄。日日奔忙于世途功名，一切终如过眼烟云。

10.68 得意不必人知，兴来书自圣；纵口何关世议，醉后语犹颠。

【评】

放浪不羁，随意洒脱，晚明文人主张为文独抒性灵，不拘俗套，兴之所至，则无处不可诗不可书。

10.69 英雄尚不肯以一身受天公之颠倒，吾辈奈何以一身受世人之提掇？是堪指发，未可低眉。

【评】

人善被人欺，马善被人骑。

10.70 能为世必不可少之人，能为人必不可及之事，则庶几此生不虚。

【评】

能如此者，便是天地间之伟人，岂止"不虚"？于绝大多数人，能尽心尽力便已此生不虚。

10.71 儿女情，英雄气，并行不悖；或柔肠，或侠骨，总是吾徒。

【评】

侠骨而柔肠，人中之龙也。

10.72 上马横槊，下马作赋，自是英雄本色；熟读《离骚》，痛饮浊酒，果然名士风流。

【评】

"英雄本色"也可理解为一种处事气概，"名士风流"则是一种逍遥心境。为人处事，当如大丈夫光明磊落；对待生活，则不妨学名士般逍遥优雅。

10.73 我辈腹中之气,亦不可少,要不必用耳;若蜜口,真妇人事哉。

【评】

必须掌控好自己心中的气、欲望,更不可存有不正之气,倘若做些口蜜腹剑之事,则可谓小肚鸡肠者的小人所为。

10.74 说剑谈兵,今生恨少封侯骨①;登高对酒,此日休吟烈士歌。

【注释】

①封侯骨:封侯的骨相。

【评】

心比天高,命如纸薄。说剑谈兵,登高对酒,亦只能徒增忧恼。

10.75 身许为知己死,一剑夷门①,到今侠骨香仍古;腰不为督邮折,五斗彭泽②,从古高风清至今。

【注释】

①一剑夷门:战国魏都大梁夷门侯生(嬴),年七十尚为小吏,信陵君迎为上宾。后秦国围赵,侯生献计解赵国之危。危解而信守与信陵君诺,自刎。

②五斗彭泽:陶渊明不为五斗米折腰事。

【评】

侯嬴之义气侠骨,陶渊明之清高气节,其光彩千古照到今。问古今多少人或可望其项背?

10.76 剑击秋风,四壁如闻鬼啸;琴弹夜月,空山引动猿号。

【评】

元代张可久:"剑击西风鬼啸,琴弹夜月猿号,半醉渊明可人招。南来山隐隐,东去浪淘淘,浙江归路杳。"满腹苍茫悲凄之意绪,又何人可知,何人可解?

10.77 壮志愤懑难消,高人情深一往。

【评】

愤懑难消空自悲,一往情深自然山高水长。

卷十一　法

　　自方袍幅巾之态①，遍满天下，而超
脱颖绝之士，遂以同污合流矫之，而世道
不古矣。夫迂腐者，既泥于法，而超脱
者，又越于法，然则士君子亦不偏不倚，
期无所泥越则已矣，何必方袍幅巾，作此
迂态耶！集法第十一。

【注释】

①方袍:本指僧袍。幅巾:古代男子用整幅的绢做成的束发方
巾。宋明以来道学先生的打扮。

【评】

　　法度是社会秩序的保证。明代之世,承续的法度便是宋代程朱理学
的"方袍幅巾",泥于此,而致整个社会死气沉沉。乃有李贽等颖绝之士,
奋起矫之,却又彻底违反了法度,有过正之嫌。法之度,亦可谓难矣。于
今之时,泥古之迂又何少焉? 饮食不以饱腹为度,而以量度杯的刻度为
准;寝居不以睡眠质量论,而以钟表的刻度为准;穿戴不顾时节的冷暖感
受,而以温度计的刻度为准……标准在细化,感觉却在钝化。

11.1 世无乏才之世，以通天达地之精神，而辅之以拔十得五之法眼①。

【注释】

①拔十得五：指选拔人才的方法。

【评】

如果你慧眼识金，五步之内必有芳草。千里马常有，只是需要慧眼识才者。

11.2 一心可以交万友，二心不可以交一友。

【评】

待友之道，惟诚而已。

11.3 凡事，留不尽之意则机圆；凡物，留不尽之意则用裕；凡情，留不尽之意则味深；凡言，留不尽之意则致远；凡兴，留不尽之意则趣多；凡才，留不尽之意则神满。

【评】

凡事不走极端，留有余地，适可而止，便有腾挪之空间。

11.4 有世法，有世缘，有世情。缘非情，则易断；情非法，则易流。

【评】

有法，有缘，有感情。缘分离开了感情不会长久，感情缺少了法则便会失控。处世之道，就是妥当地处理好法、缘、情三者之关系。

11.5 世多理所难必之事，莫执宋人道学；世多情所难通之事，莫说晋人风流。

【评】

宋人道学执于法理，晋人风流执于情感，世事又岂是二者所可以涵盖与解释？

11.6 与其以衣冠误国，不若以布衣关世；与其以林下而矜冠裳，不若以廊庙而标泉石。

【评】

与其身居官位而清谈误国，不如以布衣的身份关怀世事；与其处山林而夸耀身份功名，不如身居廊庙而标举泉石之志。关键是要找准自己的

人生坐标。

11.7 眼界愈大,心肠愈小;地位愈高,举止愈卑。

【评】

眼界越大,考虑问题越要细致;地位越高,举止言谈越要平和卑下。这是儒家的一种道德要求。

11.8 少年人要心忙,忙则摄浮气;老年人要心闲,闲则乐余年。

【评】

年轻人应该干一番事业,所以要心忙,要多想事,多做事,这样能去掉身上的浮躁之气,把心沉下来,踏踏实实的做事。而老年人调养身心的关键是心闲,切忌浮躁。

11.9 晋人清谈,宋人理学,以晋人遣俗,以宋人褆躬①,合之双美,分之两伤也。

【注释】

①褆(tí)躬:安身。

【评】

以晋人的清谈来排遣世俗,宋人的理学来安身立命,外放内敛,才能保持动态的心理平衡,达致双美。

11.10 莫行心上过不去事,莫存事上行不去心。

【评】

昧着良心的事不能做,有悖事理的心不可有。

11.11 忙处事为,常向闲中先检点;动时念想,预从静里密操持。青天白日处节义,自暗室屋漏处培来①;旋转乾坤的经纶,自临深履薄处操出②。

【注释】

①暗室屋漏:形容处无人之地,恒存畏惧之心。屋漏,房子的西北角,日光从天窗照射入室,称屋漏。

②临深履薄:形容危惧不安。《诗经·小旻》:"如临深渊,如履薄冰。"

中庸之道讲究动静相宜,于静中,与道相合,宁静不散乱;于动中,与物相应,不慌忙、不懈怠。永远是一种温文尔雅的、谦谦君子的形象。

11.12 以积货财之心积学问,以求功名之念求道德,以爱子女之心爱父母,以保爵位之策保国家。

【评】

子曰:"吾未见好德如好色者也。"如果能以积货财、好色之心去积累学问、修养道德,那结果会如何呢?

11.13 才智英敏者,宜以学问摄其躁;气节激昂者,当以德性融其偏。

【评】

做人做事要讲中和,守中庸。孔子不如颜回仁德,却可以教他通权达变;不及子贡有辩才,却可以教他收敛锋芒;不及子路勇敢,却可以教他畏惧,孔子具备了他们各人的长处而避免了他们的短处,他之胜于人,就在中庸之道。

11.14 何以下达,惟有饰非;何以上达,无如改过。

【评】

《论语·宪问》:"君子上达,小人下达。"君子何以能成就大事? 因为他能不断地改正自己的过错;小人何以也能"成功"小事呢? 因为他不断地掩饰自己的过错,善于做表面文章。多少人都在做着"饰非"而"下达"之事。

11.15 君子对青天而惧,闻雷霆而不惊;履平地而恐,涉风波而不疑。

【评】

子曰:"内省不疚,夫何忧何惧?"只要问心无愧,还担忧、惧怕什么呢? 不过,君子所不担忧、不惧怕的是自己的名利安危,却又为天下而担忧、惧怕,担忧自己是否尽到了该尽的责任和义务,惧怕自己的言行是否会给天下带来危害。但是,所有的担忧与惧怕,都只是落实在谨慎小心之上,却不会因此而改变自己的原则和志向。这里所说的惧与恐,也只不过是谨慎小心而已。

11.16 不可乘喜而轻诺,不可因醉而生嗔;不可乘快而多事,不可因倦而鲜终。

【评】

不要让一己一时的喜怒哀乐而改变一贯的原则。

11.17 意防虑如拨,口防言如遏,身防染如夺,行防过如割。

【评】

意易乱,口易祸,身易染,行易过,故需以拨山、遏流、夺命、割肉之非凡魄力,或可去之。

11.18 白沙在泥,与之俱黑,渐染之习久矣;他山之石,可以攻玉,切磋之力大焉。

【评】

俗语曰:"环境造就人",由此可见客观环境的重要。想要做到"出淤泥而不染",何其难也!

11.19 芳树不用买,韶光贫可支。

【评】

有一个有名的故事:一个富翁到海滩上晒太阳,看见一个乞丐也在这里晒太阳,就问乞丐为什么不出去找工作挣钱,乞丐问富翁挣钱干什么,富翁告诉乞丐,挣了钱就可以如何如何,最后说道:"你就可以像我一样到海滩上晒太阳呀!""我这不正是在海滩上晒太阳吗?"拼命挣钱为的是享受美好的生活,然而,芳树、韶光等美好之物,又常常并不需金钱来换取。

11.20 寡思虑以养神,剪欲色以养精,靖言语以养气。

【评】

清静养神的方法,并不是要人无知无欲,无理想,无抱负,也不是人为地过度压抑思想或毫无精神寄托的闲散空虚,而是主张专心致志、精神静谧。要做到少思寡欲,须有赖于思想的纯正,知足常乐,保持达观的处世态度。

11.21 立身高一步方超达,处世退一步方安乐。

【评】

莎士比亚告诉我们:"聪明的人永远不会坐着为自己的损失而悲伤,

却会很高兴地找出办法来弥补创伤。"

11.22 救既败之事者,如驭临崖之马,休轻策一鞭;图垂成之功者,如挽上滩之舟,莫少停一棹。

【评】

形势急难之时不可有丝毫急躁,大功将成之日不可有稍微懈怠。

11.23 是非邪正之交,少迁就则失从违之正①;利害得失之会,太分明则起趋避之嫌。

【注释】

①从违之正:遵从和违反的原则。

【评】

在原则问题上不可有稍微迁就纵容,在个人名利得失上切不可斤斤计较。

11.24 事系幽隐,要思回护他,着不得一点攻讦的念头①;人属寒微,要思矜礼他,着不得一毫傲睨的气象。

【注释】

①攻讦(jié):攻击或揭发他人的短处。

【评】

不能利用别人的私密之事来攻击别人;要想帮助寒微之人,尤须时刻注意不要给人以施舍傲慢的感觉。让别人有尊严,也是为自己赢得尊严。

11.25 毋以小嫌而疏至戚,勿以新怨而忘旧恩。

【评】

学会宽容,懂得珍惜自己拥有的缘分与情谊。

11.26 礼义廉耻,可以律己,不可以绳人。律己则寡过,绳人则寡合。

【评】

喜欢拿律己的条律去要求别人,就不可能与人和睦相处。

11.27 凡事韬晦,不独益己,抑且益人;凡事表暴,不独损人,抑且损己。

【评】

目标的实现既要有利于自己,也要能使他人从中得益,这也算与现代社会"双赢"法则暗合了。

11.28 觉人之诈,不形于言;受人之侮,不动于色。此中有无穷意味,亦有无穷受用。

【评】

若是大人大量,如此也便罢了,倘若是暗中伺机报复,那就忒阴毒忒可怕了。

11.29 爵位不宜太盛,太盛则危;能事不宜尽毕,尽毕则衰。

【评】

水满则溢,月盈则亏,所以功成身退,见好就收,便显得极为重要。

11.30 遇故旧之交,意气要愈新;处隐微之事,心迹宜愈显;待衰朽之人,恩礼要愈隆。

【评】

越是艰难中人,越要待之以非常礼遇。

11.31 用人不宜刻,刻则思效者去;交友不宜滥,滥则贡谀者来。

【评】

待人刻薄,其实便是一种"极左"意识,在唱高调的下面掩盖着贪婪的私欲。处事乖戾,对人冷酷,哪里还会有人愿为之效力呢?

11.32 忧勤是美德,太苦则无以适性怡情;澹泊是高风,太枯则无以济人利物。

【评】

人对于分内之事要竭尽职守,但对人之本能天性也应细加呵护。把功名利禄看得很淡本来是一种高尚的情操,但过分的清心寡欲,对社会大众就不会作出什么贡献了。太苦或太枯,便失去了生活的乐趣、人生的意义。

11.33 作人要脱俗,不可存一矫俗之心;应世要随时,不可起一趋时之念。

【评】

　　处理人际关系，既要坚持原则，又要顺应人情。凡是不近人情的做法，都是违背处人原则的。

　　11.34 从师延名士，鲜垂教之实益；为徒攀高第，少受诲之真心。男子有德便是才，女子无才便是德。
【评】

　　名声大，不代表学问高、师德高。求师问学，尤忌买椟还珠。

　　11.35 病中之趣味，不可不尝；穷途之景界，不可不历。
【评】

　　我们的传统中似乎有着太丰富的挫折教育，知耻而后勇，绝处方逢生，可是，成功就非得如此悲壮吗？ 其实，世界上并不乏由顺境而能抵达辉煌彼岸者。同样，在我们的文学观上，也总是强调“诗穷而后工”，曹雪芹似乎只有吃粥才能写出《红楼梦》，而不能像欧洲文艺复兴时的作家们，可以在贵妇人的文艺沙龙里过着无比滋润的日子？

　　11.36 才人国士，既负不群之才，定负不羁之行，是以才稍压众则忌心生，行稍违时则侧目至。死后声名，空誉墓中之骸骨；穷途潦倒，谁怜宫外之蛾眉。
【评】

　　人有几分才，便有几分脾气，于是“蛾眉总惹人妒”。可往往到死后，出于种种现实的需要，他们却被供上了庙堂，这到底是死者的尊荣，还是生者的悲哀？

　　11.37 贵人之交贫士也，骄色易露；贫士之交贵人也，傲骨当存。
【评】

　　《古诗十九首》：“洛中何郁郁，冠带自相索。”就是说贵人只和贵人来往，不理会别人。贵人要和贫士相交，何其难也！

　　11.38 君子处身，宁人负己，己无负人；小人处事，宁己负人，无人负己。
【评】

　　采自宋邵雍《处身吟》。我们无法保证在客观上毫不负人，也无法保

证甘愿无止境地吃亏,但主观上可以尽量做到宁负己,不负人,让利于人,让利于友,荣辱不惊,得失无悔。

11.39 砚神曰淬妃,墨神曰回氏,纸神曰尚卿,笔神曰昌化,又曰佩阿。

【评】

此语又见元伊世珍《瑯嬛记》引《致虚阁杂俎》:"笔神曰佩阿,砚神曰淬妃,墨神曰回氏,纸神曰尚卿,笔神又曰昌化。"

11.40 要治世,半部《论语》[①];要出世,一卷《南华》[②]。

【注释】

①半部《论语》:即所谓"半部《论语》治天下"。典出宋初名相赵普,其回答宋太宗问曰:"臣平生所知,诚不出此(指《论语》)。昔以其半辅太祖定天下,今欲以其半辅陛下致太平。"

②《南华》:《南华真经》,即《庄子》。

【评】

宋代理学家程颐说:"读《论语》,未读时是此等人,读了后又只是此等人,便是不曾读。"意思是说,读《论语》应使人"变化气质",不只是获得知识而已。读《庄子》又何尝不如是?读很多书都应如此。

11.41 祸莫大于纵己之欲,恶莫大于言人之非。

【评】

放纵欲望,搬弄是非,必然害人害己。

11.42 求见知于人世易,求真知于自己难;求粉饰于耳目易,求无愧于隐微难。

【评】

一个只图于出名、粉饰耳目的社会,亦必定是浮躁的社会。

11.43 圣人之言,须常将来眼头过,口头转,心头运。

【评】

圣人之言,当日日讲,月月讲,年年讲,更当思如何行之有效。

11.44 与其巧持于末,不若拙戒于初。

【评】

　　宋吕本中《官箴》曰:"故设心处事,戒之在初,不可不察。借使役用权智,百端补治,幸而得免,所损已多,不若初不为之为愈也。司马子微《坐忘论》云:'与其巧持于末,孰若拙戒于初?'此天下之要言。当官处事之大法,用力简而见功多,无如此言者。人能思之,岂复有悔吝耶?"

　　11.45　君子有三惜:此生不学,一可惜;此日闲过,二可惜;此身一败,三可惜。

【评】

　　惜年,惜日,惜时。

　　11.46　与其密面交,不若亲谅友①;与其施新恩,不若还旧债。

【注释】

　　①谅友:《论语·季氏》:"益者三友:友直友谅友多闻。"

【评】

　　与其滥交不若"先择而后交",与其花时间于泛泛之交,不如多与志趣相投的朋友学习交流。

　　11.47　见人有得意事,便当生忻喜心;见人有失意事,便当生怜悯心:皆自己真实受用处。忌成乐败,徒自坏心术耳。

【评】

　　《礼记》曰:"民之所好好之,民之所恶恶之,此之谓民之父母。好民之所恶,恶民之所好,是拂人之性,灾必逮乎身。"人家以为好的,他偏以为不好,人家以为对的,他偏以为不对,处处拂人好意,令人难堪,也便是败坏了自己的心术。

　　11.48　恩重难酬,名高难称。

【评】

　　有道是:"久恩必成仇。"又道是:"声闻过情,君子耻之",如果你的名声超过你的现实,你应该羞耻,大家都把你捧得很高很好的话,就不是一件好事。

　　11.49　待客之礼当存古意,止一鸡一黍,酒数行,食饭而罢,以此为法。

【评】

待客之礼,心诚则可,又岂有一定之法?

11.50 处心不可着,着则偏;作事不可尽,尽则穷。

【评】

说的便是适可而止的思想。南宋王应麟《困学纪闻》载张文饶(张行成)之语说:"处心不可著,著则偏;作事不可尽,尽则穷。先天之学,止是此二语,天之道也。愚谓邵子诗,'夏去休言暑,冬来始讲寒',则心不著矣;'美酒饮教微醉后,好花看到半开时',则事不尽矣。"

11.51 士人所贵,节行为大。轩冕失之,有时而复来;节行失之,终身不可得矣。

【评】

宋代宰相贾昌朝之语。在节行与轩冕的天平上,这位宰相能重前者轻后者,颇为可贵。

11.52 势不可倚尽,言不可道尽,福不可享尽,事不可处尽,意味偏长。

【评】

福宜常自惜,势宜常自恭。人生骄与奢,有始多无终。

11.53 静坐然后知平日之气浮,守默然后知平日之言躁,省事然后知平日之心忙,闭户然后知平日之交滥,寡欲然后知平日之病多,近情然后知平日之念刻。

【评】

日三省吾身,一点一点戒除掉身上毛病,便可不断地完善自我。

11.54 喜时之言多失信,怒时之言多失体。

【评】

采自明钱琦《钱公良测语·规世》。喜怒过甚之时说出的话,往往不是大话、空话,便是偏激之话,因此要澄心定气,情绪稳定,这样才能"一言而服人,一言而明道"。

11.55 泛交则多费,多费则多营,多营则多求,多求则多辱。

【评】

泛交、多费、多营、多求、多辱,这正是今日几乎所有贪官堕落史的真实写照。

11.56 正以处心,廉以律己,忠以事君,恭以事长,信以接物,宽以待下,敬以治事,此居官之七要也。
【评】

鲁国的执政大臣向孔子求教从政治国之道,孔子回答说:"政者,正也。子帅以正,孰敢不正?"以上"七要",都是对"立身惟正"的具体说明。

11.57 圣人成大事业者,从战战兢兢之小心来。
【评】

临事而惧,便能避免灾祸。相反,居官不慎,则是取败之道。

11.58 酒入舌出,舌出言失,言失身弃。余以为弃身不如弃酒。
【评】

只是就像猩猩醉酒的故事一样,一闻到美妙的酒香,面临具体的诱惑,又有多少人还能记得"弃身不如弃酒"的箴言?

11.59 青天白日,和风庆云,不特人多喜色,即鸟鹊且有好音。若暴风怒雨,疾雷幽电,鸟亦投林,人皆闭户。故君子以太和元气为主①。
【注释】

①太和元气:古代指阴阳冲和的元气。
【评】

《元史·许衡传》中说:大学士许衡携众公差途经河阳,长途跋涉,饥渴难耐。忽然道旁有一棵梨树,众公差蜂拥而上,采摘无忌,惟许衡危襟正坐。众曰:此梨无主,大人何不受用?许答:"梨无主,吾心独无主乎?""吾心有主",再多的诱惑,或许也奈何不得。心中无"主",则可能被私欲之海所淹没。

11.60 胸中落"意气"两字,则交游定不得力;落"骚雅"二字①,则读书定不得深心。
【注释】

①骚雅:《离骚》与《诗经》中的大、小雅。

【评】

交友忌"意气"二字，读书忌只认"骚雅"二字。只读得"骚雅"，便难免孤陋寡闻。表达了对当时复古文学思想的批评，及提倡尊重性灵的文学主张。

11.61 交友之先宜察，交友之后宜信。

【评】

交友之道，也应做到疑而不交，交而不疑。

11.62 惟书不问贵贱贫富老少，观书一卷，则增一卷之益；观书一日，则有一日之益。

【评】

鲁迅先生说过，一说起读书，就觉得是高尚的事情，其实读书和木匠磨斧头，裁缝理针线并没有什么分别，并不见得高尚，有时还很苦痛，很可怜。由此可见，求知和求生是同样的道理。你付出得多，那你就收获得多，所谓"开卷有益"。

11.63 坦易其心胸，率真其笑语，疏野其礼数，简少其交游。

【评】

如此则可谓居轩冕之中，有山林气味也。

11.64 不风之波，开眼之梦，皆能增进道心。

【评】

只要细心地捕捉与感受，即使是没有风吹的波纹，白日睁眼的梦境，也都蕴涵有无尽的旨趣，足以增进道心。

11.65 开口讥诮人，是轻薄第一件，不惟丧德，亦足丧身。

【评】

慎言与自省，是儒家修身的本质要求。

11.66 人之恩可念不可忘，人之仇可忘不可念。

【评】

记住别人对你的点点恩惠，至于仇怨，则尽可能忘却，不耿耿于怀，是可谓仁厚宽恕之人。

11.67 不能受言者,不可轻与一言,此是善交法。

【评】

于一般朋友间,是为善交法;倘若是君臣之间,则要上升为保身之法。古代帝王于危急之时,常常下罪己诏求直言,纵观历史,这种操作的收效并不大,倒是出尔反尔的情况很多。北宋末年,民间就有"城门闭,言路开;城门开,言路闭"的绝妙讽刺。出尔反尔不是导致情况往更坏的方向发展,就是导致受言者与建言者的信任程度下降。

11.68 君子于人,当于有过中求无过,不当于无过中求有过。

【评】

得饶人处且饶人,便是宽厚人。

11.69 我能容人,人在我范围,报之在我,不报在我;人若容我,我在人范围,不报不知,报之不知。自重者然后人重,人轻者由我自轻。

【评】

心量狭小,便不能容人,不能容人当然就不能用人,不能够服人。故事中的周瑜,就是因为量小不能容人,故有"既生瑜,何生亮"之叹,因而郁闷而死。

11.70 高明性多疏脱,须学精严;狷介常苦迂拘,当思圆转。

【评】

每个人都有自己的缺点,要想尽可能地完善自我,又必须首先充分地了解自己。可了解自己,却往往最不容易。

11.71 欲做精金美玉的人品,定从烈火锻来;思立揭地掀天的事功,须向薄冰履过。

【评】

无论是做人还是做事,都须经过多方磨练,更须时时怀如履薄冰之心。

11.72 性不可纵,怒不可留,语不可激,饮不可过。

【评】

我们的文化,塑造的似乎都是温文尔雅的谦谦君子。

11.73 能轻富贵，不能轻一轻富贵之心；能重名义，又复重一重名义之念。是事境之尘氛未扫，而心境之芥蒂未忘。此处拔除不净，恐石去而草复生矣。

【评】

可以视富贵为粪土，可是心里却放不下要视富贵为粪土的念头；已经看重名声和仁义，可是还不断地要求自己重视名声和仁义。这些都是在为人处事上太着重痕迹。刻意隐藏、压制自己内心的欲望，其实是自己的本心还存在需要涤除的欲念。世事就是如此微妙，你越是重视一个东西，往往越难得到；越是"无所谓"，没准却来得越快。欲念就像石头下的小草，石去而草复生，怎么办？大概也只能时时勤拔锄了。

11.74 待小人不难于严，而难于不恶；待君子不难于恭，而难于有礼。

【评】

对待小人，不难做到严厉，难的是内心不憎恶他们；对待君子，不难做到谦恭，难的是内心真正的敬重。有曰：上帝因为爱人，所以才惩罚他。如果只有惩罚严责，没有体谅爱心，就等于是抛弃了他，这不是君子之所为。

11.75 市私恩，不如扶公议；结新知，不如敦旧好；立荣名，不如种隐德；尚奇节，不如谨庸行。

【评】

是怀着天下为公的抱负还是只为追求功名，是谨慎约束还是标新立异只为一己之私誉，关乎的是个人的品德修养。没有悬壶济世的本领却硬要悬壶，结果就变成了名副其实的"悬壶欺世"，这种伪君子比之小人更可恶。

11.76 有一念而犯鬼神之忌，一言而伤天地之和，一事而酿子孙之祸者，最宜切戒。

【评】

一念一言一行，都要谨慎。

11.77 不实心，不成事；不虚心，不知事。

【评】

认认真真做事，脚踏实地做人。

11.78 老成人受病，在作意步趋；少年人受病，在假意超脱。

【评】

少年老成，老而弥新，固为可嘉，不然，则当彼此理解包容。

11.79 为善有表里始终之异，不过假好人；为恶无表里始终之异，倒是硬汉子。

【评】

比起那些表面装好人而内心歹毒者，做恶事却还能心口如一的人，至少还少了一层虚伪的面纱。可见虚伪之为人痛恨。

11.80 入心处咫尺玄门①，得意时千古快事。

【注释】

①入心处咫尺玄门：《世说新语·言语》："刘尹与桓宣武共听讲《礼记》，桓云：'时有入心处，便觉咫尺玄门。'"意谓进入心灵深处，那么距离高深的境界就近在咫尺。

【评】

入心、得意，对事物有所感悟会心，便觉豁然开朗，千古快意。

11.81 《水浒传》无所不有，却无破老一事①，非关缺陷，恰是酒肉汉本色。如此益知作者之妙。

【注释】

①破老：语出商代伊尹《逸周书》："美男破老，美女破舌。"意思说，如果有美男美女在皇帝的身边，那些德高望重的老人，所有的良言善谏都要被冲破，被排挤。

【评】

采自明张大复《梅花草堂笔谈》。《四库全书总目提要》评此言曰：轻佻尤甚，是何言欤？可谓的评。

11.82 世间会讨便宜人，必是吃过亏者。

【评】

吃一堑，长一智也。

11.83 衣垢不浣①，器缺不补，对人犹有惭色；行垢不浣，德缺不补，对天岂无愧心！

【注释】

①湔(jiān)：清洗。

【评】

若能以清洗衣垢之勤，时时拭洗行为之垢，则此心何患沾惹尘埃？只是，人们常常可以日洗衣垢，却未必能年洗行垢。

11.84 天地俱不醒，落得昏沉醉梦；洪蒙率是客，枉寻寥廓主人。

【评】

"问苍茫大地，谁主沉浮？"便见当仁不让之豪迈。

11.85 老成人必典必则，半步可规；气闷人不吐不茹，一时难对。

【评】

懂得老成人轻易不破坏规矩，气闷人轻易不吐露心声，因此要时时处处为他人着想，不要为难、责怪人家。

11.86 重友者，交时极难，看得难，以故转重；轻友者，交时极易，看得易，以故转轻。

【评】

轻易得到的东西，往往不会被珍重。何止交友，世上一切事莫不如此。

11.87 近以静事而约己，远以惜福而延生。

【评】

眼前能以平静少事的原则约束自己，长远又能珍惜来之不易的福分，如此便可一生平淡安稳。

11.88 掩户焚香，清福已具。如无福者，定生他想。更有福者，辅以读书。

【评】

焚香读书，便是福上加福，这是文人之福。其实，幸福亦如脚上的鞋，合不合脚只有自己知道。

11.89 国家用人，犹农家积粟。粟积于丰年，乃可济饥；才储于平时，乃可济用。

【评】

在市场经济社会，人才之竞争日趋激烈，但养才之风却日渐稀薄。不能想象如今还会有信陵君那样"养士三千"的人。当然，在用才中养才，或为养才之最高境界。

11.90 考人品，要在五伦上见。此处得，则小过不足疵；此处失，则众长不足录。

【评】

以前，德比才重要，所以说无才便是德。如今，有才才是第一位的，只要能创造效益，弄来订单，坑蒙拐骗或亦无妨。用人的取向标准，便是社会发展的风向标。

11.91 国家尊名节，奖恬退，虽一时未见其效，然当患难仓卒之际，终赖其用。如禄山之乱①，河北二十四郡皆望风奔溃，而抗节不挠者，止一颜真卿，明皇初不识其人。则所谓名节者，亦未尝不自恬退中得来也，故奖恬退者，乃所以励名节。

【注释】

①禄山之乱：即唐代安史之乱。

【评】

隐士中有真气节如颜氏者，千古几人？多少人恬退养望，为的只是邀虚名以干进。

11.92 志不可一日坠，心不可一日放。

【评】

"愿以我的一切所有，换取一刻时间。"这是伊丽莎白一世临终时的话。但是她却无法如愿。抓紧生命里的每一分钟，志气不可一日消沉，思想不可一日放纵。当然，最重要的是——现在就开始。

11.93 精神清旺，境境都有会心；志气昏愚，处处俱成梦幻。

【评】

拥有清爽旺盛的精神，便是人生最大的财富。

11.94 酒能乱性，佛家戒之；酒能养气，仙家饮之。余于无酒时学佛,有酒时学仙。

【评】

不拘泥便是最大的潇洒。无酒则戒,有酒则饮,乍一看,岂非废话?细想之,世上有多少无酒的人玩命找酒,有多少有酒的人玩命喝酒!

11.95 烈士不馁,正气以饱其腹;清士不寒,青史以暖其躬;义士不死,天君以生其骸①。总之手悬胸中之日月,以任世上之风波。

【注释】

①天君:即心。《荀子·天论》:"心居中虚,以治五官,夫是之谓天君。"

【评】

吾善养吾胸中浩然之正气,便容易领略也无风雨也无晴的境界。

11.96 孟郊有句云:"青山碾为尘,白日无闲人①。"于邺云:"白日若不落,红尘应更深②。"又云:"如逢幽隐处,似遇独醒人③。"王维云:"行到水穷处,坐看云起时④。"又云:"明月松间照,清泉石上流⑤。"皎然云:"少时不见山,便觉无奇趣⑥。"每一吟讽,逸思翩翩。

【注释】

①"青山"二句:孟郊《大梁送柳淳先入关》:"青山碾为尘,白日无闲人。自古推高车,争利入西秦。"

②"白日"二句:于邺《东门路》:"东门车马路,此路在浮沉。白日若不落,红尘应更深。从来名利地,皆起是非心。所以青青草,年年生汉阴。"

③"如逢"二句:于邺《山上树》:"日暖上山路,鸟啼知已春。忽逢幽隐处,如见独醒人。石冷开常晚,风多落亦频。樵夫应不识,岁久伐为薪。"

④"行到"二句:见王维《终南别业》。

⑤"明月"二句:见王维《山居秋暝》。

⑥"少时"二句:皎然《出游》:"少时不见山,便觉无奇趣。狂发从乱歌,情来任闲步。此心谁共证,笑向风吹树。"

【评】

茫茫诗海中,读到会心之语,欣喜亦如"蓦然回首,那人却在灯火阑珊处"。

卷十二　倩

倩不可多得，美人有其韵，名花有其致，青山绿水有其丰标。外则山臞韵士①，当情景相会之时，偶出一语，亦莫不尽其韵，极其致，领略其丰标。可以启名花之笑，可以佐美人之歌，可以发山水之清音，而又何可多得！集倩第十二。

【注释】

①山癯(qú)：形容隐逸之士萧疏清癯的姿容。

【评】

"倩"是一种能动人心魂的美。它流动在美人的眉目间,袁宏道说:"大约如东阿王梦中初遇洛神也。才一举头,已不觉目酣神醉了。"它摇曳在名花的笑容里,著名现代日本画家东山魁夷在《一片树叶》中曾说:"无论何时,偶遇美景只会有一次……如果樱花常开,我们的生命常在,那么两相邂逅就不会动人情怀了。人和花的生存,在世界上都是短暂的,可他们萍水相逢了,不知不觉中我们会感到一种欣喜。"它荡漾在青山绿水的情意中,东晋袁山松说:"既欣得此奇观,山水有灵,亦当惊知己于千古矣。"当一个个长衫飘髯的文人闯进这一片风景,顿时便有了萍水相逢的生命的欣喜。心随物宛转,物与心徘徊,"倩"之美,便流淌在高人韵士的吟哦间。

12.1　会心处,自有濠濮间想,然可亲人鱼鸟;偃卧时,便是羲皇上人,何必秋月凉风①。

【注释】

①"偃卧"三句:陶渊明《与子俨等疏》:"常言五六月中,北窗下卧,遇凉风暂至,自谓羲皇上人。"

【评】

只要身闲心逸,即使身居闹市,也自有鱼鸟亲人之乐,有恬静闲适之致。

12.2　一轩明月,花影参差,席地便宜小酌;十里青山,鸟声断续,寻春几度长吟。

【评】

好的生活来自于一种对自己的"同理心"与"体贴心",真心地过每一分钟,真情地对每一个人,真性地做每一件事。丢开千万元与数百平方的大宅院的迷思,谁都可以做一个真心生活的人。

12.3　入山采药,临水捕鱼,绿树阴中鸟道;扫石弹琴,卷帘看鹤,白云深处人家。

【评】

白云深处的世外人家,绿树阴中的崎岖小道,令人顿生悠然世外之想。

12.4　沙村竹色,明月如霜,携幽人杖藜散步;石屋松阴,白云似雪,对孤鹤扫榻高眠。

【评】

炎炎夏日,昼眠夜出。白日松阴覆凉,白云如雪;夜晚竹影婆娑,明月如霜,与幽隐之人月下漫步,浅吟低唱,亦不知今夕何夕。

12.5　焚香看书,人事都尽。隔帘花落,松梢月上。钟声忽度,推窗仰视,河汉流云,大胜昼时。非有洗心涤虑,得意爻象之表者①,不可独契此语。

【注释】

①意爻象:《周易》中的一组范畴。意为本义;爻为组成卦的符号,阴阳爻含有交错和变化之意;象为卦象和卦位,也指阴阳爻所象征的事物。

【评】

倘若人事纠缠于心，烦虑焦躁，即使花月当前，疏钟在耳，又何可契于心？

12.6 纸窗竹屋，夏葛冬裘，饭后黑甜，日中白醉，足矣！

【评】

古代隐士们整日想着的似乎就是如何消闲日子，现代都市人整日想着的似乎只是如何挣钱，或许两相结合，就是我们理想的生活吧。

12.7 收碣石之宿雾，敛苍梧之夕云。八月灵槎①，泛寒光而静去；三山神阙②，湛清影以遥连。

【注释】

①八月灵槎：《博物志》："年年八月有浮槎，去来不失期。"传说八月乘有灵性的木筏入海，可通天河，见牛郎织女。

②三山神阙：传说中海中方丈、蓬莱、瀛洲三神山的海市蜃楼。

【评】

《宋诗话辑佚·唐宋名贤诗话》载："阮昌龄丑陋吃讷，聪敏绝人。年十七八，海州试《海不扬波赋》，即席一笔而成，文不加点。"此为其赋文警句。隐隐着题，自不易得。

12.8 空三楚之暮天①，楼中历历；满六朝之故地②，草际悠悠。

【注释】

①三楚：战国时楚地分为西楚、东楚、南楚，合称"三楚"。

②六朝之故地：指六朝故都金陵。

【评】

采自晚唐黄滔《赋秋色》。晴川历历，芳草萋萋，六朝如梦鸟空啼。以古事为题，寓悲伤之旨。

12.9 秋水岸移新钓舫，藕花洲拂旧荷裳。心深不灭三年字①，病浅难销十步香②。

【注释】

①三年字：《古诗十九首·孟冬寒气至》："置书怀袖中，三年字不灭。"一书之微，藏之三年，时刻思念不能去怀。

②十步香：香的一种。汉刘向《说苑·谈丛》："十步之泽，必有香

草。"南朝陈刘删《咏青草》诗云:"雨沐三春叶,风传十步香。"此句意谓身染小恙难以消受十步香的香气。

【评】

采自明汤显祖七律诗《虞淡然在告》。诗写告假还乡之淡泊生活。

12.10 赵飞燕歌舞自赏①,仙风留于绉裙②;韩昭侯颦笑不轻③,俭德昭于弊裤④。皆以一物著名,局面相去甚远。

【注释】

①赵飞燕:汉成帝皇后,长裾善舞,体态轻盈,号曰"飞燕"。

②绉(zhòu)裙:有褶皱的裙子。《赵飞燕外传》:"(赵飞燕)衣南越所贡云英紫裙,碧琼轻绉……他日,宫姝幸者,或裦裙为绉,号曰留仙裙。"引领了有汉一代的服饰风潮。

③韩昭侯:战国时韩国国君,任用申不害为相,国内大治。

④弊裤:破裤子。《韩非子·内储说上》:"昭侯知之,故藏弊裤。厚赏之使人为贲、诸也,妇人之拾蚕,渔者之握鳝,是以效之。"韩昭侯懂得这个道理,所以藏起破裤子不拿出来。丰厚的奖赏之所以能使人成为孟贲、专诸那样的勇士,就像妇女拾蚕,渔民捉鳝那样能得利,因此大家都仿效。

【评】

"青山有幸埋忠骨,白铁无辜铸佞臣。"裙裤本无善恶之别,但却可能因人而留芳,因人而遭唾,着实无辜得很。

12.11 翠微僧至,衲衣皆染松云;斗室残经①,石磬半沉蕉雨。

【注释】

①残经:未看完的经书。

【评】

韦应物《长安遇冯著》诗:"客从东方来,衣上灞陵雨。"不着一字,而尽得一派名士兼隐士的风度。

12.12 黄鸟情多,常向梦中呼醉客;白云意懒,偏来僻处媚幽人。

【评】

情意绵绵的黄鸟,为什么常常临窗唤醒梦中的醉客?懒意深深的白云,理应悠闲来去,又为什么偏偏到僻处媚幽人?如果你是白云,谁是你

心中的幽人值得一媚？如果你是幽人，谁又是那来去自如，却又常驻心中的白云？

12.13 乐意相关禽对语，生香不断树交花①，是无彼无此真机；野色更无山隔断，天光常与水相连②，此彻上彻下真境。

【注释】

①"乐意"二句：语出宋石曼卿《题章氏园亭诗》。

②"野色"二句：宋蔡梦弼《杜工部草堂诗话》云，此为杜甫诗句。

【评】

从"禽对语"里悟出"乐意相关"，从"树交花"里悟出"生香不断"，结合景物以说明情趣。"野色"二句，则"非特为山光野色，凡悟一道理透彻处，往往境界皆如此"。人与自然要达到圆融和谐的关系，均需内在心灵生生不息的创进，才能圆满完成。

12.14 美女不尚铅华，似疏云之映淡月；禅师不落空寂，若碧沼之吐青莲。

【评】

疏云淡月，美在随意优雅；碧沼青莲，美在俊逸洒脱。

12.15 书者喜谈画，定能以画法作书；酒人好论茶，定能以茶法饮酒。

【评】

世间万物事隔理不隔，又岂止是书与画、茶与酒，万事皆可触类而旁通，融会而贯通。

12.16 诗用方言，岂是采风之子；谈邻俳语，恐贻拂麈之羞。

【评】

然而，如《诗经》、乐府民歌，皆为乡间里巷之俚言俳语，难道让谁贻羞了吗？

12.17 肥壤植梅花，茂而其韵不古；沃土种竹枝，盛而其质不坚。竹径松篱，尽堪娱目，何非一段清闲；园亭池榭，仅可容身，便是半生受用。

【评】

梅之韵，在其清淡素雅；竹之美，在其清姿瘦节。丧此，则无自然之性,亦无天真之趣。

12.18 南涧科头,可任半帘明月;北窗坦腹,还须一榻清风。

【评】

率性随意,俊逸潇洒,一种无拘无束与天地万物合一的自由境界。

12.19 披帙横风榻,邀棋坐雨窗。

【评】

风雨潇潇之中披卷对棋,让人感受着那份不理会世事喧嚣的恬淡悠远。

12.20 绿染林皋,红销溪水。几声好鸟斜阳外,一簇春风小院中。

【评】

绿染红销,山明水秀,小院中的"一簇春风",或许仍鼓荡在诗人的心头吧,天地为之一新!

12.21 有客到柴门,清尊开江上之月;无人剪蒿径,孤榻对雨中之山。

【评】

客来则举杯邀月,无人则独对青山,既能独享自然之宁静,亦能共享天地之热闹,交通而无碍。

12.22 恨留山鸟,啼百卉之春红;愁寄垅云,锁四天之暮碧。

【评】

采自晚唐黄滔《馆娃宫赋》。昔日歌台舞榭,已是芳草萋萋,令人兴千古兴亡之叹。

12.23 涧口有泉常饮鹤,山头无地不栽花。

【评】

正如古诗所谓:天上神仙府,人间宰相家;有田俱种玉,无地不栽花。

12.24 双杵茶烟,具载陆君之灶①;半床松月,且窥扬子

之书②。

【注释】

①陆君之灶：茶圣陆羽的茶灶，指陆羽所创造的茶具二十四器。

②扬子之书：西汉扬雄家素贫，人希至其门，乃模拟《易经》作《太玄》，模拟《论语》作《法言》。

【评】

半床明月半床书，是读书人对书的情感。谁言文人多孤寂？书中乐趣世间无。

12.25 帐中苏合①，全消雀尾之炉；槛外游丝，半织龙须之席②。

【注释】

①苏合：一种香料。

②龙须之席：龙须般的罗网。

【评】

帐内余香已散，槛外游丝半结，清心寡欲，不慕荣利。

12.26 瘦竹如幽人，幽花如处女。

【评】

语出苏轼《书王主簿所画折枝》。自然界的一切物象在诗人眼中无不具有独特的情调，以这种满怀诗意的心境来进行绘画创作，便会自然而然地流露出作者的诗意。

12.27 晨起推窗，红雨乱飞，闲花笑也；绿树有声，闲鸟啼也；烟岚灭没，闲云度也；藻荇可数，闲池静也；风细帘青，林空月印，闲庭峭也。山扉昼扃，而剥啄每多闲侣；帖括因人①，而几案每多闲编。绣佛长斋②，禅心释谛，而念多闲想，语多闲词。闲中滋味，洵足乐也。

【注释】

①帖括：专门应付科举考试的文章。因人：意谓借用别人。

②绣佛：彩绣的佛像。长斋：长期吃斋。

【评】

采自晚明华淑《题闲情小品序》。这是一篇妙趣横生的"闲"赋。作者离开喧闹的尘世，幽栖于友人的山居中，本来是为了应试科举，但沐浴于山间清景，入世之心不禁越来越淡。写得如此闲情逸致，仿佛整个人都消融在大自然中,唯有心满意足的人才得如此吧。而太多的现代人整日忙碌,难得轻松,悠闲似乎成为现代人的敌人。林语堂说:尘世乃唯一的天堂。什么时候我们也能让自己的心灵偶尔下下岗?

12.28 水流云在,想子美千载高标①;月到风来,忆尧夫一时雅致②。何以消天下之清风朗月,酒盏诗筒;何以谢人间之覆雨翻云,闭门高卧。

【注释】

①子美:杜甫,字子美。

②尧夫:北宋理学家邵雍,字尧夫。

【评】

天下之清风朗月,惟当以诗酒消受;世间之翻云覆雨,唯有闭门以谢之。只是,闭门高卧又如何能杜绝人间的纷扰呢?

12.29 雨中连榻,花下飞觞,进艇长波,散发弄月。紫箫玉笛,飒起中流,白露可餐,天河在袖。

【评】

雨中连榻而坐,花下飞觞而饮,驾艇长波而戏水,披发吟诗而赏月。紫箫玉笛的旋律,忽然从中流响起,顿觉心旷神怡,飘飘欲仙,不觉夜已深,"金波淡,玉绳低转",天上的银河似乎已在自己的袖中。如此良辰夜月,能不令人感怀流连!

12.30 午夜箕踞松下,依依皎月,时来亲人,亦复快然自适。

【评】

我见明月多妩媚,料明月见我应如是。

12.31 香宜远焚,茶宜旋煮,山宜秋登。

【评】

秋高气爽,古人登高,亭中吟颂清雅之句,置身事外,俨然仙人气度。

12.32 中郎赏花云:"茗赏上也,谈赏次也,酒赏下也。若夫内酒越茶及一切庸秽凡俗之语,此花神之深恶痛斥者。宁闭口枯坐,勿遭花恼可也。"

【评】

采自明袁宏道(字中郎)《瓶史·清赏》。这部专门讨论插瓶的书,在

日本获得很高的评价,因此日本有所谓"袁派"的插花。袁氏认为一个人如在某方面有特殊的成就,一定会爱之成癖,沉湎酣溺而不能自拔;对于爱花的癖好,他也表现同样的见解:"余观世上语言无味面目可憎之人,皆无癖之人耳。"

12.33 赏花有地有时,不得其时而漫然命客,皆为唐突。寒花宜初雪,宜雨霁,宜新月,宜暖房;温花宜晴日,宜轻寒,宜华堂;暑花宜雨后,宜快风,宜佳木浓阴,宜竹下,宜水阁;凉花宜爽月,宜夕阳,宜空阶,宜苔径,宜古藤巉石边。若不论风日,不择佳地,神气散缓,了不相属,比于妓舍酒馆中花,何异哉!

【评】

采自《瓶史·清赏》。提出寒花、温花、暑花、凉花,应有不同的赏花时间和地点。赏花须与时、地、人心相契合。

12.34 云霞争变,风雨横天,终日静坐,清风洒然。

【评】

不管风吹浪打,我自闲庭信步。

12.35 妙笛至山水佳处,马上临风,快作数弄。

【评】

山水笛韵一相逢,便胜却人间无数。

12.36 心中事,眼中景,意中人。①

【注释】

①据《苕溪渔隐丛话》、《古今词话》等书记载,因为宋代词人张先《行香子》中有此佳句,故当时人们曾送给他一个"张三中"的美称。但张先却不以为然地说:"那倒不如叫我'张三影'吧!"客人不解其意,张解释道:"'云破月来花弄影'、'娇柔懒起,帘压卷花影'、'柳径无人,堕飞絮无影',这三个'影'字是我平生最得意。"于是,"张三影"的美名便传开了。

【评】

简简单单的几个字,却好像说中了全部。仿佛整个世界,就在这几个字中,慢慢地像画纸上的墨水般一点点洇染开去。

12.37 园花按时开放,因即其佳称待之以客。梅花索笑客,桃花销恨客,杏花倚云客,水仙凌波客,牡丹酣酒客,芍药占春客,萱草忘忧客,莲花禅社客,葵花丹心客,海棠昌州客,桂花青云客,菊花招隐客,兰花幽谷客,酴醾清叙客,腊梅远寄客。须是身闲,方可称为主人。

【评】

故美人素有"解语花"之雅称。身闲心闲,方可为花之主人。

12.38 马蹄入树鸟梦坠,月色满桥人影来。

【评】

一阵马蹄,惊起树上沉睡的鸟儿,散落了一地落花;月光满地,但见隐约中,有人骑马踏月而来。未见其人,先闻其声,由声而及月下来人,写来缥缈有致。

12.39 无事当看韵书,有酒当邀韵友。

【评】

过多的欲望,会使人看不清这个世界。少欲的人才能得闲,无事看看风雅的诗书,有酒邀请高雅的诗友,这就是"无欲则刚"吧。

12.40 红蓼滩头,青林古岸,西风扑面,风雪打头,披蓑顶笠,执竿烟水,俨在米芾《寒江独钓图》中。

【评】

在这样一个寒冷寂静的环境里,那个老渔翁竟然不顾风雪打头,忘掉了一切,专心地钓鱼,形体虽然孤独,性格却显得清高孤傲,甚至有点凛然不可侵犯似的。事实上,这便是作者思想感情的寄托和写照。

12.41 冯惟一以杯酒自娱①,酒酣即弹琵琶,弹罢赋诗,诗成起舞。时人爱其俊逸。

【注释】

①冯惟一:冯吉字惟一,五代时仕晋、周,官太常少卿,善属文,工草隶,尤工琵琶。

【评】

琵琶、诗、舞,可谓三绝。然对于冯惟一本人来说,其"杯酒自娱"大概出于心中的不得意吧。

12.42 风下松而合曲,泉萦石而生文①。

【注释】

①文：指波纹。

【评】

听自然之合奏，观万物之共生，此心如洗。

12.43 秋风解缆，极目芦苇，白露横江，情景凄绝。孤雁惊飞，秋色远近，泊舟卧听，沽酒呼卢①，一切尘事，都付秋水芦花。

【注释】

①呼卢：古代的一种赌博游戏，削木为子，分别黑白，称为黑牛白雉，五子全黑称卢，呼卢即喊着求卢。

【评】

秋风白露，孤雁惊飞，芦花满眼，一派萧瑟凄凉，然而，作者却能淡然以对，泊舟高卧，但将满怀尘事，都付与这秋水芦花中。

12.44 设禅榻二，一自适，一待朋。朋若未至，则悬之。敢曰："陈蕃之榻，悬待孺子；长史之榻，专设休源①。"亦惟禅榻之侧，不容着俗人膝耳。诗魔酒颠，赖此榻祛醒。

【注释】

①休源：孔休源，南朝梁人，为晋安王长史，深得信任，王于斋中特设一榻，曰"此是孔长史坐"。

【评】

自适之榻，用以静心；待友之榻，亦以祛俗。然今日之榻，主客皆不屑于此。多的是一群面目模糊之人觥筹交错杯盘狼藉。

12.45 留连野水之烟，淡荡寒山之月。

【评】

采自明徐渭《梅赋》。写烟月笼罩下的梅花之高洁。

12.46 春夏之交，散行麦野；秋冬之际，微醉稻场。欣看麦浪之翻银，积翠直侵衣带；快睹稻香之覆地，新醅欲溢尊罍①。每来得趣于庄村，宁去置身于草野。

【注释】

①尊罍(léi)：古代盛酒器。

【评】

春夏之交、秋冬之际，农村中的两个收获时节。"开轩面场圃，把酒话桑麻"，可以闻到稻麦泥土的香味，可以得趣于远离名利纷扰的庄村草野，欣快之情可以想见。

12.47 羁客在云村，蕉雨点点，如奏笙竽，声极可爱。山人读《易》、《礼》，斗后骑鹤以至①，不减闻《韶》也②。

【注释】

①斗后：犹言方外。

②《韶》：传说中舜所作乐曲名。《论语·述而》："子在齐闻《韶》，三月不知肉味。"

【评】

羁旅他乡，雨滴芭蕉，本亦寂寞难耐，而能有喜爱之情者，当是读《易》、《礼》之乐也。晚明小品家多嗜谈读《易》之趣，作品中屡屡道及。

12.48 韵言一展卷间，恍坐冰壶而观龙藏①。

【注释】

①龙藏：佛经。相传大乘经典藏在龙宫，故名。

【评】

展读诗书，仿如坐在月光下诵读佛经一样，令人心境澄澈。是什么诗书，可以如此清人心目，抑或是读书之人心境使然？不得而知。

12.49 春来新笋①，细可供茶；雨后奇花，肥堪待客。

【注释】

①新笋：指茶芽。

【评】

生活之欣喜，未必在荣华富贵，而常在此茶烟袅袅中，在此言语欢笑中。

12.50 赏花须结豪友，观妓须结淡友，登山须结逸友，泛舟须结旷友，对月须结冷友，待雪须结艳友，捉酒须结韵友。

【评】

文士之享受生活，首先必须有共同享受这种生活的朋友。不同的享受须有不同的朋友。和一个勤学而含愁思的朋友共去骑马，即属引非其类，正如和一个不懂音乐的人去欣赏一次音乐表演一般。

12.51 问客写药方，非关多病；闭门听野史，只为偷闲。

【评】

是为心结、心病,非关药也。

12.52 岁行尽矣,风雨凄然,纸窗竹屋,灯火青荧,时于此间得小趣。

【评】

独于岁末之时,风雨之中,是得真趣抑或聊以为趣?

12.53 山鸟每夜五更喧起五次,谓之报更,盖山间率真漏声也。

【评】

采自陈眉公《岩栖幽事》。山间自有更漏声,自有真趣在,只是凡尘之人何能感悟?

12.54 分韵题诗,花前酒后;闭门放鹤,主去客来①。

【注释】

①"闭门"二句:宋代诗人林逋隐居杭州西湖,结庐孤山。常驾小舟遍游西湖诸寺庙,与高僧诗友相往还。每逢客至,叫门童子纵鹤放飞,林逋见鹤必棹舟归来。

【评】

或饮酒唱和,或效林和靖知客来则棹舟而归,任性率真,放怀天地。

12.55 插花着瓶中,令俯仰高下,斜正疏密,皆存意态,得画家写生之趣方佳。

【评】

俯仰高下,斜正疏密,随意点染,便自得一段意态情趣。

12.56 法饮宜舒,放饮宜雅,病饮宜小,愁饮宜醉,春饮宜郊,夏饮宜庭,秋饮宜舟,冬饮宜室,夜饮宜月。

【评】

夏饮、冬饮宜于庭室中,春饮、秋饮则不妨走向大自然……文人之饮,时、地、量、景,惟须以酒趣是问。

12.57 甘酒以待病客,辣酒以待饮客,苦酒以待豪客,淡酒以待清客,浊酒以待俗客。

宜哉此理！好酒招待好客。只是果真分此三六九等,未免亦势利太甚了吧。

12.58 仙人好楼居,须岧峣轩敞①,八面玲珑,舒目披襟,有物外之观,霞表之胜。宜对山,宜临水;宜待月,宜观霞;宜夕阳,宜雪月。宜岸帻观书②,宜倚槛吹笛;宜焚香静坐;宜挥麈清谈。江干宜帆影,山郁宜烟岚;院落宜杨柳,寺观宜松篁;溪边宜渔樵、宜鹭鸶,花前宜娉婷、宜鹦鹉。宜翠雾霏微,宜银河清浅;宜万里无云,长空如洗;宜千林雨过,迭嶂如新;宜高插江天,宜斜连城郭;宜开窗眺海日,宜露顶卧天风;宜啸,宜咏,宜终日敲棋;宜酒,宜诗,宜清宵对榻。

【注释】

①岧峣(tiáoyáo):山势高峻貌。

②岸帻:推起头巾,露出前额,形容衣着简率不拘。

【评】

世上本无仙凡之分,都是人心中鬼崇作怪。秦汉君主常有追求长生不老和会见神仙之想,幻想仙人总在云雾缥缈的高处,有"仙人好楼居"的说法,因此建造高楼,企图引诱仙人下凡。事实上,这种种鬼话,不过方术之士的骗人把戏。被骗得如醉如痴的秦始皇,脾气一起,便不顾一切将那些人给活埋了,倒也似乎有一点大快人心的意味。

12.59 良夜风清,石床独坐,花香暗度,松影参差。黄鹤楼可以不登①,张怀民可以不访②,《满庭芳》可以不歌③。

【注释】

①黄鹤楼可以不登:典出《世说新语·容止》:"庾太尉(亮)在武昌,秋夜气佳景清,使吏殷浩、王胡之之徒登南楼理咏……公徐云:'诸君少住,老子于此处兴复不浅。'"

②张怀民:张梦得,北宋清河人。苏轼《记承天寺夜游》:"解衣欲睡,月色入户,欣然起行,念无与为乐者,遂至承天寺寻张怀民。怀民亦未寝,相与步于中庭。"

③《满庭芳》可以不歌:指南宋张镃咏月名词《满庭芳·促织儿》,被誉为"咏物之入神者"。词曰:"月洗高梧,露漙幽草,宝钗楼外秋深。土花沿翠,萤火坠墙阴。静听寒声断续,微韵转、凄咽悲沉。争求侣、殷勤劝织,促破晓机心。儿时,曾记得,呼灯

灌穴,敛步随音。任满身花影,独自追寻。携向华堂戏斗,亭台小、笼巧妆金。今休说、问渠床下,凉夜伴孤吟。"

【评】

如此月夜风清,不登楼,不访友,不咏歌,又岂非辜负?

12.60 茅屋竹窗,一榻清风邀客;茶炉药灶,半帘明月窥人。

【评】

一榻清风、半帘明月,一"邀"一"窥",活泼动人。

12.61 绿叶斜披,桃叶渡头①,一片弄残秋月;青帘高挂,杏花村里②,几回典却春衣。

【注释】

①桃叶渡:古渡口。在南京秦淮河畔。相传东晋王献之曾于此作歌送妾桃叶曰:"桃叶复桃叶,渡江不用楫。但渡无所苦,我自迎接汝。"又曰:"桃叶复桃叶,桃叶连桃根。相连两乐事,独使我殷勤。"桃叶、桃根姊妹二人都是王献之妾。

②杏花村:杜牧《清明》诗:"借问酒家何处有? 牧童遥指杏花村。"后代指沽酒处。

【评】

李白诗云:"五花马,千金裘,呼儿将出换美酒。"这里却连几件薄薄的春衫也要拿去典当了换酒喝。身无余物,心无牵挂,洒落不羁。

12.62 杨花飞入珠帘,脱巾洗砚;诗草吟成锦字①,烧竹煎茶。良友相聚,或解衣盘礴②,或分韵角险③,顷之貌出青山,吟成丽句,从旁品题之,大是开心事。

【注释】

①锦字:锦字回文诗。见2.29条注⑭。

②盘礴:箕踞而坐,不拘形迹。《庄子·田子方》:"有一吏后至者,儃儃然不趋,受揖不立,因之舍。公使人视之,则解衣般礴臝。君曰:'可矣,是真画者也。'"

③角险:指文人采取联句、分题、分韵、禁体、唱和等形式赋诗,进行争奇斗险较量诗才。

【评】

旧时文人雅集,争奇角险,尽情酬和,实乃风流快事。今日亦常见有文人雅集之报道,然未知有否角险者,或只是互相奉承吹捧?

12.63 木枕傲,石枕冷,瓦枕粗,竹枕鸣,以藤为骨,以漆为肤,其背圆而滑,其额方而通,此蒙庄之蝶庵①,华阳之睡几②。

【注释】

①蒙庄:蒙人庄周。

②华阳:南朝梁陶弘景,隐居于句容句曲山,自号华阳隐居。

【评】

隐居之士,嗜枕若此,亦与竞奢斗富者几无二致!

12.64 小桥月上,仰盼星光,浮云往来,掩映于牛渚之间①,别是一种晚眺。

【注释】

①牛渚:指牛渚山,在今安徽当涂,其山脚突入长江部分为采石矶。

【评】

小桥流水,新月初上,星光浮云掩映其间,别是一种月夜远眺的朦胧意境。

12.65 医俗病莫如书,赠酒狂莫如月。

【评】

俗岂能医,天然一段态度,书仅可拂尘耳。饮酒水边为佳,水声月色,不酌已醺,再邀一二相与韵友把盏言欢,不亦乐乎?

12.66 明窗净几,好香苦茗,有时与高衲谈禅;豆棚菜圃,暖日和风,无事听友人说鬼。

【评】

与高衲谈禅,犹可洗涤尘心;听友人说鬼,岂不辜负了大好时光?

12.67 花事乍开乍落,月色乍阴乍晴,兴未阑,踌躇搔首①;诗篇半拙半工,酒态半醒半醉,身方健,潦倒放怀。

【注释】

①踌躇搔首:《诗经·邶风·静女》:"爱而不得,搔首踌躇。"

【评】

踌躇搔首,状其爱而不得、兴犹未尽之情缘;潦倒放怀,则是半醒半醉之受用无边。

12.68 湾月宜寒潭,宜绝壁,宜高阁,宜平台,宜窗纱,宜帘钩;宜苔阶,宜花砌,宜小酌,宜清谈,宜长啸,宜独往,宜搔首,宜促膝。春月宜尊罍,夏月宜枕簟,秋月宜砧杵,冬月宜图书。楼月宜萧,江月宜笛,寺院月宜笙,书斋月宜琴。闺闱月宜纱橱,勾栏月宜弦索①;关山月宜帆樯,沙场月宜刁斗②。花月宜佳人,松月宜道者,萝月宜隐逸,桂月宜俊英;山月宜老衲,湖月宜良朋,风月宜杨柳,雪月宜梅花。片月宜花梢,宜楼头,宜浅水,宜杖藜,宜幽人,宜孤鸿。满月宜江边,宜苑内,宜绮筵,宜华灯,宜醉客,宜妙妓。

【注释】

①弦索:以弦乐器为主的管弦乐合奏的通称,流行于明代时的北方。

②刁斗:古代行军用具。白天作炊具,晚上打更。

【评】

一轮明月,寄托千古人们多少的情思!

12.69 佛经云:"细烧沉水①,毋令见火。"此烧香三昧语。

【注释】

①沉水:沉水香。见6.13条注①。

【评】

在袅袅烟雾中,于青山秀水间,很自然地便会生出几分虔诚来。

12.70 石上藤萝,墙头薜荔,小窗幽致,绝胜深山,加以明月清风,物外之情,尽堪闲适。

【评】

所谓会心处不必在远。石上藤萝,墙间小草,亦别具一番情致。

12.71 出世之法,无如闭关。计一园手掌大,草木蒙茸,禽鱼往来,矮屋临水,展书匡坐,几于避秦①,与人世隔。

【注释】

①避秦:用陶渊明《桃花源记》桃花源中人避秦祸典故。

【评】

也许,正因为我们有太多这样的出世之法,这样的小园香径,从而沉淀了民族文化中内敛有余而外张不足的性格特征。

12.72 山上须泉,径中须竹。读史不可无酒,谈禅不可无美人。

【评】

读史需酒,乃是借古人之酒杯,浇胸中之块垒;谈禅而有美人相伴,看来孤独的心境,亦不可无情趣无思想无灵魂。

12.73 蓬窗夜启,月白于霜;渔火沙汀,寒星如聚。忘却客子作楚,但欣烟水留人。

【评】

一片美景娱人,哪里还会有羁旅客愁?那朦朦的烟水月色,闪烁的星光点点,足以让人留恋而忘返。

12.74 无欲者其言清,无累者其言达。口耳巽人①,灵窍忽启。故曰不为俗情所染,方能说法度人。

【注释】

①口耳巽(xùn)入:用委婉的言词卑顺谦逊地对人说话,使人入口入耳。巽,卦名。八卦之一。《说卦传》:"巽,入也"。《易·巽》:"随风,巽。"盖以巽是象风之卦,风行无所不入,故以入为训。

【评】

无私欲的人其言清雅,没有拖累的人其言通达。这样的人说的话,才能使人入口入耳,慧心开启。所以说只有自己的心胸开朗,无牵无挂,不为世俗之情所染,才有可能教化天下众生。荀子《劝学篇》曰:"古之学者为己,今之学者为人。"真正的学者学习的目的在于修养完善自己,而不是为了某种目的刻意装饰自己给别人看。

12.75 临流晓坐,欸乃忽闻①,山川之情,勃然不禁。

【注释】

①欸乃:摇橹声。

【评】

于青山绿水间闻橹桨"欸乃"之声,尤为悦耳怡情,隐隐中也传达出既孤高又不免孤寂的心境。

12.76 午夜无人知处,明月催诗;三春有客来时,香风散酒。

【评】

青山劝酒，白云伴睡，明月催诗，此间闲中真乐，几个人知？

12.77 如何清色界①，一泓碧水含空；那可断游踪，半砌青苔殢雨②。

【注释】

①色界：佛教有所谓欲、色、空三界。色界诸天，但有色相，而无男女诸欲。

②殢（tì）：引逗。

【评】

一泓碧水映照天空，这是一幅如何清净的色界！雨后长满游路的青苔，亦妩媚得让人留连。一片清静幽冷的心境。

12.78 村花路柳，游子衣上之尘；山雾江云，行李担头之色。

【评】

村花路柳，就是游子衣上的仆仆风尘；山雾江云，便是游子行李担头的颜色。风尘游子，收拾起大地山河一担挑，说不尽的悲喜愁乐。

12.79 何处得真情，买笑不如买愁；谁人效死力，使功不如使过。

【评】

可以强颜欢笑，但心底真正的忧伤，却只能向知己倾诉；任用有功的人不如任用有过错的人。因为有功的人容易得意骄傲，导致失败，倘若侥幸取胜，则更有骄矜之色，乃至功高盖主，尾大不掉。而有过错的人一旦领命，畏威衔恩，必甘愿效死。所以帝王将相选人用人，往往既用功臣，也用罪臣，甚至把重大使命交给灰色人物。当年齐桓公用罪臣管仲称霸诸侯，用功臣竖刁、易牙亡身乱国是一例；诸葛亮用功臣马谡失了街亭，用罪将关羽取了荆州又是一例。

12.80 芒鞋甫挂，忽想翠微之色，两足复绕山云；兰棹方停，忽闻新涨之波，一叶仍飘烟水。

【评】

谢灵运诗云："怀新道转迥，寻异景不延。"转向远方去寻新探奇，时间要抓紧，表现出急不可待的心情。万事万物都能使自己观之不厌，览之不倦,观览中于自然之眷恋弥重,这急迫、眷重,亦是对生命的珍视。

12.81 旨愈浓而情愈淡者,霜林之红树;臭愈近而神愈远者,秋水之白蘋。

【评】

枫叶流丹,层林尽染,它比二月的春花还要火红,让人在草木萧瑟摇落变衰之际,也看到了春天一样的生命力。香味越近而神韵越远者,就像秋水上的白苹。唐刘长卿《饯别王十一南游》:"谁见汀洲上,相思愁白苹。"便是写诗人想象友人站在汀洲之上对着秋水、白苹出神,久久不忍离去,心中充满着无限愁思。

12.82 龙女濯冰绡,一带水痕寒不耐;姮娥携宝药,半囊月魄影犹香。

【评】

"嫦娥应悔偷灵药,碧海青天夜夜心"。龙女、嫦娥,形只影单,想来大概也要寂寞难耐吧。

12.83 山馆秋深,野鹤唳残清夜月;江园春暮,杜鹃啼断落花风。

【评】

鹤唳秋月,杜鹃啼血,牵扯的是游子的愁肠。

12.84 石洞寻真,绿玉嵌乌藤之杖①;苔矶垂钓,红翎间白鹭之蓑②。

【注释】

①"绿玉"句:指绿玉杖。传说中仙人所用的手杖。

②"红翎"句:白鹭蓑上间或插着几根红色翎毛。白鹭之蓑,白鹭蓑指以白鹭蓑羽为饰的帽子。

【评】

手拄着仙人用的绿玉杖,去洞中寻访仙人的遗迹;头戴着白鹭蓑帽,在江边长满青苔的石矶上垂钓,状写的是隐士的生活。

12.85 晚村人语,远归白社之烟①;晓市花声,惊破红楼之梦。

【注释】

①白社:《抱朴子·杂应》:"洛阳有道士董威辇常止白社中,了不食,陈子叙共守事之,从学道。"后泛指隐士居住处。

【评】

采自明王樨登《重修白公堤疏》。写的是有"姑苏第一名街"之称的苏州山塘街的繁华景象。读着这样的描绘,你会跌入一段香艳温柔的好梦。山塘街,因唐代任苏州刺史的白居易于此沿河筑堤又称白公堤。明清时期,这里店肆林立,园墅遍布,河中绿波画舫,堤上红栏碧树,一派花团锦簇的景象。《红楼梦》开卷第一回便写道:"那石上书云:当日地陷东南,这东南有个姑苏城,城中阊门最是红尘中一二等富贵风流之地,这阊门外有个十里街,街内有个仁清巷,巷内有个古庙。"由此演绎出一部怀金悼玉的《红楼梦》。

12.86 案头峰石,四壁冷浸烟云,何与胸中丘壑;枕边溪涧,半榻寒生瀑布,争如舌底鸣泉。

【评】

真隐之人,胸中自有丘壑,何须刻意在案头、四壁装饰峰石烟云?

12.87 扁舟空载,赢却关津不税愁①;孤杖深穿,揽得烟云闲入梦。

【注释】

①"扁舟"二句:典出陆粲《说听》。注见10.18条。

【评】

虽是扁舟空载,却正可以省得过关卡渡口之时为忧愁纳税;虽是孤杖入山,依旧可以揽得烟云美景来入梦。人生有得有失,就看你认为何为得何为失。

12.88 晓入梁王之苑①,雪满群山;夜登庾亮之楼②,月明千里。

【注释】

①梁王之苑:即梁苑,在今河南开封,汉梁孝王游赏与宴宾之所。
②庾亮之楼:即庾公楼,在今湖北武昌,其登楼赏月事,已见前引《世说新语·容止》。

【评】

采自唐谢观《白赋》。惟"月明千里"可谓得白之神,"雪满群山"犹为著迹。

12.89 高卧酒楼,红日不催诗梦醒;漫书花榭,白云恒带墨痕香。

【评】

在秋高气爽的日子里,闲谈古今,静玩山水,便可逍遥岁月,快意乾坤。红日不催诗梦醒,悠悠白云总带墨迹香,那又是何等的痛快!

12.90 相美人如相花,贵清艳而有若远若近之思;看高人如看竹,贵潇洒而有不密不疏之致。

【评】

美人与高人,贵于其韵。韵,全靠修炼,正如美人之性感与年龄成正比。高人亦应如是,腹有诗书气自华。

12.91 梅称清绝,多却罗浮一段妖魂①;竹本萧疏,不耐湘妃数点愁泪。

【注释】

①罗浮一段妖魂:用赵师雄醉卧梅花下典。见7.5条注①。

【评】

梅花以清绝著称,所以罗浮一段妖魂的故事便显得多余累赘;竹子本来清疏孤傲,耐不得湘妃数点忧愁的眼泪。梅、竹自有其清疏品格,却何以附会种种多情之传说于其身?

12.92 穷秀才生活,整日荒年;老山人出游,一派熟路。

【评】

穷秀才的生活,终日里都是饥荒的岁月;老山人出游,到处都是熟悉的路径。资历、经验多寡之别也。

12.93 眉端扬未得,庶几在山月吐时;眼界放开来,只好向水云深处。

【评】

山月初升,足以令人眉飞色舞;水云深处,才可放开眼界,万物入我心,我心即万物。

12.94 刘伯伦携壶荷锸①,死便埋我,真酒人哉;王武仲闭关护花②,不许踏破,直花奴耳。

【注释】

①刘伯伦：即刘伶。见 1.156 条注②。

②王武仲：晋宋间人。《永乐大典》录宋代周密《续澄怀录》曰："王武仲隐居，羊欣相访。武仲曰：君子宜去，吾不可启关，恐踏碎满径落花。欣嗟赏。久之而去。"

【评】

在这世上，总有一些人会为疯魔所障，疯画，疯花，魔茶酒，魔歌诗。说不尽的疏狂迷醉，道不得的酒洗愁肠，假若上天眷顾，让它们在无数次交错而过后相互遇见，他们也许该叹一声吾道不孤吧。

12.95 一声秋雨，一行秋雁，消不得一室清灯；一月春花，一池春草，绕乱却一生春梦。

【评】

秋风秋雨愁煞人，春水春花惹人醉。时序之更替逗引着人心之沉浮变化。

12.96 夭桃红杏，一时分付东风；翠竹黄花，从此永为闲伴。

【评】

艳丽的桃花杏花，在东风的吹拂下一时竞吐芳华；而翠竹与黄花，则甘为寂寞永相厮守。物性各异，各有其美，并没有轻浮与忠贞之别。

12.97 花影零乱，香魂夜发，籛然而喜①。烛既尽，不能寐也。

【注释】

①籛（chǎn）然：欣喜微笑的样子。《庄子·达生》："桓公籛然而笑。"

【评】

假如没有"惆怅阶前红牡丹，晚来唯有几支残"的遗憾，怎么会有古人夜里秉烛赏花之举？就像假如没有"人有悲欢离合，月有阴晴圆缺，此事古难全"的遗憾，又怎么会有"但愿人长久，千里共婵娟"的美好祝愿呢？

12.98 云落寒潭，涤尘容于水镜；月流深谷，拭淡黛于山妆。

细想此境,浮躁的心归于宁静。当然我们无法完全心如止水,但至少可以暂时告别尘世的羁绊,心中萦绕着朝圣的热忱,感受到灵魂的颤栗。

12.99 寻芳者追深径之兰,识韵者穷深山之竹。

【评】

宋王安石《游褒禅山记》:"世之奇伟、瑰怪、非常之观,常在于险远,而人之所罕至焉,故非有志者不能至也。"

12.100 花间雨过,蜂粘几片蔷薇;柳下童归,香散数茎簷蔔①。

【注释】

①簷蔔:古植物名,产西域,花甚香。一说即栀子花。

【评】

有故事说,宋朝时候,有一次画院招考,题目是一句古诗:"踏花归去马蹄香。"多数考生都将重点放在了"马"上。只有一位画得很特别:马在奔腾着,马蹄高高扬起,一些蝴蝶紧紧地追逐着,在马蹄的周围飞舞。考官评此为最佳。这"香"不是直接画出来的,而是观画者很自然能想到的,感受到的。

12.101 幽人到处烟霞冷,仙子来时云雨香。

【评】

幽人所到之处,烟霞也变得清冷;仙子到来之时,云雨也散发着芳香。幽人与冷,仙子与香,总是脱不了关系。

12.102 落红点苔,可当锦褥;草香花媚,可当娇姬。莫逆则山鹿溪鸥,鼓吹则水声鸟啭。毛褐为纨绮,山云作主宾。和根野菜,不让侯鲭①;带叶柴门,奚输甲第。

【注释】

①侯鲭:即五侯鲭。《西京杂记》:"娄护丰辩,传食五侯间,各得其欢心,竞致奇膳,护乃合以为鲭,世称五侯鲭,以为奇味焉。"五侯,汉武帝同日所封母舅王谭、王商、王立、王根、王逢时五人。鲭,鱼和肉合烹成的食物,后泛指美味佳肴。

【评】

果能甘此山居生活,又何必时时着意于锦褥娇姬之想、豪门攀附之心？

12.103 墨池寒欲结，冰分笔上之花；炉篆气初浮①，不散帘前之雾。

【注释】

①炉篆：指香炉中的烟缕。因其缭绕如篆书，故称。

【评】

炉烟才刚刚升起，还来不及冲散帘前一夜的雾霭，砚台的墨水也因冷凝欲结，然而，诗人的生花妙笔却无法冻结，已经破冰而行了，恰如一股暖流油然而生。

12.104 青山在门，白云当户，明月到窗，凉风拂座，胜地皆仙，五城十二楼①，转觉多设。

【注释】

①五城十二楼：传说中的神仙居处。《史记·孝武本纪》："方士有言：'黄帝时为五城十二楼，以候神人于执期，命曰迎年。'"

【评】

心中有明月清风，则万境皆净；心中无青山白云，则万境皆污。拥有一颗潇洒、健康的心灵最重要。

12.105 何为声色俱清？曰松风水月，未足比其清华；何为神情俱彻？曰仙露明珠，讵能方其朗润。

【评】

化自唐太宗李世民《大唐三藏圣教序》。清朗的松风，明洁的水月，都不足以比他清秀美韶；晶莹圆润的仙露明珠，都比不过他的明亮润泽。赞美的是高僧玄奘法师之仪态万方与人品高洁。

12.106 逸字是山林关目①，用于情趣，则清远多致；用于事务，则散漫无功。

【注释】

①关目：戏曲术语。泛指情节的安排和构思。

【评】

何为"逸"？逸是情趣。故须得其神而不为其表面所迷惑，更不可徒具其空壳而作飘飘然欲仙之态。

12.107 宇宙虽宽,世途眇于鸟道;征逐日甚,人情浮比鱼蛮^①。

【注释】

①鱼蛮:渔夫。

【评】

人常常便如那玻璃缸里的苍蝇,一片光明,却苦于找不到出路;像渔夫四处撒网,往往只是抓瞎。

12.108 柳下舣舟^①,花间走马,观者之趣,倍过个中。

【注释】

①舣(yǐ)舟:船泊岸边。

【评】

当局者意兴豪,旁观者情趣远。

12.109 问人情何似? 曰:野水多于地,春山半是云^①。问世事何似? 曰:马上悬壶浆,刀头分顿肉^②。

【注释】

①"野水"二句:宋代赵师秀《薛氏瓜庐》:"不作封侯念,悠然远世纷。惟应种瓜事,犹被读书分。野水多于地,春山半是云。吾生嫌已老,学圃未如君。"

②"马上"二句:唐代王建《从军行》:"汉军逐单于,日没处河曲。浮云道傍起,行子车下宿。枪城围鼓角,毡帐依山谷。马上悬壶浆,刀头分顿肉。来时高堂上,父母亲结束。回首不见家,风吹破衣服。金创生肢节,相与拔箭镞。闻道西凉州,家家妇人哭。"顿肉,住宿或外出时所带的肉食。

【评】

人情当何似? 要像水随地而流,云绕山而起,盈盈多情。世事当何如? 要像马上悬壶浆刀头分顿肉那样,同舟共济。

12.110 尘情一破,便同鸡犬为仙;世法相拘,何异鹤鹅作阵^①。

【注释】

①鹤鹅作阵:像鹤鹅列阵那样拘束做作。鹤飞以"人"字,鹅行呈"一"字。

【评】

尘世情缘一破，可以与鸡犬一同升仙；世俗礼法相缚，又何异于鹤鹅般拘束做作。不过，无规矩何以成方圆，在遵守礼法的同时，又能常思突破，在情与理间妥协平衡，才不致乱了法度。

12.111 清恐人知，奇足自赏。

【评】

司空图《二十四诗品》中有"清奇"一品。韦应物《休日访人不遇》："怪来诗思清人骨，门对寒流雪满山"，形象地写出了清奇的意境气象，无丝毫俗浊平庸气。清奇出于自然之天真，而非可以有意求矣。清奇之极归于平淡，平淡至极便是清奇，愈淡愈奇。

12.112 与客倒金樽，醉来一榻，岂独客去为佳；有人知玉律，回车三调，何必相识乃再。笑元亮之逐客何迂[①]，羡子猷之高情可赏[②]。

【注释】

①元亮：陶渊明，字元亮。归隐后，诗酒自娱，贵贱造之者，有酒辄设，若己先醉，便语客："我醉欲眠卿可去。"

②子猷：即王羲之之子王徽之。《世说新语·任诞》："王子猷出都，尚在渚下。旧闻桓子野善吹笛，而不相识。遇桓于岸上过，王在船中，客有识之者，云是桓子野，王便令人与相闻，云：'闻君善吹笛，试为我一奏。'桓时已贵显，素闻王名，即便回下车，踞胡床，为作三调。弄毕，便上车去。客主不交一言。"

【评】

若是知己，对饮无言亦是交谈，但听音律即是清赏。酒醉之后，"交谈"已尽，但去何妨？正不必笑人之迂。回车三调，便是高山流水慰知音，正不必俗言交耳。

12.113 高士岂尽无染？莲为君子，亦自出于污泥；丈夫但论操持，竹作正人，何妨犯以霜雪。

【评】

能出污泥而不染，迎霜雪而不凋，更见其为真君子。

12.114 东郭先生之履[①]，一贫从万古之清；山阴道士之经[②]，片字收千金之重。

【注释】

①东郭先生之履:《史记·滑稽列传》:"汉武帝时有东郭先生,久待诏公车,贫困饥寒,在雪中行走,鞋有上无下,脚踏在地上。路人笑之,却逍遥自如。"

②山阴道士之经:指王羲之为山阴道士所写之《黄庭经》,换取道士之鹅。《晋书·王羲之传》:"(羲之)性爱鹅……山阴有一道士养好鹅,羲之往观焉,意甚悦,固求市之。道士云:'为写《道德经》当举群相赠耳。羲之欣然写毕,笼鹅而归,甚以为乐。"宋代洪迈《容斋随笔·黄庭换鹅》曾作考证,《王羲之传》中所说《道德经》,当作《黄庭经》。

【评】

"山阴道士之经"是王羲之的真迹,在后人看来该是何等珍贵!谓之"片字收千金之重"实不为过。然而,王羲之为了几只鹅便可以欣然命笔,未有丝毫权衡介怀,率真之乐贵于千金也。东郭先生之履,人皆以为窘迫可笑,而先生自逍遥自乐也。

12.115 因花索句,胜他牍奏三千①;为鹤谋粮,赢我田耕二顷②。

【注释】

①牍奏:公文。

②赢我田耕二顷:胜过辛勤耕作土地二顷。

【评】

总以天下为己任,又希望"无案牍之劳形",这是中国传统文人无法自解的心结。所以清谈往往误国,文人难有担当。美妙的诗句可以滋养人心,而劳形的案牍却实实在在地安顿着整个社会。

12.116 至奇无惊,至美无艳。

【评】

至奇无惊,只是平淡从容!至美无艳,一样寻常开落!这是一种宠辱不惊的生活态度。

12.117 瓶中插花,盆中养石,虽是寻常供具,实关幽人性情。若非得趣,个中布置,何能生致!

【评】

寻常之物,稍用心思,即处处趣致!然心思太过,则人为物役,趣致全

无。严羽《沧浪诗话》："故其妙处透彻玲珑,不可凑泊,如空中之音,相中之色,水中之月、镜中之像。"游园赏景,固当品玩风景中蕴含之趣。

12.118 湖海上浮家泛宅,烟霞五色足资粮;乾坤内狂客逸人,花鸟四时供啸咏。

【评】

古人诗词,得山川之助,文采常胜于山川。然而这大多并非所谓"狂客逸人"。如伯夷、叔齐耻食周粟,逃隐于首阳山,最终却只是饿死的下场,又哪里还有心啸咏花鸟?

12.119 养花,瓶亦须精良,譬如玉环、飞燕不可置之茅茨①,嵇阮贺李不可请之店中②。

【注释】

①玉环、飞燕:即古代著名美女杨玉环、赵飞燕。

②嵇阮贺李:魏晋名士嵇康、阮籍和唐代诗人贺知章、李白,皆以不拘礼法著称。

【评】

只买得起猪肉,就不要怪三文鱼贵。好花,最好还是养在好花瓶里;狂人,就别理他让他自个狂去吧。

12.120 才有力以胜蝶,本无心而引莺;半叶舒而岩暗,一花散而峰明。

【评】

采自唐太宗《小山赋》。写园中新植之松桂,枝叶娇柔仅胜蝴蝶之扑腾,更无心无力于招引燕莺。半叶、一花之舒散,便可令山岩或暗或明,足以见园林小山之小。

12.121 玉槛连彩,粉壁迷明。动鲍照之诗兴①,销王粲之忧情②。

【注释】

①鲍照:字明远,南朝宋人。工诗文,文辞赡逸遒丽。有《代朗月行》、《月下登楼连句》等。

②王粲:字仲宣,"建安七子"之一。代表作《登楼赋》为抒写忧怀之作。

采自唐郑遥《明月照高楼赋》。写秋夜月明光洒槛壁,足以发诗人之兴,销万古之忧。

12.122 急不急之辨,不如养默;处不切之事,不如养静;助不直之举,不如养正;恣不禁之费,不如养福;好不情之察,不如养度;走不实之名,不如养晦;近不祥之人,不如养愚。

【评】

养默,养静,养正,养福,养度,养晦,养愚,为人处世的中庸之道。不过,要做到韬光养晦并非易事,必须经得起风雨的打磨,心理的引诱,世俗的纷扰,口舌之勇的攻击。

12.123 诚实以启人之信我,乐易以使人之亲我,虚己以听人之教我,恭己以取人之敬我,奋发以破人之量我,洞彻以备人之疑我,尽心以报人之托我,坚持以杜人之鄙我。

【评】

人我之关系极是难处。能不伤害别人,又不太难为自己,庶几可矣。